Python编程从入门到精通

刘宇 ◎ 编著

清华大学出版社
北京

内容简介

本书主要介绍Python编程入门和进阶部分、入门部分讲解Python语言的基础知识，包括开发环境搭建、代码运行方式、基本语法、常用数据结构、图像数据库以及面向对象编程等。进阶部分的Python中层级数据库知识和技术，包括系统数据库和面向对象数据库，例如数据库、装饰器、闭包、类的测试、多重继承与混入、元编程等，以及模板化技术、错误处理技术，还有与并发有关概念。另外，本书还涵盖了数据分析与Web开发等实用方面的应用。在数据分析方面，介绍了NumPy、SciPy、Pandas、Matplotlib、Scikit-learn等常用工具包的基本使用方法和案例；在Web开发方面，介绍了HTTP等Web开发基础知识，以及WebSocket协议、WSGI应用和ASGI应用的原理，并着重接来来展现实开发的Web编程课题。

本书可作为计算机应用、人工智能、信息管理与信息系统等相关专业以及本科生或研究生的编程教材参考书，也可以作Python学习者、Web开发人员和数据分析研究人员参考。

本书封面贴有清华大学出版社防伪标签，无标签者不得销售。
版权所有，侵权必究。举报：010-62782989，beiqinquan@tup.tsinghua.edu.cn。

图书在版编目（CIP）数据

Python 编程从入门到精通 / 刘瑜编著. —北京：清华大学出版社，2021.8
ISBN 978-7-302-58792-7

Ⅰ. ①P… Ⅱ. ①刘… Ⅲ. ①软件工具-程序设计 Ⅳ. ①TP311.561

中国版本图书馆 CIP 数据核字 (2021) 第 156656 号

责任编辑：袁勤勇
封面设计：杨玉兰
责任校对：胡伟民
责任印制：朱雨萍

出版发行：清华大学出版社
网　　址：http://www.tup.com.cn, http://www.wqbook.com
地　　址：北京清华大学学研大厦A座　　邮　编：100084
社 总 机：010-62770175　　　　　　　　邮　购：010-83470235
投稿与读者服务：010-62776969, c-service@tup.tsinghua.edu.cn
质 量 反 馈：010-62772015, zhiliang@tup.tsinghua.edu.cn
印 装 者：三河市铭诚印务有限公司
经　　销：全国新华书店
开　　本：185mm×260mm　　印张：23　　字数：578千字
版　　次：2021年10月第1版　　印次：2021年10月第1次印刷
定　　价：68.00元

产品编号：090224-01

前言

PREFACE

Python 语言自诞生以来,很长时间内并不是主流的编程语言。当然在一些领域确实得到了应用,例如 Linux 系统管理、Web 开发等,但是一直被 C/C++、Java 等热门语言的光辉所掩盖。一直到 2010 年前后,由于数据科学的兴起和 Web 应用的蓬勃发展起来,Python 才得到越来越多的关注。入门之易、Python 语言丰富的特性使其非常适用于数据分析与处理。一度,Python 与 R 被视为数据分析师的两大利器,但现在看来 Python 已经脱颖而出,特别是机器学习、深度学习兴起以来的说法越来越弱,使得 Python 已经成为相关编程领域人员的首选语言。

Python 在 Web 开发上的潜力也不容小觑,它非常容易上手,开发的高效性能使其性能上几乎没有劣势,而且能够较快地实现想法。它对各种工作流、各式工具的支持无微不至,再加上丰富、便捷的第三方开发包以及开源的天性,使得 Python 语言被冠以一门编程上"胶水"工具的称号以及广义的概念性特征。

跟进 Python 如此有用、如此热门,那么如何学习它呢?编程是最佳的学习方式,这是我多年工作、学习编程的体会,这看与很多教材非常提倡的一门技术,关键是多学习、多动手、分析实战,这样能够你系统理解所学的知识并融会贯通,在每一段时间之后,都会感到深刻又进步的困难。来把学习编程带来一本书的系统学习,就加快你所理解得的感悟速度比较深入,更重要是学习过程让人觉得枯燥,所以现在书中能够引起你的兴趣就特别重要。

不过,要想成为真正的编程高手,在代代相传与发展中要做到一点也不艰难,以及专注、精益求精的技术工作精神,以及不少于相当困难的决心,同时是要保持学习热情的无懈怠的求知欲!

关于本书

本书的基本特色之一是面向零基础读者，主要通过大量的代码，系列代码的结果以及较多的图像来讲解。本书并不试图对代码进行逐行讲解，而是以好学为出发点，逐步进行介绍，因为好学，为能读下去。本书并不采用对代码逐行进行详解的方式，而是使用代码段来呈现。从总体上来说，图像代码占比图像要更加重要。

本书的另一个重要特点是教程本书的目的是有针对性的入门。从上下文，既有入门的必要基础，又有中级进阶的相关内容，既有基础部分的训练与他们的操作应用。总体上看，入门的相关内容包含了基础语法和Web编程相关内容。从难度上说，对于每部分内容，并不以求深，而是以读者阅读为目的而增加宽度，以便读者能够更加深入学习相关内容。

本书主要内容分为九大部分。第一部分为入门部分，每段第1~7章，其中第1~6章为Python基础，第7章是关于程序的调试和测试的讨论。第二部分为编程实战部分，包括第8~12章，分别从文件和系统编程（第8章）、数据库（第9章），以及网络和Web编程（第10~12章）等角度，对使用Python进行编程的操作方式进行了介绍。每章通过一个具体的应用案例提示关注重点，并在各章的结尾给出了思考问题、多练操作、思考题等项。

本书所涉及符号中，需要特别说明的是圆括号（*），在实际应用图像时可以看到其使用，对其他部分中的圆括号不会违反任何影响。

代码约定

本书中的代码示例主要有3种来源：命令行代码直接结果，Python交互式环境代码及源代码文件。

命令行代码在语法表示符号为 "$" 后输入，例如：

```
$ pip install numpy
```

表示命令行代码在语法表示符开始系统的命令行提示符后所出示指令的分内容行代码执行，"pip install numpy 命令令。在同种操作系统下操作符号并所有系统都不是其他，但本文中的所有代码都在 Windows、macOS 和 Linux 系统中经过测试，能够正确执行。

Python 交互式环境中的输入符号为 ">>>"，例如：

```
>>> print("Hello, Python!")
Hello Python!
```

表示在 Python 交互式环境中输入代码 print("Hello, Python!") 后执行，并得出运行结果 "Hello Python!"。当示例文件无互动可以在 IPython 交互式环境之中，读者也可以自行在 Python 交互式环境中运行。

源代码符合所示方式。

将源代码作为扩展名 *.py 的源文件进行保存，它们通常出现在命名为 "*.py" 的源文件中。在采用编辑器 IDE 启动执行时，首先 4 次开始。大多数代码以编为特别方式，例如【例 X-Y】示例标题""。其中表示 X 章的第 Y 个示例。源代码的源代码量通常在其他部分中的字段对应。为了便于程序正确执行，它们通常都存储为源程序代码文件名（通常在文本中列出）的其行代码其行代码中给出。

本书中的所有示例代码均可在华信教育资源网上获取下载。

本书的出版得到了上海理工大学健康科学与工程学院建设项目的资助。感谢上海理工大学基础医学院侯丽颖院长和出版社又跟柔加对本书出版的大力支持。感谢课题组大学本科研究生和其他工作人员在本书出版过程中的参与。感谢刘海女士以及本书文字和化信息算题的校对、校稿一切劳动！都是些感谢我的爱人和两个小女儿，感谢她们给我的鼓励和支持，本书的撰写和出版所不开她们的支持。

作者

2021 年 5 月

目录

第1章 Python 概述 ... 1

1.1 Python 简介 ... 1
   1.1.1 Python 语言的发展 ... 1
   1.1.2 Python 语言的特点 ... 2
   1.1.3 Python 的主要应用领域 ... 3
1.2 Python 运行环境 ... 3
   1.2.1 Python 的不同实现和发行版 ... 4
   1.2.2 Python 环境的安装 ... 4
1.3 Python 程序的运行 ... 8
   1.3.1 交互模式 ... 8
   1.3.2 脚本模式 ... 9
1.4 常用开发工具 ... 10
1.5 Python 程序的扩展 ... 12
   1.5.1 什么是程序的扩展 ... 12
   1.5.2 扩展模块的创建和使用 ... 12
1.6 小结 ... 13
1.7 思考与练习 ... 14

第2章 Python 编程基础 ... 15

2.1 变量与常量 ... 15
   2.1.1 变量的定义与赋值 ... 15
   2.1.2 算术常量 ... 16
   2.1.3 关系表达式与逻辑表达式 ... 17
   2.1.4 常量运算符 ... 18
   2.1.5 运算符的优先级 ... 19
2.2 语句 ... 19
   2.2.1 简单语句 ... 19
   2.2.2 复合语句与空语句 ... 20

Python编程从入门到精通

VI

2.2.3 交换 21
2.3 数据类型 21
2.3.1 基本数据类型 22
2.3.2 字符串 25
2.3.3 扩展数据类型 26
2.4 流程控制 27
2.4.1 结构化程序设计 27
2.4.2 选择 27
2.4.3 循环 29
2.5 输入和输出 31
2.5.1 格式化输出 31
2.5.2 自定义输入* 32
2.5.3 常用内置函数 33
2.6 Python 编程规范 34
2.6.1 避免编码的重复 34
2.6.2 PEP8 规范 34
2.7 小结 35
2.8 思考与练习 36

第3章 常用数据结构 37

3.1 序列 37
3.1.1 序列的种类 37
3.1.2 序列的基本操作 38
3.2 列表 41
3.2.1 列表的定义 41
3.2.2 列表元素的操作 41
3.2.3 列表推导式 44
3.2.4 栈 46
3.3 元组 46
3.3.1 定义和使用 46
3.3.2 元组的不可变属性 47
3.3.3 生成器推导式* 47
3.4 集合 48
3.4.1 集合的定义 48
3.4.2 集合的具体操作方法 49
3.4.3 集合推导式 50
3.4.4 排列组合* 50
3.5 字典 51
3.5.1 字典的定义 51

3.5.2 字典常用操作方法 ···· 52
3.5.3 字典推导式 ···· 53
3.6 字符串 ···· 53
3.6.1 字符串的定义 ···· 54
3.6.2 常用字符串处理方法 ···· 54
3.6.3 字符串格式化 ···· 56
3.7 二进制序列 ···· 59
3.7.1 字节串的原理 ···· 59
3.7.2 字节串的应用 ···· 60
3.8 高级数据结构* ···· 60
3.8.1 collection 模块 ···· 60
3.8.2 array.array ···· 62
3.8.3 其他有用的数据结构 ···· 63
3.9 小结 ···· 63
3.10 思考与练习 ···· 63
第 4 章 函数与函数编程 ···· 64
4.1 函数的定义与调用 ···· 64
4.1.1 函数的定义 ···· 64
4.1.2 函数的调用 ···· 66
4.1.3 变量的作用域 ···· 67
4.2 函数的参数 ···· 69
4.2.1 位置参数与关键字参数 ···· 69
4.2.2 可选参数 ···· 71
4.2.3 可变参数 ···· 71
4.2.4 参数分配 ···· 72
4.3 函数的类型注解* ···· 73
4.3.1 类型注解 ···· 73
4.3.2 typing 模块 ···· 74
4.3.3 类型注解的使用 ···· 76
4.4 函数对象 ···· 76
4.4.1 一等对象 ···· 76
4.4.2 Python 函数的面向对象特征 ···· 77
4.4.3 Python 函数的一等对象特征 ···· 78
4.5 嵌套函数与闭包* ···· 80
4.5.1 嵌套函数 ···· 80
4.5.2 闭包 ···· 81
4.6 函数装饰器 ···· 84
4.6.1 简单函数装饰器 ···· 84

第 5 章 面向对象编程基础	100
5.1 面向对象的概念与特征	100
5.1.1 面向对象的概念	100
5.1.2 类与对象	101
5.1.3 封装性	102
5.1.4 继承性	103
5.1.5 多态性	103
5.2 类的定义与实例化	104
5.2.1 类的定义	104
5.2.2 类的实例化	105
5.2.3 成员的隐藏	108
5.2.4 类的名空间*	109
5.3 进一步了解属性	110
5.3.1 类属性与实例属性	110
5.3.2 property 装饰器	111
5.4 进一步了解方法	113
5.4.1 实例方法、类方法与静态方法	113
5.4.2 方法重载*	115
5.5 类的继承	116
5.5.1 派生类的定义	116
5.5.2 方法重写	117
5.5.3 多重继承*	119
5.5.4 对象、类的关系	120
5.5.5 调用基类方法	122
5.6 嵌入*	124
5.6.1 嵌入的概念	124

5.6.2 Python 中的导入 ………………………… 126
5.7 小结 ………………………………………… 130
5.8 824与练习 ………………………………… 130

第 6 章 面向对象编程进阶

6.1 类的定义 …………………………………… 131
　6.1.1 类的定义 ………………………………… 131
　6.1.2 特殊方法 ………………………………… 131
　6.1.3 类变量和实例变量 ……………………… 134
　6.1.4 对象成员的访问控制 …………………… 136
　6.1.5 构造器 …………………………………… 137
　6.1.6 可调用对象 ……………………………… 139
　6.1.7 容器 ……………………………………… 140
　6.1.8 迭代器与可迭代对象 …………………… 141
6.2 生成器 ……………………………………… 142
　6.2.1 生成器的创建 …………………………… 144
　6.2.2 生成器与迭代器 ………………………… 144
6.3 装饰器 ……………………………………… 146
　6.3.1 装饰方法的装饰器 ……………………… 147
　6.3.2 装饰类的装饰器 ………………………… 147
　6.3.3 基于类的装饰器* ……………………… 148
6.4 抽象基类* ………………………………… 150
　6.4.1 抽象基类的概念 ………………………… 153
　6.4.2 抽象基类的使用 ………………………… 153
　6.4.3 常用内置抽象基类 ……………………… 154
　6.4.4 自定义抽象基类 ………………………… 157
6.5 元类* ……………………………………… 158
　6.5.1 Python 类的特征 ………………………… 158
　6.5.2 元类的定义与使用 ……………………… 158
　6.5.3 元类的应用实例 ………………………… 160
6.6 对象序列化* ……………………………… 161
　6.6.1 pickle …………………………………… 163
　6.6.2 copyreg ………………………………… 164
　6.6.3 shelve …………………………………… 166
6.7 小结 ………………………………………… 168
6.8 习题与练习 ………………………………… 169

第 7 章 调试与测试

7.1 调试方法 …………………………………… 170
　7.1.1 利用 print 调试代码 …………………… 170

7.1.2 利用 logging 调试程序	171
7.1.3 pdb 调试器	173
7.2 异常处理	175
7.2.1 异常的层级	175
7.2.2 断言	176
7.2.3 异常处理	177
7.2.4 异常的来源	180
7.3 单元测试*	182
7.3.1 单元测试的概念及工具	182
7.3.2 unittest 基础	183
7.3.3 包裹测试用例	184
7.3.4 运行测试用例	185
7.3.5 测试条件的创建与执行	186
7.3.6 测试夹具	187
7.4 文档测试*	188
7.4.1 文档测试用例	188
7.4.2 运行文档测试	188
7.5 小结	189
7.6 思考与练习	189

第 8 章　数据处理与分析基础 190

8.1 文件读写	190
8.1.1 文件的打开和关闭	190
8.1.2 路径管理	191
8.1.3 文本文件读写	193
8.1.4 二进制文件读写*	194
8.2 上下文管理	195
8.2.1 with 语句块	195
8.2.2 上下文管理协议*	196
8.3 数据库读写	198
8.3.1 数据库应用编程接口	198
8.3.2 嵌入式数据库读写	200
8.4 正则表达式*	202
8.4.1 正则表达式匹配规则	202
8.4.2 正则表达式的应用	205
8.4.3 正则表达式的编译	206
8.5 数据分析中的数据结构	207
8.5.1 NumPy	207
8.5.2 SciPy	211

8.6 数据可视化* ·· 214
　8.6.1 简单绘图 ·· 214
　8.6.2 图像的配置与修饰 ··· 215
　8.6.3 多子图图像的绘制 ··· 218
　8.6.4 三维图像的绘制 ·· 219
8.7 Pandas 基础* ··· 220
　8.7.1 数据结构 ·· 221
　8.7.2 数据访问 ·· 223
　8.7.3 统计分析 ·· 225
8.8 Scikit-learn 基础* ·· 226
　8.8.1 Scikit-learn 简介 ··· 226
　8.8.2 分类问题 ·· 227
　8.8.3 聚类问题 ·· 229
8.9 小结 ·· 230
8.10 思考与练习 ··· 230

第 9 章 性能优化技术* ··· 232
9.1 程序性能分析 ·· 232
　9.1.1 time 与 timeit ·· 232
　9.1.2 profile ·· 235
9.2 即时编译技术 ·· 237
　9.2.1 即时编译的概念 ·· 237
　9.2.2 PyPy ·· 238
　9.2.3 Numba ··· 239
9.3 混合编程基础及扩展搭建 ·· 242
9.4 利用 ctypes 实现混合编程 ··· 243
　9.4.1 C 函数库的调用 ·· 243
　9.4.2 C++ 类的包装 ·· 247
9.5 利用 C API 构建 Python 扩展 ··· 249
　9.5.1 构建 Python 扩展的步骤 ·· 249
　9.5.2 扩展函数 ·· 249
　9.5.3 模块配置与初始化 ··· 252
　9.5.4 扩展的构建与发布 ··· 252
9.5.5 实例 ··· 252
9.6 项目打包与发布 ··· 257
　9.6.1 打包与发布的流程 ··· 257
　9.6.2 项目打包与发布示例 ·· 259
9.7 小结 ·· 261
9.8 思考与练习 ··· 261

第10章 网络编程与开发处理

10.1 网络套接字的概念 262
  10.1.1 套接字的类型 262
  10.1.2 基于套接字的网络通信过程 263
10.2 套接字编程 264
  10.2.1 socket 模块 264
  10.2.2 面向连接的套接字编程 266
  10.2.3 面向无连接的套接字编程 267
  10.2.4 开发问题 268
10.3 多进程编程 269
  10.3.1 进程的创建与运行 269
  10.3.2 利用多进程进行并理网络开发 271
  10.3.3 利用进程池进行并理网络开发 272
10.4 多线程编程 274
  10.4.1 线程的概念与特点 274
  10.4.2 网络开发处理的多线程方法 275
10.5 异步编程* 275
  10.5.1 异步编程概念 275
  10.5.2 基于生成器的协程 276
  10.5.3 协程 280
  10.5.4 Python 异步编程基础 281
  10.5.5 利用异步编程进行并理网络开发 282
10.6 套接字服务器 285
  10.6.1 socketserver 模块简介 285
  10.6.2 利用套接字服务器进行并理网络开发 286
10.7 小结 286
10.8 思考与练习 287

第11章 Web 的概念与原理

11.1 Web 概念与开发技术 288
  11.1.1 Web 的概念 288
  11.1.2 Web 页面的访问过程 290
  11.1.3 Web 开发技术栈 290
11.2 统一资源标识符 291
  11.2.1 统一资源定位符 292
  11.2.2 URL 的解析 292
11.3 超文本标记语言 293
  11.3.1 HTML 文档的结构 293
  11.3.2 HTML 文档的格式与控制 295

11.4 报文传输协议 ··· 297
11.4.1 HTTP 请求 ··· 298
11.4.2 HTTP 响应 ··· 300
11.4.3 HTTP 协议解析 ··· 302
11.5 Web 服务器的工作原理 ··· 305
11.5.1 基于套接字的 Web 服务器架 ··· 305
11.5.2 简易 Web 服务器 ··· 307
11.6 Web 客户端的工作原理 ··· 308
11.6.1 基于套接字的 Web 客户端 ··· 309
11.6.2 基于 http.client 的 Web 客户端 ··· 310
11.6.3 urllib.request 与 requests ··· 311
11.7 WebSocket 协议 * ··· 312
11.7.1 WebSocket 的工作流程 ··· 313
11.7.2 握手 ··· 313
11.7.3 WebSocket 协议解析 ··· 315
11.7.4 WebSocket 服务器 ··· 319
11.8 小结 ··· 322
11.9 思考与练习 ··· 322
第 12 章 Python Web 开发技术 ··· 323
12.1 通用网关接口 ··· 323
12.1.1 CGI 的概念 ··· 323
12.1.2 Python CGI 编程 ··· 324
12.2 Web 服务器网关接口 ··· 329
12.2.1 WSGI 的概念 ··· 329
12.2.2 WSGI 应用 ··· 329
12.2.3 WSGI 服务器 ··· 331
12.2.4 示例 ··· 334
12.3 异步服务器网关接口 * ··· 335
12.3.1 ASGI 应用 ··· 335
12.3.2 HTTP 子协议 ··· 336
12.3.3 ASGI 服务器 ··· 337
12.3.4 示例 ··· 339
12.4 Web 应用框架 ··· 340
12.4.1 Web 框架的基本概念 ··· 341
12.4.2 WSGI 框架 ··· 342
12.4.3 ASGI 框架 * ··· 345
12.5 Web 开发中的设计模式 ··· 347
12.5.1 MVC 模式 ··· 347

12.5.2 MVC 模式的优势 349
12.6 小结 350
12.7 思考与练习 351
参考文献 352

第 1 章

Python 概述

本章对 Python 编程语言其做基本的介绍,其中介绍 Python 的发展历史、Python 的特点以及主要的应用领域,然后介绍 Python 开发环境和 Python 开发工具,最后介绍 Python 程序的基本运行方式。搭建合适的开发环境以及采用顺手的工具是学习和工作的良好开端,对于初学者尤其为关键,最为有效的方式是,因地、因时制宜。本章若干关键的要素即是围绕 Python 代码运行开来。

1.1 Python 语言

Python 是一种解释型的、动态类型的计算机程序设计语言,兼具面向对象、面向过程以及函数式等编程范式。Python 语言简洁且易用,容易上手,既可用于面向过程的程序开发,又能用于快速搭建和发起 Web 开发,还特别适用于科学数据的运算和机器学习研究开发等,因此 Python 语言得到了广泛的应用,成为当今最为可行的编程语言之一。

1.1.1 Python 语言的发展

Python 语言由荷兰人 Guido Van Rossum 在 1989 年开发而来,我国的程序员后来将其叫做他为"龟叔"。Guido 最初的目的是为一种名为 ABC 的编程语言作其读写插件,在编写这支持中开发了一种新的编程语言的雏形,由于 Guido 非常喜欢 Monty Python 喜剧团体[1],所以将该新的编程语言将其命名为 Python。因此,Python 的标志是一对蛇连在一起的图标。Python 语言设计之有别,特别适用于在数据科学等领域的应用。Python 已经成为计算机上最受欢迎的编程语言之一。

与所有的编程语言是一样,Python 语言也经历了不断的更新换代的过程,并且最近几年来版本发布的速度明显加快。Python 的第一个版本发布于 1991 年,到 2000 年的时候正式发布了 Python 2.0 版本。Python 语言陆续推出越来越多的人使用。2008 年 12 月,Python 3.0 发布,它不与 Python 2.x 并不兼

---

[1] 英国著名的喜剧团体,其创作的影片以反讽国式的幽默和荒诞著称。

1.1.2 Python 语言的特点

Python 语言吸取了多种编程语言的优点，因此兼容并有如下特点。

- 代码简洁：Python 是一种约定俗成的编程语言，相对于编译式编程语言如 C/C++、Java 等，代码的结构简单清晰，在代码量重复的代码能够通过定义相同的功能模块实现重用。Python 代码的可读性极高，对初学者非常友好。
- 可扩展性：Python 号称是一种"胶水"语言，能够通过多种接口及其他编程语言快速 Python 代码的扩展结合在一起。
- 标准的跨平台性：Python 代码几乎不需要修改就可以运行在任何安装了 Python 解释器的计算机上。
- 支持多种编程范式：在 Python 中，既可以使用面向过程或者面向对象的编程方式，也可以采用图形化编程方式，还可以综合使用 3 种编程范式，用户可以根据需求灵活选择。
- 丰富的工具包：Python 强大的功能主要体现在其繁杂的工具包，为数不尽的工具包之上。除了 Python 自身提供的标准包和内置函数库，还可以使用第三方开发和发布的多种工具包，我们也可以使用他们搭建属于自己的应用程序。

表 1-1 Python 发展史上的重要版本

时间	版本	特点
1991 年 2 月	Python 0.9	第一个正式版本，Python 的雏形
1994 年 1 月	Python 1.0	增加了函数式编程的支持
2000 年 9 月	Python 2.0	实现了 PEP（Python Enhancement Proposal）
2008 年 10 月	Python 3.0	代码向后兼容，改进了编码转换，增加 Unicode 支持
2010 年 7 月	Python 2.7	提供了一定程度与 3.x 的兼容特性
2014 年 3 月	Python 3.4	采用 pip 作为 Python 包的推荐安装方式
2019 年 10 月	Python 2.7.17	最后一个 2.7 版本
2019 年 12 月	Python 3.8	引入大量新的特性，应用更加便捷、广泛

Python 的强大之处不仅在于它是三方工具包，还在于丰富的第三方工具包。经过多年的积累和发展，大量活跃的第三方工具包基于 Python 2.x 开发。它们被用户的时间内被迁移至 3.x 环境之中。因此 Python 官方选择了 2.x 与 3.x 并行发布的策略。随着时间的推移，越来越多的第三方工具包开始支持 Python 2.x。Python 官方也有计划地终止 Python 2.x 的发展和更新，并且于 2020 年 1 月 1 日正式停止支持 Python 2.x。2.7 版本是 Python 2.x 的最后一个版本，至此走到尽头。

当前 Python 初学者大多选择学习最新的版本，不再从旧版本上来学习 Python 2.x 与 Python 3.x 之间的差异非常小，现在，开发人员基本上能够快速地从其中之一迁移转移到 Python 3.x 环境之中，Python 官方也提供了版本兼容性的支持。Python 发展史上的重要版本如表 1-1 所示。

第1章 Python概述

本书既介绍 Python 的基础知识和常见的库的使用,又有以官方标准库和 Anaconda 发行版为例介绍 Python 运行环境的安装过程。此外,还分别以案例使用的是最常用的 pip 包管理器。

1.2 Python 运行环境

本书既介绍 Python 的基础知识和常见的库的使用,又有以官方标准库和 Anaconda 发行版为例介绍 Python 运行环境的安装过程。此外,还分别以案例使用的是最常用的 pip 包管理器。

- 游戏开发: 在游戏开发中,虽然游戏的逻辑、图像等需要更高性能的部分使用 C++ 等语言开发,但是越来越多的开发者也使用 Python 开发。Python 中有很多可用于游戏开发的库,例如 PyGame、Panda3d、PySoy 等。

- 自动化运维: Python 是多种工程师的其他编程语言,著名的自动化运维平台 Salt-stack 和 Ansible 都是基于 Python 开发的。

- 人工智能: Python 在机器学习、深度学习等领域有着广泛的应用,Scikit-learn 是著名为知名的机器学习库之一;几乎所有的深度学习框架都将 Python 作为其首选的 API 接口口,如 TensorFlow、PyTorch、CNTK、PaddlePaddle、Theano 等。

- 数据分析: Python 中有丰富的数据分析、科学计算、统计分析、计算机视觉,可视化等的工具包,如 NumPy、SciPy、Pandas、StatsModels、OpenCV、Matplotlib 等,能够满足各种数据分析的需求。

- 网络爬虫: Python 有多种网络爬虫工具,如 BeautifulSoup、Scrapy 等。

- 网络编程: 相对于 Java、C#、C++ 等编译型语言来说,Python 的网络库丰富且易用,分析接口非常简洁易用。此外,由于 Python 拥有一些非常高效易用的网络分析工具包和网络爬虫开发等工具,因此它也用于网络开发的重要。

- GUI 程序开发: Python 内置了 Tkinter 模块用于 GUI(图形界面)应用程序开发。此外,也可以使用第三方的 GUI 库,如 wxPython、PyQt 等,能够提供各种界面的开发。

- Web 开发: Python 中有多种优秀的 Web 开发框架,例如 Django、Flask、Tornado 等,有的功能强大,有的简短小精悍,能够满足各种 Web 开发的需求。

Python 语言既能用于桌面应用程序开发,也能用于 Web 开发,同时还是数据科学等、人工智能等领域的首选编程语言。Python 的主要应用领域有但不限于如下领域。

1.1.3 Python 的主要应用领域

Python 语言既能用于桌面应用程序开发,也能用于 Web 开发,同时还是数据科学等、人工智能等领域的首选编程语言。Python 的主要应用领域有但不限于如下领域。

- 开放源代码: Python 自身是开放源代码的,而且所有的第三方的人工智能包也都是开放源代码的。用户可以自由使用,无须支付任何费用,也不用担心版权问题,大大降低了学习和使用成本。

Python 语言本身并非是最优秀的,它曾被人讥讽为其运行效率对于编译语言(如 C/C++、Java)来说非常慢,不过人们早就对于 Python 的缺点并不是特别的重视。一方面,人们有更强更大来说 Python 周边的应用,能够使 Python 的性能得到有效的加速。另一方面,可以使用手段来有效地提升 Python 的运行速度,用于 Python 语言与其他语言混合使用,且 Python 非常方便于集成其他语言(如 C/C++)来实现,然后以 Python 的形式引入到 Python 代码中实现无缝使用。一些科学计算类数据分析的工具包(如 NumPy、SciPy、TensorFlow 等)正是这样做的。此外,还可以利用即时编译技术(Just-In-Time,JIT)提升已有的 Python 代码的运行速度,例如 Numba、PyPy 等。

和 conda 为例介绍三方包的安装方法。

1.2.1 Python 的几种常见发行版

Python 的官方标准库是用 C 语言来实现的，因此也被称为 CPython[1]。这也是我们目前最常使用的版本。除了 CPython 之外，还有一些 Python 的解释器用其他语言实现了 Python 的核心语法。势能和内置库，它们在语法上与 CPython 大同小异，主要用于特殊场景的应用场景。例如：

- IronPython: 运行在 .net 环境中的 Python 解释器。
- Jython: 运行在 Java 虚拟机上的 Python 解释器。
- PyPy: 利用 Python 重新实现的 Python。由于使用了 JIT 编译器，运行速度比 CPython 快得多。

尽管 Python 的解释器有各自的优点，例如，Jython 能够非常容易地与 Java 相互调用。不过，在这实际应用中通常难以使用 Python 主要的第三方工具包，因此，使用最广的仍然是 CPython。

安装 Python 不仅可以从官方网站①下载与操作系统对应的版本，也可以使用其他第三方发布的 Python 发行版（称为 Python 发行版）。第三方的 Python 发行版往往对于不同需求各异的关键工具包有所集成。常见的可用的第三方发行版如下：

- ActivePython: 包含了常见的数据科学和机器学习包。
- Python(x,y): 用于数值计算、数据分析和数据可视化的免费软件，基于 Qt 图形界面和 Spyder 交互式开发环境。
- WinPython: 用于 Windows 系统，也是一个面向科学计算的免费发行版。
- Anaconda Python: 内置了包管理器 conda 以及常见的数据工具包，且多数据科学家极为受欢迎。功能方便使用，功能强大，近年来发展迅速，得到了很多用户的支持。

1.2.2 Python 开发的安装

Python 支持母括 Windows、Linux、macOS 在内的多种操作系统。其安装与其他软件的安装类似。本书部分以 Windows 操作系统为例介绍如何以官方标准版 Python 和 Anaconda 的安装及其使用方法。读者其中一种即可。其他操作系统读者可根据自身情况选择的发行版即可使用。须注意的是 Linux 和 macOS 发行版都预装了 Python，初学者可以其接使用以免重复安装，不过重要思考 Python 的版本。

1. 官方标准版 Python 的安装

首先，从官网下载与操作系统匹配的 Python 版本，如图 1-1 所示。下载完成之后，运行安装程序即可出现如图 1-2 所示的欢迎安装界面。在该界面下，建议勾选"Add Python 3.x to PATH"复选框（如图 1-2 底部所示），如果没有勾选，则安装完成后在命令行系统运行 Python 时会显示无法被识别的命令错误。在 PATH 环境变量中

① www.python.org
② https://www.python.org/downloads/

将 Python 的安装目录以及目录中的 Scripts 文件夹添加至 PATH 环境变量即可解决这个问题。

图 1-1　下载 Python 安装程序

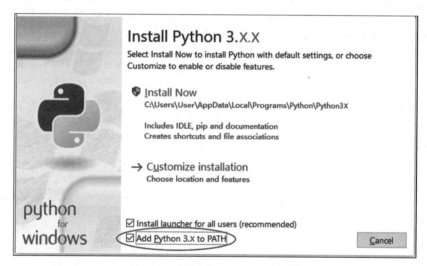

图 1-2　运行 Python 安装程序

选择"Install Now"或者"Customize Installation"更改安装路径。安装成功后，显示如图 1-3 所示的窗口。

2. Anaconda 发行版的安装

Anaconda 是一种著名的 Python 发行版，内置了常用的科学计算工具包以及使用非常便捷的包管理工具 conda。Anaconda 本身是一种商业软件，但是其个人版本是免费的，此外 conda 包管理器也是开放源代码的。由于使用方便，近年来已经成为最为流行的 Python 发行版之一。

Windows 中安装 Anaconda 的过程与一般软件的安装过程相同，在官网下载后运行安装即可。需要注意的是，由于内置了大量第三方包，Anaconda 安装文件[①]较大（500 M 左右）。

---

① https://www.anaconda.com/products/individual#Downloads

如果只需要使用 conda 包管理器来搭建自己的 Python 运行环境，可以选择 Miniconda[①]。Miniconda 是 Anaconda 的免费的最小化版本，它仅包含了 conda 和 Python 以及最常使用的少量包，如 pip、zlib 等。

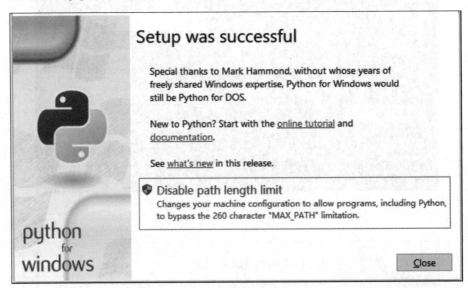

图 1-3　安装成功

Anaconda 安装好之后在"开始"菜单中可以找到"Anaconda Navigator"选项（如图 1-4 所示），它是 Anaconda 的 GUI 管理工具，可以在不使用命令的情况下管理 conda 环境。不过它的启动速度较慢，在熟悉 conda 的常用命令后在终端中使用命令管理 conda 环境更加高效。

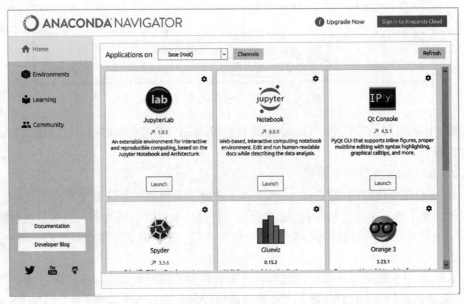

图 1-4　Anaconda Navigator 窗口

---

① https://docs.conda.io/en/latest/miniconda.html

3. 安装第三方包

如果选择安装官方发行版的 Python，可以使用 pip 包管理器来安装和管理第三方包；如果安装了 Anaconda 或 Miniconda，则既可以使用 pip 也可以使用 conda 来安装和管理第三方包。pip 是默认的 Python 包管理器，而 conda 的功能更丰富，它既是包管理器也具有虚拟环境管理的功能。

pip 和 conda 通过子命令完成第三方包的搜索、安装、更新、卸载等功能，它们的包管理功能非常相似。下面以 NumPy 的安装为例介绍第三方包的安装方法。

当运行如下命令时 pip 默认会到 Python 官方仓库中查找名为 numpy 的第三方包，找到后会自动下载并安装。

```
$ pip install numpy
```

注意，"$" 为终端输入提示符，不是命令的一部分。本书后续章节中统一以 "$" 表示终端输入提示符。虽然与 Windows 命令行终端的提示符（类似 C:\>）有所不同，但对程序运行过程不造成任何影响。在没有特别指出的情况下，本书中的示例代码既可以在 **Windows** 系统中执行也可以在 **Linux** 或 **macOS** 系统中执行，后文中不再提示。

使用 conda 也可以完成同样的安装，不过是从 conda 的仓库中搜索并下载的。

```
$ conda install numpy
```

需要注意的是，pip 和 conda 并非是完全兼容的，在 Anaconda 环境中如果混用可能会发生冲突，特别是在较早的 Anaconda 版本之中。因此，在 Anaconda 环境中尽可能使用 conda 来管理和安装第三方包。

pip 和 conda 的主要包管理命令如表 1-2 所示（以名为 pkg_name 的包为例）。

表 1-2 常用包管理命令

功能	pip	conda
安装 pkg_name 包	pip install pkg_name	conda install pkg_name
卸载 pkg_name 包	pip uninstall pkg_name	conda uninstall pkg_name
列出已安装的包	pip list	conda list
查找 pkg_name 包	pip search pkg_name	conda search pkg_name
更新 pkg_name 包	pip install pkg_name --upgrade	conda update pkg_name
更新全部包	——	conda update --all

使用 pip 和 conda 安装包时还可以指定版本，例如：

```
$ pip install pkg_name==1.1.0
$ conda install pkg_name==1.1.0
```

除了使用包管理器（如 pip 和 conda），还可以从源代码安装 Python 包。获取源代码并解压后，进入到源代码文件夹中运行如下命令即可安装：

```
$ python setup.py install
```

Python 的包之间往往存在着复杂的依赖关系。包管理器会自动安装所有依赖项，而从源代码安装时若依赖包未安装就会出现错误导致安装不成功。因此，从源代码安装只有在极少数情况下才会使用。

1.3 Python 程序的运行

Python 程序有两种运行模式：交互模式和脚本模式。在交互模式下，每次可输入一行代码或一个代码块，输入完成后按 Enter 键执行代码并输出运行结果。交互模式虽然灵活便捷，但在输入较长的代码段时难以控制并且代码不能被保存，因而仅适用于测试、验证等不需要复杂逻辑的场景。当代码逻辑较为复杂或者需要保存以供重复执行时，可以使用文本编辑器来编辑代码，将其保存为一个脚本文件。需要运行程序时，在终端中使用 python 命令直接运行该脚本文件即可。脚本文件也称为模块，除了直接运行之外还可以被其他模块调用。一个 Python 应用程序通常由多个模块组成。

1.3.1 交互模式

交互模式的启动有多种方式。Windows 中可以在"开始"菜单中选择 Python 安装菜单项启动。如图 1-5 所示，单击菜单项①可以启动 IDLE 终端，单击菜单项②可以启动一个命令提示符终端环境。

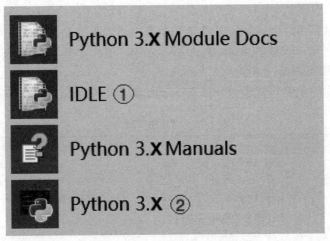

图 1-5　启动 Python 交互环境

除此之外，还可以在操作系统终端运行 python 命令进入交互模式，或者使用 idle 命令启动 IDLE 终端。在 Windows 系统中可以使用 Win+R 组合键弹出"运行"窗口，输入 cmd 并按 Enter 键进入命令提示符终端；也可以选择使用 Windows PowerShell 终端启动交互式环境。在 Linux 或者 macOS 操作系统中，启动终端后输入 python 命令进入交互模式，或者输入 idle 命令启动 IDLE 终端。不同的终端工具除了界面略有差异之外，在运行 Python 程序时没有任何区别。

进入 Python 交互式环境之后，可看到类似下面的提示信息：

```
$ python
Python 3.x.x (tags/v3.x.x:580fbb0, Jul 20 2020, 15:43:08)
```

```
Type "help", "copyright", "credits" or "license" for more information.
>>>
```

其中,">>>"符号称为交互提示符。交互模式下,所有的 Python 代码都在交互提示符后输入。例如,输入 print ("Hello, Python!") 并按 Enter 键,结果如下:

```
>>> print ("Hello, Python!")
Hello Python!
>>>
```

在交互环境中也可以输入多行 Python 代码。每行代码输入结束后,Python 环境会自动判断代码是否输入完毕。换行之后在行首会出现"..."符号,在该符号之后可继续输入代码。完成全部代码输入之后,在"..."后直接按 Enter 键即可运行代码块。

```
>>> for i in range(3):
...     print(i)
...
0
1
2
>>> exit()
$
```

在交互提示符后输入 exit() 或 quit(),按 Enter 键可退出 Python 交互环境。也可以使用 Ctrl+D 组合键退出交互环境。

1.3.2 脚本模式

Python 脚本可以使用任何纯文本编辑器编辑。编辑完成之后保存为扩展名为".py"的文件即可。初学者可以使用 Python 自带的 IDLE 开发工具,待熟悉之后可以选择更加高效、功能更强的开发工具。

启动 IDLE 之后,选择菜单"File"→"New File"打开一个脚本编辑器窗口。在该窗口中输入如下代码:

```
print ("Hello, Python!")
```

然后选择菜单"File"→"Save"保存程序,将其命名为 hello.py。接下来,就可以运行该 Python 脚本了。运行方法是选择菜单"Run"→"Run Module",执行结果显示在交互式终端之中。若文本编辑器窗口被关闭,可以选择菜单"File"→"Open",打开指定的脚本文件。

运行 Python 脚本更加常用的方式是在操作系统的终端之中使用 python 命令。首先进入到 Python 脚本所在的目录之中,然后运行 python file_name.py 命令即可运行保存在当前目录中的脚本代码。例如:

```
$ python hello.py
hello,world!
```

1.4 常用开发工具

尽管 Python 代码可以使用任何纯文本编辑器编辑，但是"工欲善其事，必先利其器"，合适的开发工具能够显著提升编码的效率。可以选择一些功能强大的编辑器，如 vim 或 emacs，也可以选择优秀的集成开发环境（IDE），如 PyCharm。还有一些编辑器，如 Sublime Text 和 Visual Studio Code，能够安装各种功能强大的插件，可根据自己的需要配置个性化的开发环境，从功能上来说与集成开发环境几乎没有什么区别。

1. IDLE

IDLE（Pythons Integrated Development and Learning Environment）是 Python 的官方标准开发环境，是 Python 内置的一个简单、小巧的集成开发环境。它包括交互式命令行、编辑器、调试器等基本组件，足以应付大多数简单应用。

IDLE 有两种类型的窗口，一种是编辑器窗口（Editor window），另一种是 Shell 窗口（Shell window）。编辑器窗口可对 Python 的脚本文件进行打开、编辑、保存等操作；Shell 窗口则用于交互模式或者用于显示程序运行的输出信息。IDLE 可以同时打开多个编辑器窗口，便于多个文件的编辑和运行调试。

IDLE 是基于 Tkinter 编写的，其最初的作者正是 Python 之父 Guido Van Rossum 本人。作为 Python 的默认开发和学习工具，IDLE 具有以下特点：

- IDLE 是一个百分之百的纯 Python 编写的应用程序；
- 在 Windows、UNIX 和 macOS 上具有完全相同的使用方式和运行界面；
- 对代码的输入、运行结果的输出和错误信息均有友好的颜色提示，并且用户可自定义显示的颜色方案；
- 支持多窗口的代码编辑器、Python 语法颜色区分、智能缩进、调用提示和自动补全等功能；
- 支持任意窗口内的搜索、编辑器窗口的替换，以及多文件中的查找；
- 具有良好的调试功能。

2. Spyder

Spyder 是 Python(x,y) 的作者开发的一个简单的集成开发环境。与其他 Python 开发环境相比，它最大的优点就是模仿了 MATLAB 的"工作空间"的功能，可以很方便地观察变量的取值。在 Python 环境中也可以很方便地安装 Spyder。

3. IPython

默认的 Python 交互环境功能有限。IPython 是一种增强的交互式解释器，有比默认交互环境强大得多的功能。主要功能包括：

- 代码自动补全。IPython 能够自动检查 Python 对象的属性，可以随时使用 Tab 键弹出提示信息，然后再利用 Tab 键或者方向键选择所需的选项。
- 获得对象信息。在对象名后添加问号就能获得多种对象信息。例如，执行 exit? 命令，会输出 exit 函数的文档字符串、文件路径、类型等。在对象名后添加两个问号，如 exit??，可以查看包括源代码在内的更多信息。

- Magic 函数。IPython 提供了很多 Magic 函数，这些函数以"%"或"%%"开头，能够方便地在交互环境中切换工作目录、执行 Python 脚本或查看变量。
- 能够执行操作系统的命令。只需要在要执行的操作系统命令前加"!"即可。

4. PyCharm

PyCharm 是 JetBrains 公司开发的 Python 集成开发环境（IDE），它带有一整套可以帮助用户在使用 Python 语言开发时提高其效率的工具，功能十分强大，包括调试、语法高亮、Project 管理、代码跳转、智能提示、自动完成、单元测试、版本控制等。能够用于开发较大型的 Python 项目，对初学者也非常友好。不论是在 Windows、macOS 系统中，还是在 Linux 系统中都支持快速安装和使用。

PyCharm 有两个重要版本——社区版和专业版。其中社区版是免费提供给使用者学习 Python 的版本，其功能可以满足学习需求；专业版除了支持一般的 Python 程序开发，还对 Django、Flask 等 Web 框架提供了相当完善的支持。学生用户可使用教育机构的邮箱（edu.cn 域名的邮箱），在 JetBrains 官网注册并认证后免费获得功能更加丰富的教育版。

5. Jupyter Notebook

Jupyter Notebook 的原名为 IPython Notebook。它是一个运行在浏览器上的交互式笔记本，能够使用 IPython 的语法高亮、自动缩进、Tab 自动补全、Shell 命令等绝大多数功能。它还允许将交互式代码的运行结果、图片在浏览器中展示。

Jupyter Notebook 除了支持 Python 之外，还支持多种编程语言。它本质上是一个 Web 应用程序，因此既可以在本机上运行，也可以放到专用的 Notebook 服务器上在线使用。Jupyter Notebook 兼具交互模式和脚本模式的优点，还能够利用插件实现复杂的功能。比如，利用 RISE 插件可以将 Jupyter Notebook 变成幻灯片使用。

6. Eclipse with PyDev

Eclipse 最初是 IBM 开发的一种 Java IDE 开发环境，后来将其贡献给开源社区逐渐发展成为一种优秀的通用 IDE，支持多种编程语言和大型项目的开发。Eclipse 无须安装，下载后解压即可直接使用。

PyDev 是 Eclipse 的 Python 插件，在 Python 语法查错、代码调试、自动补全等方面相当出色。PyDev 还支持 Django 等 Web 框架，可以直接创建 Django 工程，能够与 Pycharm 相媲美。此外，它还支持 Python，Jython 和 IronPython 等不同的 Python 实现。在 Eclipse 中安装 PyDev 非常便捷，只需从 Eclipse 中选择"Help"→"Eclipse Marketplace"然后搜索 PyDev，单击安装，必要的时候重启 Eclipse 即可。PyDev 的缺点是资源占用较高，在配置较低的计算机上运行速度慢。

7. Visual Studio Code

Visual Studio Code 是一种由微软开发的支持 Windows、Linux 和 macOS 等操作系统的开源代码编辑器。它支持多种编程语言，可以在编辑器中运行脚本、编译软件、调试脚本、设置断点，同时也支持用户个性化配置。近年来得到了众多用户的认可，已成为最为热门的开发工具之一。Visual Studio Code 对 Python 的支持可以通过官方提供的 Python 扩展插件实现。

1.5 Python 虚拟环境

虚拟环境是 Python 程序设计和开发中非常有用的工具。本节介绍 Python 虚拟环境的概念和作用，以及常用的虚拟环境管理工具的使用方法。

1.5.1 什么是虚拟环境

Python 程序具有天然的开源特性，这使得各种包之间存在着较为复杂的依赖关系。在实际的开发中，可能会存在不同的项目会依赖相同的工具包，但是需要的版本不一致的情况。例如，A 项目和 B 项目都要使用 X 包，但是 A 依赖 X（v1.0）而 B 依赖 X（v2.0）。同一个 Python 环境之中只能有一个版本的 X，因而 A 项目和 B 项目不能共存。

理想的解决办法是在计算机中安装多个不同的 Python 环境，项目 A 和项目 B 在不同的环境中开发。但同一个软件在操作系统中安装多次显然是不可行的，Python 采用虚拟环境技术来解决这个问题。系统中安装的 Python 环境称为初始环境，在初始环境中使用虚拟环境管理工具创建出来的独立的 Python 运行环境称为虚拟环境。

虚拟环境之间是相互隔离的，不同环境中的包之间也不存在依赖关系。因而不同开发项目可根据需要搭建环境，运行在独有的 Python 环境之中。在部署项目时可以直接复制开发环境，在提高部署便捷性的同时降低了程序运行的风险。

1.5.2 虚拟环境的创建和使用

Python 中创建和管理虚拟环境的工具有多种，应用最为广泛的要属 virtualenv 了。它是一种第三方工具包，在安装 Python 之后可使用 pip 安装，既能支持 Python 2.7 也能支持 Python 3.x。不过，Python 3.3 及以上的版本之中内置了一种名为 venv 的虚拟环境管理工具，其使用方法与 virtualenv 相似。另外，conda 也是一种强大的虚拟环境管理工具。

本小节分别以 venv 和 conda 为例介绍 Python 虚拟环境的创建和使用，读者可根据需要进行选择。venv 的优势在于轻量级并且包含在 Python 的标准库之中不必另行安装，conda 的优势在于集中管理虚拟环境，能够方便地创建任意版本的 Python 环境。

1. venv

在终端使用如下命令可在当前目录下创建名为 my_env 的虚拟环境：

```
$ python -m venv my_env
```

该命令会在当前目录中创建一个名为 my_env 的文件夹，其中包含了该虚拟环境的全部文件。虚拟环境创建好之后必须激活才能够使用。Windows 系统中激活虚拟环境使用命令：

```
my_env\Scripts\activate.bat
```

Linux 或 macOS 系统中激活虚拟环境使用命令：

```
$ source  my_env/bin/activate
(my_env)$
```

虚拟环境激活之后，在终端的输入提示符之前会出现虚拟环境的名字。这时候运行的 python 和 pip 等命令都是当前虚拟环境之中的命令，使用 pip 安装的包也会被安装在当前虚拟环境之中。

执行 deactivate 命令可退出当前的虚拟环境，返回初始环境。

```
(my_env)$ deactivate
$
```

venv 的工作原理是通过复制 Python 初始环境的方法构建虚拟环境。激活虚拟环境通过改变操作系统中 PATH 环境变量，使得虚拟环境中的 Python 相关命令暂时覆盖初始环境中的命令。

2. conda

使用 conda 创建虚拟环境的命令为：

```
$ conda create -n my_env python=3.8
```

其中，python=3.8 指定虚拟环境的 Python 版本。使用 activate 和 deactivate 子命令可激活或退出虚拟环境。如下命令首先激活 my_env 环境，然后退出返回初始环境。

```
$ conda activate my_env
(my_env)$ conda deactivate
$
```

与 venv 不同，conda 会对虚拟环境进行集中管理。默认情况下所有的虚拟环境都保存在 Anaconda 安装目录中的 envs 文件夹中。集中管理的好处是能够利用 conda 查看、删除或复制虚拟环境。

使用 conda env list 命令可列出 conda 创建的全部虚拟环境。

```
$ conda env list
# conda environments:
#
base                  *  /path/to/anaconda
my_env                   /path/to/anaconda/envs/my_env
```

其中，标记"*"的为当前激活的虚拟环境。

使用 remove 子命令可删除虚拟环境。如下命令删除了虚拟环境 my_env：

```
$ conda remove -n my_env
```

1.6 小　　结

本章首先简要介绍了 Python 语言的发展历史和主要特点，重点在于 Python 运行环境的搭建及程序的运行。实践是最为有效的学习编程的方法，建议初学者一定要在自己的计算机上搭建好 Python 环境，并熟悉两种运行 Python 程序的方式。

虚拟环境在实际的 Python 程序设计中使用非常普遍，通常开发者会避免使用 Python 初始环境，仅将其用于对虚拟环境进行管理。一旦虚拟环境出现问题，随时可以删除并重新创建。初学者可以先做基本了解，待需要时再进一步掌握虚拟环境的使用。

1.7 思考与练习

1. Python 语言的发展史上都有哪些重要的版本？
2. Python 语言有哪些特点？
3. 选择一种 Python 发行版安装搭建自己的 Python 环境。
4. 选择一种常用的工具包，例如 NumPy，在自己的 Python 环境中练习第三方工具包的安装和卸载。
5. 分别使用交互模式和脚本模式运行 print 语句输出一些字符串信息。
*6. 选择一种虚拟环境管理工具，练习 Python 虚拟环境的创建、管理和使用。

第 2 章 Python 编程基础

本章介绍 Python 编程的基础知识,包括变量与表达式、语句、数据类型、流程控制、模块与包及编程规范等。这些内容也是大多数编程语言的基础知识和学习起点。不过,Python 语言在很多细节方面有着与其他编程语言不同的特征,例如语句块的组织方式、动态类型等,这些是需要特别注意的地方。此外,在学习编程时编程规范往往是最容易被忽视的部分。遵循规范的代码便于交流和后期维护,并且往往运行效率较高,良好编程风格是编程高手的重要标志之一。因此,本章还将对 Python 官方提供的 PEP8 规范中最为常用的部分做详细介绍。

2.1 变量与表达式

本节内容包括变量与表达式的定义、Python 中常用的运算符及优先级。另外,还将介绍 Python 3.8 中新增加的一种运算符——海象运算符。

2.1.1 变量的定义与赋值

Python 变量的命名规则与其他语言类似,以字母或下画线开头,由字母、数字或下画线组成,并且不能以 Python 关键字作为变量名。另外,Python 变量名是区分大小写的,x 与 X 是两个不同的变量。

下面的代码在交互模式中定义了一个变量 x 并将其赋值为 1。然后输入变量的名字,交互式解释器会输出变量的值。

```
>>> x = 1
>>> x
1
```

Python 中很多变量、方法是以连续两个下画线开头和结尾的,例如 __name__。这些变量或方法有特殊的用途,在定义变量时应当避免将变量以这种形式命名。

Python 是一种动态类型的语言,变量的类型由解释器在解释执行时根据其取值来动态推断。因此,在变量定义时无须指定变量的类型。此外,

Python 中的所有数据都属于引用类型，变量中存储的只是实际取值的引用。而引用的指向可以是任意的数据类型，因此在 Python 中同一个变量可以被赋予类型不同的值，这是 Python 与 C、C++ 等静态类型的语言的一个非常显著的不同之处。

下例中，变量 x 在 3 次赋值中分别被赋予了整型、浮点型和字符串等 3 种不同类型的值，这在 Python 中是合法的。

```
>>> x = 1
>>> x = 1.1
>>> x = 'abc'
```

这种动态类型的特点，使得 Python 开发工具的代码提示功能不容易像静态语言那样精确、强大。Python 3.5 以后的版本中加入了一种为变量添加类型注解（Type Hint）的语法，在变量定义时使用 ":" 为变量添加类型信息。

```
>>> x: int = 1
>>> x: float = 1.1
>>> x: str = 'python'
```

类型注解并非强制性的，Python 解释器不会利用该信息来检查变量的类型。不过，有一些第三方工具会利用类型注解来检查变量类型。类型注解也可以在开发工具或 IDE 中用于类型分析以提供更准确的代码提示信息，或者用于自动化文档生成。下面的例子中，即便是为变量添加了类型注解，将其赋值为其他类型的取值也不会有任何错误提示。

```
>>> x:str = 1.1
>>> type(x)
<class 'float'>
```

变量的赋值在 Python 中非常灵活。除了如前所示的简单赋值情况，还可以同时为多个变量赋予同一个值，或者为多个变量赋予多个值。下例所示的赋值方式在 Python 代码中非常常见。第一行代码中，为变量 x、y、z 赋予同一个值 1，称为链式赋值。第二行代码中，分别为 x、y 和 z 赋予值 1、2 和 3。第三行代码中交换了变量 x 和 y 的取值。

```
>>> x = y = z = 1
>>> x, y, z = 1, 2, 3
>>> x, y = y, x
```

2.1.2 算术表达式

算术表达式由一个或多个运算符号对变量按从左到右的顺序进行计算，并返回一个数值结果。Python 中常用的算术运算符如表 2-1 所示。

下面是几个算术表达式的例子：

```
>>> 3 + 4 * 5
23
>>> 10 / 3
3.3333333333333335
>>> 10 // 3
```

```
3
>>> 10 % 3
1
```

表 2-1 算术运算符

运 算 符	功　　能	增强运算符
+	加	+=
-	减	-=
*	乘	*=
/	除	/=
**	乘方	**=
//	整除	//=
%	求余	%=

Python 中几乎所有的运算符都有增强形式，即将算术运算与赋值运算合而为一，如表 2-1 第三列所示。

```
>>> x = 1
>>> x += 1
>>> x
2
>>> x *= 2
>>> x
4
>>> x **= 2
>>> x
16
>>> x //= 5
>>> x
3
```

2.1.3 关系表达式与逻辑表达式

关系表达式由一个或多个关系运算符按从左到右的顺序进行计算，返回一个布尔值。Python 中的关系运算符如表 2-2 所示。

表 2-2 关系运算符

运 算 符	功　　能
>	大于
<	小于
>=	大于等于
<=	小于等于
==	逻辑相等
!=	不等于

逻辑表达式由一个或多个逻辑运算符对关系表达式或逻辑变量按从左到右的顺序进行计算，返回一个布尔值。Python 中常用的逻辑运算符如表 2-3 所示。

表 2-3 逻辑运算符

运 算 符	功 能
and	逻辑与
or	逻辑或
not	逻辑非
is	判断两个对象是否相同
is not	判断两个对象是否不相同
in	判断一个对象是否在一个容器对象中
not in	判断一个对象是否不在一个容器对象中

下面是几个关系表达式与逻辑表达式的例子：

```
>>> x, y = 1, 2
>>> x == 1
True
>>> x == 1 and y == 2
True
>>> x < y < 3
True
```

2.1.4 海象运算符

Python 3.8 中加入了一种新的运算符":="，称为海象运算符。它能够在计算逻辑表达式的同时，将表达式的一部分赋值给一个变量。

如下例所示，在运算表达式"1 > 2"的同时，将 1 赋值给 x，将 2 赋值给 y。注意表达式中的括号不可缺少。

```
>>> (x:=1) > (y:=2)
False
>>> x
1
>>> y
2
```

如果不使用海象运算符，完成相同的功能需要更多行代码：

```
>>> x = 1
>>> y = 2
>>> x > y
False
```

海象运算符能够减少代码行数，更重要的是在某些情况下能够减少一些关键语句的执行次数。不过，它的副作用是降低了逻辑表达式的可读性，在复杂的表达式中要谨慎使用。

2.1.5 运算符的优先级

包含多种运算符的表达式，在执行时计算过程不再仅仅按从左到右的顺序，而是需要考虑运算符的优先级。表达式中优先级高的运算符先计算，优先级低的运算符后计算，优先级相同的情况下按从左到右的顺序计算。

一般而言，逻辑运算符的优先级高于关系运算符，关系运算符的优先级高于算术运算符。运算符的优先级不必死记，在表达式比较复杂的情况下，一个非常有用的技巧就是合理地利用括号"()"。由于"()"的优先级最高，合理使用括号能够使表达式逻辑清晰，有效避免逻辑错误。

下面是一个稍微复杂一些的逻辑表达式，其中 lst 是一个列表，len 是用于求列表长度的函数。虽然运算结果相同，但是加上"()"之后逻辑更加清晰。

```
>>> lst = [1, 4, 2, 8, 5, 7]
>>> 2 in lst and 8 > len(lst) + 1 >= 4
True
>>> (2 in lst) and (8 > len(lst) + 1 >= 4)
True
```

2.2 语　　句

本节介绍 Python 中的语句，包括简单语句、复合语句和空语句，以及语句的注释。Python 中比较有特点的是复合语句，它使用缩进作为语句块的组织方式。

2.2.1 简单语句

前文中的变量定义、赋值语句、表达式等都属于简单语句。除此之外，Python 中常用的简单语句还有输出语句、输入语句、函数调用语句、对象删除语句、导入语句等。

- 输出语句：Python 中使用 print 函数来输出变量、对象或者表达式的值（注意：Python 2.x 中 print 作为语句而不是函数，因此在使用时不必加括号；而在 Python 3 中 print 是函数，必须加括号）。

  ```
  >>> print("Hello Python!")
  Hello Python!
  >>> x, y = 1, 2
  >>> print("x=", x, ", y=", y)
  x= 1 , y= 2
  ```

- 输入语句：Python 中使用 input 函数获取用户在终端输入的数据。input 的参数为一个字符串，用于作为输入数据的提示信息，其返回值也是一个字符串。

  ```
  >>> s = input("请输入数据：")
  请输入数据：1 4 2
  >>> s
  '1 4 2'
  ```

- 函数调用：函数调用在 Python 中使用频率非常高。前文例子中已多次使用函数调用语句，例如输入语句和输出语句就是函数调用语句。
- 删除对象：Python 具有完善的垃圾回收机制，没有被引用的对象会被自动销毁并回收资源。但是有时候需要手动删除对象以便及时地回收它们占用的内存空间。手动删除对象使用 del 语句。调用已删除的对象会抛出变量未定义错误。

```
>>> x = 10
>>> x
10
>>> del x
>>> x
Traceback (most recent call last):
  File "<stdin>", line 1, in <module>
NameError: name 'x' is not defined
```

- 导入模块：Python 使用 import 语句导入在其他脚本模块中定义的数据类型。import 语句可以出现在脚本代码的任意位置，但是建议统一放在脚本头部以方便代码阅读和维护。

2.2.2 复合语句与空语句

复合语句也称为语句块，由多条简单语句组成。多数编程语言中都使用特殊的标记来标识出语句块，每条语句是否缩进、缩进多少从语法上来说是无所谓的。例如，在 C/C++、Java、C# 等语言中，使用一对花括号"{}"来标识出一个语句块，在 VB 语言中使用"begin ... end"来标识语句块。这些语言中，代码的缩进不是强制性的。

在 Python 中，代码缩进是强制性的。代码缩进被用于作为语句块的标识，连续多条具有相同缩进的语句会被解释器解析为一个语句块。如果一个语句块中代码的缩进不一致，解释器就会抛出语法错误。例如下例中的 if 语句块，其中包含了两条 print 语句，但是它们的缩进形式不一致。在执行时解释器就会抛出 IndentationError 错误。

```
>>> if True:
...     print("Hello")
...      print("Python!")
  File "<stdin>", line 3
    print("Python!")
    ^
IndentationError: unindent does not match any outer indentation level
```

代码缩进可以使用空格也可以使用 Tab 符号，但是强烈建议不要混用二者。因为在混用的情况下很难定位，会导致缩进错误。另外，尽管不同代码块中的代码不要求具有相同的缩进，但是为了使代码具有较高的可读性，建议至少在每个模块中要使用相同的缩进方式。

Python 中一行代码也可以包含多条语句，语句之间用分号";"分隔开即可。但是，这种方式会影响代码的可读性，不建议使用。

过长的语句也会影响代码的可读性，Python 可以将一条语句分成多行。语句换行可以使用反斜杠"\"，也可以使用括号"()"。下例中，将表达式 5 > 3 and 1 < 2 分成多行书写：

```
>>> 5 > 3 and\
... 1 < 2
True
>>> 5 > 3 and (
... 1 < 2
... )
True
```

Python 中有一个特殊的语句 pass，称为空语句。空语句表示什么也不做，相当于 C 语言中的一对空的花括号 {}。空语句存在的意义是为了配合 Python 语句块使用相同的缩进来标识的特征。在某些情况下，例如语句块的功能暂未实现时，空的语句块会产生语法错误导致程序无法执行或调试。这时候，需要使用 pass 语句来标识该空语句块。

例如下例中的两个空的语句块能够成功运行，但是如果去掉 pass 语句就会抛出语法错误：

```
1  if True:
2      pass
3  else:
4      pass
```

2.2.3 注释

Python 脚本中的单行注释符号为"#"。"#"后的内容会被解释器忽略，不会执行。多行注释可以使用一对"'''"或""""，将被注释内容作为多行字符串。

Python 脚本文件的头部常常会有一些特殊的注释，称为头部声明。尽管对于 Python 脚本的执行不是必需的，但是有时候能够为解释器提供一些必要的信息。这些头部声明主要有两种：

- #!/usr/bin/python 或 #!/usr/bin/env python：在 Linux 或 macOS 系统中，若要将 Python 代码作为可执行脚本，就需要利用该特殊注释指定 Python 解释器的所在路径。该行注释必须放在 Python 脚本的首行。
- #-*- coding:utf-8 -*- 或 #coding=utf-8：用于指定 Python 程序的编码方式为 UTF-8。Python 2.x 的默认编码方式为 ASCII，若脚本代码中出现中文字符则程序无法运行。因此必须利用该特殊注释指定为能够处理中文符号的编码方式。Python 3.x 的默认编码方式就是 UTF-8，因此该注释不再是必需的。

2.3 数据类型

本节对 Python 常用的数据类型做简单的介绍，更详细的特点与使用方法将在后续章节中介绍。

2.3.1 基本数据类型

Python 内置的基本数据类型如表 2-4 所示。Python 使用 type 函数来查看一个对象的数据类型。

表 2-4 Python 基本数据类型

类 型	表 示 符	示 例
字符	str	'Hello Python'
数值	int, float, complex	1, 1.0, 1+2j
序列	list, tuple	[1, 2, 3], (1, 2, 3)
字典	dict	{'x': 1, 'y': 2}
集合	set, frozenset	{1, 2, 3}
布尔	bool	True, False

1. 字符类型

Python 中并无专门的字符类型，字符类型和字符串类型完全相同。字符串类型数据为一对单引号"'"、双引号""、三引号"'''"或""""""修饰的一组字符。这几种定义形式完全相同，唯一区别是三引号字符串可以由多行字符组成。字符串中的特殊字符需要使用转义符号"\"进行转义。下面例子中都是合法的字符串：

```
>>> s = 'Hello Python'
>>> s = "Hello Python"
>>> s = '''
... Hello
... Python
... '''
>>> type(s)
<class 'str'>
```

Python 字符串有几种特殊的前缀，分别是 u、b、r、f。带 u 前缀的字符串表示 Unicode 编码的字符串，在 Python 2.x 中经常会用到。由于 Python 3.x 的默认编码方式就是 Unicode，所以字符串有无前缀 u 完全相同。带 b 前缀的为 ASCII 编码的字节串，其本质上并非字符串而是二进制数据 ASCII 符号表示。带 r 前缀的字符串称为原始字符串，字符串中的符号不会被转义，常用在正则表达式之中。带 f 前缀的字符串为格式字符串，用于字符串的格式化输出。

```
>>> s = u"Hello Python"
>>> s = u"你好，Python"
>>> s = b"Hello, Python"
>>> s = r"这里的\t不会被转义"
>>> s = f"3 * 5 = {3 * 5}"
>>> s
'3 * 5 = 15'
```

2. 数值类型

Python 3.x 中的数值类型只有 int、float 和 complex 三种，分别表示整型、浮点型和复数类型。Python 2.x 中的 long 类型在 Python 3.x 中已经去除。int 和 float 类型的使用非常直观，不带小数位的数值会被解释为 int 类型，带小数位的数值被解释为 float 类型。此外，int 和 float 还可以用于强制类型转换。

Python 中复数类型的虚数单位用 j 表示，如下例所示：

```
>>> 1j ** 2
(-1+0j)
>>> c = complex(1 + 2j)
>>> c
(1+2j)
>>> type(c)
<class 'complex'>
```

Python 3.6 新增了在数值中使用下画线以提高可读性的语法，如下例所示：

```
>>> x = 1_000_000_000
>>> x
1000000000
>>> x = 1_00_00_00.00_00_1
>>> x
1000000.00001
```

3. 序列类型

序列类型是 Python 中最重要的一类数据类型。最常使用的序列类型有列表（list）、元组（tuple）等。字符串也属于序列类型。序列的使用方法与其他语言中的数组类似。

list 和 tuple 的使用基本相同，都可以使用索引或下标来访问元素或进行切片操作。二者的区别在于 list 中的元素是可变的，可删除或修改元素也可以添加新的元素；而 tuple 一旦定义，其中的元素不能再改变。list 使用方括号"[]"定义，tuple 使用圆括号"()"定义。

list 和 tuple 的常用方法如下例所示（更详细的内容请参考第 3 章）：

```
>>> lst = [1, 4, 2, 8, 5, 7]      # 列表定义
>>> lst[0]                         # 下标访问元素
0
>>> lst[0] = 6                     # 改变元素值
>>> lst
[6, 4, 2, 8, 5, 7]
>>> lst[0:2]                       # 切片操作
[6, 4]
>>> type(lst)
<class 'list'>
>>>
>>> t = (1, 4, 2, 8, 5, 7)    # 元组定义
>>> t[0]
```

```
1
>>> t[0:2]
(1, 4)
>>> t[0] = 1                    # 元组的值不能改变
Traceback (most recent call last):
  File "<stdin>", line 1, in <module>
TypeError: 'tuple' object does not support item assignment
```

在第 2.1.1 小节变量的定义与赋值部分曾介绍过同时为多个变量赋值的方法。实际上，等号右侧部分会被 Python 解释为一个元组。将序列赋值给多个变量的操作称为**序列解包**。序列解包要求变量的个数等于序列中元素的个数。不过，可以使用"*"符号将序列中多个连续元素构成一个新的列表，从而实现变量个数不等于序列元素个数的情况。需要注意的是"*"符号在序列解包时只能使用一次。序列解包如下例所示：

```
>>> x, y, z = (1, 4, 2)
>>> x, y, *z = (1, 4, 2, 8, 5, 7)
>>> z
[2, 8, 5, 7]
```

有时候，在使用序列解包时，序列中的某些值是不需要的，但序列解包还要求必须定义变量来接受赋值。这种情况下可以使用临时变量"_"，它本质上与一般变量并无不同之处，只是约定用该符号来表示不需要的值。

```
>>> x, _, _ = (1, 4, 2)
>>> x
1
```

4. 集合类型

集合类型与数学中集合的概念相似，不同之处在于 Python 的集合类型中可以包含任意不重复的对象。集合类型中的元素为无序的，这与序列类型不同。集合类型可以进行交、并、差等运算：

```
>>> s1 = {1, 4, 2, 8}
>>> s2 = {2, 8, 5, 7}
>>> s1 & s2              # 交集
{2, 8}
>>> s1 | s2              # 并集
{1, 4, 2, 8, 5, 7}
>>> s1 - s2              # 差集
{1, 4}
>>> type(s1)
<class 'set'>
```

5. 字典类型

字典类型为 dict，其元素由键-值对（key-value）组成。字典类型与序列类型的区别在于，序列类型使用下标访问元素，而字典类型使用键来访问元素。

下面的例子中定义了一个包含两个元素的字典，第一个元素的键为'x'，值为1，第二个元素的键为'y'，值为2。接下来又添加了第三个元素，键为'z'，值为3：

```
>>> d = {'x': 1, 'y': 2}
>>> d['x']
1
>>> d['z'] = 3
>>> d
{'x': 1, 'y': 2, 'z': 3}
>>> type(d)
<class 'dict'>
```

6. 布尔类型

布尔类型即逻辑类型，其取值只有 True 和 False。关系表达式和逻辑表达式的计算结果为一个布尔型数值。在 Python 中，空的字符串、列表、元组、集合、字典等，以及数值 0、0.0 的逻辑值都为 False。非空的数据结构以及非 0 取值的数值类型，逻辑值为 True。

```
>>> bool('')
False
>>> bool([])
False
>>> bool({})
False
>>> bool(dict())
False
>>> bool(0)
False
>>> bool(0.0)
False
```

2.3.2 空类型

空类型 NoneType 是 Python 中的一种特殊的数据类型，它只有唯一取值 None。空类型通常用于表示一个变量的值是存在的，但是取值为空值。空类型不是基本数据类型，判断一个变量的取值是否为空要使用 is 或 is not 运算符，不建议使用逻辑相等（==）或逻辑不等（!=）。

```
>>> x = None
>>> x is None
True
>>> x is not None
False
>>> type(x)
<class 'NoneType'>
```

2.3.3 扩展数据类型

本书中将基本数据类型和空类型之外的其他类型统称为扩展数据类型。本小节对扩展数据类型做简单的介绍，后续章节中将进行更深入的分析。

1. 函数

函数是 Python 中使用最为广泛的一种数据类型。大多数情况下，Python 函数的使用与其他语言中的函数相同。但是，在 Python 中的函数的地位非常特殊，可以有自己的属性，甚至自己的方法。

Python 中使用关键字 def 来定义函数。下面的例子中定义了一个名为 fun 的函数，它没有参数并且函数体中仅包含一个空语句 pass。该函数有很多默认的属性和方法，它们都是以"__"开头和结尾的。在解释器中输入 fun.__，然后按 Tab 键可以查看其所有的属性和方法。

```
>>> def fun():
...     pass
...
>>> fun.__name__
'fun'
```

2. 类

Python 对面向对象编程有相当良好的支持，使用关键字 class 来定义类。类中包含了一系列默认的属性或方法，也可以自定义属性或方法[①]。

下面的例子中，定义了一个名为 Human 的简单的类，它包含了一个取值为空字符串的属性 name 和一个方法 say。注意，类中的方法在定义的时候必须至少有一个参数，一般将其命名为 self，表示类自身。

```
>>> class Human:
...     name = ''
...     def say(self):
...         print('My name is', self.name)
...
>>> Human.__name__    # 注意__name__与name是不同的属性
'Human'
```

3. 对象（实例）

在面向对象编程的思维中，类就是用户自定义的数据类型，其具体取值就是"对象"，或称为类的"实例"。基于前面定义的类 Human，对象（或实例）的创建和使用如下所示。

```
>>> h = Human()
>>> h.name = '张三'
>>> h.say()
My name is 张三
```

需要注意的是，方法定义时的 self 参数由 Python 解释器在执行时自动传入，用户在调用对象的方法时需要将其忽略。

---

① 函数与方法的区别在于，函数是独立定义的，而方法是定义在类之中的。参见第 5 章面向对象编程基础的相关内容。

4. 模块

Python 中的一个脚本文件就是一个模块。在模块中可以定义变量、函数、类等数据类型，然后在其他脚本中导入后使用。模块在 Python 中也被作为数据类型，也有自己的属性和方法。

```
>>> import math
>>> math.__name__
'math'
```

2.4 流程控制

本节首先介绍结构化程序设计的概念。然后，介绍 Python 语言中实现结构化程序设计的基本流程控制语句，包括选择语句（if）和循环语句（for 和 while），以及循环语句中常用的辅助语句（break 和 continue）和函数（range、enumerate 和 zip）。

2.4.1 结构化程序设计

结构化程序设计是一种重要的编程思维，最早由荷兰计算机科学家 Edsger Dijkstra 提出。它的核心特征是将软件代码划分为子程序（函数或方法）、代码块等模块，再通过流程控制将各模块连接起来，从而使得程序具有清晰的逻辑结构，提高软件质量并降低软件维护成本。

在早期的高级编程语言（如 Fortran）中，使用 GOTO 语句来控制程序的运行流程。这种方法使得程序的逻辑结构很容易失控，容易出现错误并且代码的可读性很差。Dijkstra 认为"一个程序的质量与程序中 GOTO 语句的数量成反比"。他在 1968 年发表了著名的论文《Go To 语句有害论（Go To Statement Considered Harmful）》，认为"GOTO 语句太容易把程序弄乱，应从一切高级语言中去掉"。他证明了只用 3 种基本流程控制结构就可以实现所有的程序逻辑，并且程序代码可以从上到下阅读而不必返回。

这 3 种基本的流程控制结构是结构化编程的核心，它们分别是：
- 顺序结构。程序语句按照它们出现的先后顺序执行。
- 选择结构。根据逻辑条件选择多个分支中的一个执行，分支的数量不受限制。
- 循环结构。语句被反复执行，直到满足一定的条件才终止循环。

结构化编程思想得到了大多数计算机科学家的认同。现在，几乎所有的高级编程语言都实现了结构化程序设计特性。不过，GOTO 语句并非一无是处。著名的计算机科学家高德纳就认为不应该禁用 GOTO 语句。部分编程语言中保留了 GOTO 语句，比如 C、C++ 及 Java 语言等。Python 语言中并没有提供 GOTO 语句，但是可以通过第三方工具来实现类似的效果。

2.4.2 选择

Python 中使用 if 语句实现选择结构，它有两个可选的子句 elif 和 else，用于实现双分支或多分支选择结构。elif 子句可以出现任意多次，表示不同的条件分支；else 最多可出现一次，表示在所有条件都不满足的情况下要执行的代码分支。

if 语句的语法形式为：

```
if 逻辑表达式1:
    语句块1
elif 逻辑表达式2:
    语句块2
elif 逻辑表达式3:
    语句块3
...
else:
    语句块
```

注意每个逻辑表达式后的冒号"："不能缺少，并且每个语句块中所有的语句要使用相同的缩进方式。下面是一个简单的选择语句应用示例：

```
1  x = int(input("请输入一个整数："))
2  if x < 0:
3      print("您输入了一个负数！")
4  elif x == 0:
5      print("您输入了零！")
6  else:
7      print("您输入了一个正数！")
```

在 if 语句的逻辑条件中使用海象运算符有时候会带来一些方便（Python 3.8 及以后版本）。例如：

```
1  s = 'Python is interesting!'
2  if len(s) > 10:
3      print("字符串长度为", len(s), '超出了最大长度！')
```

其中 len(s) 被执行了两次。使用海象运算符在逻辑表达式中完成赋值，能够在不增加代码行数的情况下减少一次 len(s) 语句的执行：

```
1  s = 'Python is interesting!'
2  if (s_len:=len(s)) > 10:
3      print("字符串长度为", s_len, '超出了最大长度！')
```

与选择相关的还有 if-else 表达式，其形式为：

```
value1 if 逻辑表达式 else value2
```

if-else 表达式的含义是当逻辑表达式满足时结果为 value1，否则结果为 value2，它相当于 C/C++ 语言中的三目运算符。

```
>>> x = int(input("请输入一个整数："))
请输入一个整数：10
>>> is_positive = True if x > 0 else False
>>> is_positive
True
```

2.4.3 循环

Python 中有 2 种循环语句：for 循环和 while 循环。for 循环用于遍历一个可迭代对象中的所有元素，while 循环是一种更为一般的循环语句。在实际使用中，这 2 种方式在大多数情况下能够相互替换，不过相对而言 for 循环由于使用方便而得到了更多应用。

1. for 循环

Python 中的可迭代对象可以看作一种对象的容器，列表、元组、集合、字典等都是可迭代对象。使用 for 循环遍历可迭代对象非常方便，语法形式为：

```
for 变量 in 可迭代对象:
    语句块
```

下面的例子中，利用 for 循环对列表中所有值求和并输出结果：

```
1  lst = [0, 1, 2, 3, 4, 5, 6, 7, 8, 9]
2  sum_lst = 0
3  for n in lst:
4      sum_lst += n
5  print(sum_lst)
```

2. while 循环

while 循环是一种更为通用的循环语句，常在循环的次数不能确定时使用。while 循环的语法形式为：

```
while 条件表达式:
    语句块
```

注意，while 循环的循环体语句块中必须包含改变条件表达式的语句或者退出循环的语句，否则将会陷入死循环。下面的例子中，利用 while 循环对数值进行求和。

```
1  sum_value = 0
2  i = 0
3  while i < 10:
4      sum_value += i
5      i += 1              # 改变循环变量
6  print(sum_value)
```

3. break 与 continue

循环语句会不断执行循环体中的代码，直到满足退出循环的条件。有时候需要在循环体中主动跳出循环，这种情况下可以使用 break 或者 continue 语句来实现。

break 的作用是提前终止循环，接下来执行循环语句之后的语句，即跳转至循环语句结束的位置。continue 则仅中止当前的迭代，提前进入到下一轮迭代中，即跳转至循环语句开始的位置。break 和 continue 通常都会被放在条件语句中，在满足条件的时候才会跳转。在 for 循环和 while 循环中，break 和 continue 语句的使用完全相同。

下面的例子中，利用 while 循环及 break 和 continue 语句输出 20 以内所有能被 3 整除的整数。

```
1  i = 0
2  while True:
3      if i >= 20:
4          break
5      i += 1
6      if i % 3 != 0:
7          continue
8      print(i)
```

4. else 子句

Python 中的循环语句还有一个 else 子句。语法形式为：

```
for 变量 in 可迭代对象:
    语句块
else:
    语句块
```

或者为：

```
while 条件表达式:
    语句块
else:
    语句块
```

else 子句中的语句块只有在循环语句完整地执行结束后才会被执行。若使用了 break 语句提前退出循环，则 else 子句中的语句块不会被执行。

5. range 函数

有时候使用循环并不是为了遍历某个可迭代对象，仅仅是为了重复执行循环体中的语句块。用 for 循环完成这类任务时，通常与 range 函数配合使用。range 函数可以接收一个、两个或三个参数，返回一个可迭代的 range 对象。

- range(n)：返回一个最小值为 0，最大值为 n-1 的 range 对象；
- range(m, n)：返回一个最小值为 m，最大值为 n-1 的 range 对象；
- range(m, n, s)：返回一个最小值为 m，最大值为 n，步长为 s 的 range 对象。

下面的例子用于求大于等于 1 且小于 100 的奇数之和：

```
1  sum_odd = 0
2  for n in range(1, 100, 2):
3      sum_odd += n
4  print(sum_odd)
```

6. enumerate 函数

遍历可迭代对象时，在每一次迭代中常常不仅需要得到一个数值，还需要确定该数值的序号。也就是说，在每次循环中需要同时获取循环变量和数值。

将 enumerate 与 for 循环相结合能够方便地实现这个功能。enumerate 函数能够将一个可迭代对象转换成 enumerate 对象。enumerate 对象也是一个可迭代对象，它的每个元素都是一个形如 (索引, 数值) 的元组。

```
1  text = 'Python'
2  for i, s in enumerate(text):
3      print(text, '的第', i, '个字母是', s)
```

输出结果为:

```
Python 的第 0 个字母是 P
Python 的第 1 个字母是 y
Python 的第 2 个字母是 t
Python 的第 3 个字母是 h
Python 的第 4 个字母是 o
Python 的第 5 个字母是 n
```

不使用 enumerate 函数也能够实现相同的功能,但不符合 Python 的风格,并且代码的直观性会差一些:

```
1  text = 'Python'
2  for i in range(len(text)):
3      print(text, '的第', i, '个字母是', text[i])
```

7. zip 函数

有时候需要同时对两个或多个序列进行迭代。例如下面的情况:

```
1  names = ['张三', '李四', '王五']
2  scores = [95, 59, 80]
3  for i in range(len(names)):
4      print(names[i], "的分数是", scores[i])
```

这种实现方法需要引入一个索引变量来解决同时访问不同序列中相同位置元素的问题。Python 风格的做法是使用 zip 函数。

zip 函数的功能是像拉链一样将两个(或多个)序列"咬合"起来。zip 接收两个或多个长度相同的序列对象,返回一个可迭代的 zip 对象。zip 对象的元素是由多个序列中相同位置的元素组成的元组。

```
1  names = ['张三', '李四', '王五']
2  scores = [95, 59, 80]
3  for name, score in zip(names, scores):
4      print(name, "的分数是", score)
```

2.5 模块和包

本节介绍模块和包的使用、自定义包的方法,以及 Python 标准库中的常用模块。

2.5.1 模块和包的导入

Python 中一个脚本代码称为一个模块。在一个模块中要使用其他模块中定义的数据类型,只需要使用 import 语句导入即可。如果脚本的数量比较多,Python 允许使用文件夹来管理这些脚本,每个文件夹被组织为一个包(package)。

下面的例子中，分别导入了 Python 内置的模块 math，以及 os 包中的 path 模块。

```
1  import math
2  import os.path
```

除了直接导入包或模块，Python 还提供了 as 子句为导入的模块取别名。另外，还可以使用 from 子句直接导入模块中定义的数据类型。下面的例子展示了导入模块常用的 3 种方法。

```
1   >>> import math                      # 方法 1：导入模块
2   >>> math.pi
3   3.141592653589793
4   >>> math.sin(0.5 * math.pi)
5   1.0
6   >>> import math as m                 # 方法 2：导入模块并为其取别名
7   >>> m.sin(0.5 * m.pi)
8   1.0
9   >>> from math import pi, sin         # 方法 3：导入模块中的函数
10  >>> sin(0.5 * pi)
11  1.0
```

2.5.2 自定义包*

Python 中的包是用于管理脚本代码的文件夹，与普通文件夹的区别仅在于包中必须包含一个名为 __init__.py 的特殊文件。Python 根据文件夹中是否有 __init__.py 文件来判断它是否是一个包。__init__.py 可以是一个空文件，也可以包含一些描述信息。

假设有一个项目，其根文件夹名为 project。project 中有一个名为 module.py 的模块以及一个名为 A 的文件夹。A 中又有一个名为 module_in_A.py 的模块，以及一个名为 B 的子文件夹。B 中又包含一个名为 module_in_B.py 的模块。由于 A 和 B 都是包，因此都必须包含名为 __init__.py 的文件。project 目录结构如图 2-1 所示。

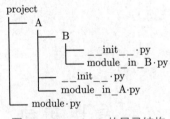

图 2-1　project 的目录结构

如果 module_in_A.py 中定义了变量 $a = 1$，module_in_B.py 中定义了变量 $b = 2$，则有如下几种合法的导入方式：

- 在 module.py 中导入变量 a 和 b

```
1  from A.module_in_A import a
2  from A.B.module_in_B import b
```

- 在 module_in_A.py 中导入变量 b

```
1  from .B.module_in_B import b
```

- 在 module_in_B.py 中导入变量 a

```
1  from ..module_in_A import a
```

其中，后两种导入方式称为相对导入。"."表示当前包，".."表示当前包的父包。还可以使用"..."表示父包的父包。需要注意的是，相对导入不能超出最顶层的包，而且相对导入时的视角为项目的根文件夹。正因为如此，本例中的 module_in_A.py 和 module_in_B.py 不能直接运行，只能被顶层模块（module.py）导入使用。

Python 解释器根据 sys.path 变量中的路径搜索要导入的模块。sys.path 是一个列表，每个元素都是一个路径字符串。sys.path 在 Python 中的作用与操作系统中的 PATH 环境变量相似。在导入包时，Python 解释器首先检查要导入的是否是内置的模块或包，如果不是就在 sys.path 中定义的路径中搜索，若搜索不到就返回导入错误。因此，要想导入某个文件夹中定义的模块或包，只需要把该文件夹的路径添加至 sys.path 中即可：

```
1  import sys
2  sys.path.append('package_path')
```

2.5.3 常用内置模块*

Python 标准库内置了丰富的模块来实现各种基本的功能，从日期时间的处理、随机数生成，到网络访问、网页解析等。这些内置模块功能强大且运行效率高，在开发中要尽可能地利用这些内置模块，不要"重复造轮子"。部分常用模块如表 2-5 所示。

表 2-5 常用内置模块

模 块	简 介
time	日期时间处理模块，定义了常用的日期时间计算与格式化处理的函数
datetime	对 time 模块进行了封装，定义了常用的关于日期时间的类
random	定义了常用的随机数生成函数
sys	定义了管理与配置 Python 解释器的变量和函数
os	定义了访问和调用操作系统功能的函数
collections	定义了更丰富的容器类
itertools	定义了操作可迭代对象的工具函数
functools	定义了用于函数编程的相关功能函数
json	解析与处理 JSON 格式数据的工具集合
XML	解析与处理 XML 格式数据的模块
pickle	序列化模块，用于将 Python 对象存储在磁盘之中
re	正则表达式模块
logging	日志处理模块
urllib	关于 Web 访问的模块
threading	用于多线程编程的模块
subprocess	利用 Python 运行其他程序，只要是在命令行里能够执行的程序都可以用该模块在 Python 中运行
multiprocessing	多进程编程模块

2.6　Python 编程规范

2.6.1　规范编码的重要性

代码规范性在软件开发中非常重要，几乎所有的编程语言都有官方提供或者约定俗成的代码风格，大多数软件公司也都有着自己的代码规范。规范编码的重要性体现在如下几个方面。

- 团队合作的需要。软件开发往往是一项团队工作，如果不遵循相同的代码规范，团队合作就难以进行。
- 规范性良好的代码有利于避免程序错误。
- 规范性良好的代码能够有效降低维护成本。

2.6.2　PEP8 规范

Python 语言官方建议的编程规范在 PEP8（Python Enhancement Proposal）[①]中定义，它是一份很长的 Python 代码风格的指南。本节介绍其中最常使用的一些编写代码的规范。

1. 代码布局
- 缩进方式
  - 代码块统一使用 4 个空格缩进；
  - 不使用 Tab 键，更不能混合使用空格和 Tab 键进行缩进。
- 代码行的长度
  - 每行代码长度小于 79 个字符；
  - 多于 79 个字符的代码行在断行时，断行位置要在运算符之前。
- 空行的使用
  - 模块中的顶层函数和类前空 2 行；
  - 类内方法前空 1 行；
  - 函数或方法内部的逻辑代码块之间空 1 行。
- 模块和包的导入
  - 将导入语句置于脚本文档的顶部；
  - 每个 import 语句只导入一个模块；
  - 可使用 from … import … 导入同一模块中的多个对象。
2. 表达式和语句中的空格
- 避免使用多余的空格
  - "()""[]""{}"内部与括号相邻的位置不要有空格；
  - ","":"";"之前不要有空格；
  - ":"作为切片运算符时，前后都不要有空格；
  - 行尾不要有空格；

[①] https://www.python.org/dev/peps/pep-0008/

- 使用空格的情况
  - 二元运算符，例如"+""-""*""/""**""%""=""==""＞""＜""＞=""<="等，前后都要有一个空格；
  - ","之后要有一个空格。

3. 注释与文档

- 注释首先要做到的是准确，不准确的注释不但无用而且容易引起误导，注释与代码不一致情况常常是由于代码修改而注释没有修改造成的；
- 建议将注释放置于被注释代码的前一行；
- 谨慎使用行尾注释，若要使用则注释符号（"#"）之前至少有两个空格，之后一个空格；
- 所有的函数、类和方法、公共模块都应当有文档字符串，文档字符串使用一对三双引号（"""）。

4. 标识符的命名

- 避免使用的标识符命名
  - l（小写的 L）、O（字母 O）、I（大写字母 I）；
  - 无意义的字符串；
  - 包含非 ASCII 符号的标识符。
- 变量或对象名
  - 所有字母小写，可用下画线分隔多个词。
- 模块名和包名
  - 模块名和包名都应当简短，所有字母小写；
  - 模块名可包含下画线以提高可读性，但包名中不要包含下画线。
- 类名
  - 首字母大写，可由首字母大写的多个词组成（大驼峰式命名）。
- 函数与方法名
  - 函数名和方法名与变量名相同，仅包含小写字母，可用下画线分隔多个词；
  - 非公开的方法以一个下画线开头。
- 常量名
  - 所有字母大写，可用下画线分隔多个词。

2.7 小　　结

本章较为全面地介绍了 Python 编程的基础知识，包括变量与表达式、语句、数据类型、流程控制语句以及模块和包的使用和定义，是对本书基础内容的一个概括性介绍。通过本章的学习应当对 Python 编程具有初步的认识，并且能够利用 Python 完成简单的编程任务。

编程规范常常会被初学者所忽视，实际上要开发出功能强大的程序，规范化编程必不可少。Python 利用缩进来组织语句块实际上是一种强制性的规范化手段。Python 官方给出了规范化编程的规则，即 PEP8 规范。建议初学者认真了解 PEP8 中最常使用的规范，一开始就养成规范化编程的好习惯。

2.8 思考与练习

1. Python 中内置的基本数据类型有哪几种？扩展数据类型有哪几种？
2. pass 语句有什么作用？
3. 编写代码，判断一个数字是否是素数。
4. 尝试自定义一个函数，能够计算任意 n 的阶乘。
5. 尝试编写代码，练习使用 range、enumerate 和 zip 三个函数。
*6. 在自定义包时，什么是相对导入和绝对导入？
*7. Python 标准库中常用的模块有哪些？它们的功能是怎样的？
8. 为什么要规范编码？简述 PEP8 中常用的几种代码编写规范。

第 3 章 常用数据结构

Python 语言功能强大的重要原因之一是其内置了丰富的、易用性良好的数据结构。这些数据结构是实现复杂功能的利器,将它们与 Python 编程基础知识灵活相结合就可以完成一些具有实用价值的编程任务了。

本章的大多数数据结构都在上一章中简单介绍过,这里对它们的使用方法和特点做更加深入的介绍。首先,介绍序列数据类型共有的特点和使用方法;然后,介绍几种常用的序列数据类型,包括列表、元组字符串等;接下来介绍集合、字典;最后是 Python 标准库中其他常用的数据结构及使用方法。

3.1 序 列

Python 中有多种序列数据类型,序列也是 Python 最为常用的数据结构。本节介绍序列类型的种类以及所有序列类型通用的基本操作方法。

3.1.1 序列的种类

根据不同的划分角度,Python 中的序列类型有不同的划分方法。本小节从序列元素的存储与组织方式、序列元素值是否可变两个角度对序列类型进行划分。

1. 容器序列与扁平序列

根据序列元素的存储与组织方式,可将 Python 中的序列类型划分为容器序列和扁平序列 2 种类型:

- 容器序列(container sequences)
  - 容器序列中存储的并不是对象本身,而是对象的引用。因此,容器序列对元素的数据类型没有任何要求。
  - 常见容器序列类型有列表(list)、元组(tuple)、队列(collections.deque)等,其中列表和元组较为常用。
- 扁平序列(flat sequences)

- 扁平序列中存储的是对象的取值（即对象自身），需要一段连续的内存空间。因此，扁平序列中的元素必须具有相同的数据类型。
- 常见扁平序列类型有字符串（str）、字节串（bytes）、字节数组（bytearray）、数组（array.array）、内存视图（memoryview）等。其中字符串、字节串和数组较为常用。

2. 可变序列与不可变序列

根据序列中存储的元素是否可以改变，可以将 Python 中的序列分为可变序列和不可变序列 2 种类型：

- 可变序列
  - 序列中存储的元素可以被添加、删除、修改。
  - 常见的可变序列类型有 list、bytearray、array.array、collections.deque、memoryview 等。
- 不可变序列
  - 序列创建之后，其中的元素不能再添加、删除、修改。
  - 常见的不可变序列类型有 tuple、str、bytes 等。

3.1.2 序列的基本操作

本小节介绍所有序列数据类型通用的常见操作方法，包括访问序列元素的索引与切片操作、构造序列的连接与重复操作、判断元素与序列的隶属关系的操作，以及序列元素的排序。

1. 索引与切片

序列是有序数据类型，序列中元素的索引就是其在序列中所在位置的序号。与 C/C++ 中的数组相似，使用索引每次可以访问序列中的一个元素。不同的是，Python 序列的索引取值可以是 0、正数或负数。序列中第一个元素的索引为 0，最后一个元素索引为 –1。正值索引表示元素按从前向后顺序的位置序号，负值索引表示元素按从后向前顺序的位置序号。图 3-1 所示的是一个序列 lst=[1,4,2,8,5,7] 及其索引。其中，中间为序列的元素，上部为对应位置元素的正值索引，下部为相应的负值索引。该例中，lst[3] 与 lst[-3] 表示同一个元素。

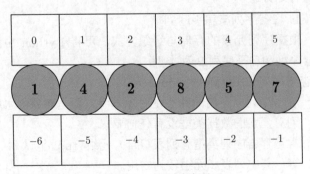

图 3-1 序列的索引

```
>>> lst = [1, 4, 2, 8, 5, 7]
```

```
>>> lst[0]
1
>>> lst[-1]
7
>>> lst[3] == lst[-3]
True
```

使用切片（slicing）能够一次访问序列中的多个元素。切片形如 i:j:k，表示索引值大于等于 i 小于 j 步长为 k 的索引片段。若 i 为 0 则可以省去 i；若 j 等于序列长度则可以省去 j；若步长 k 为 1，也可以省去 k，表示为 i:j 的形式。

```
>>> lst = [1, 4, 2, 8, 5, 7]
>>> lst[1:5]
[4, 2, 8, 5]
>>> lst[:-1]
[1, 4, 2, 8, 5]
>>> lst[-5:-2]
[4, 2, 8]
>>> lst[:]
[1, 4, 2, 8, 5, 7]
>>> lst[::2]
[1, 2, 5]
```

2. 连接与重复

连接和重复操作用于快速构造序列。

连接操作是两个序列相加，使用"+"运算符，得到的新序列包含了两个序列中的元素。连接操作通常要求两个序列的类型相同。

```
>>> [1, 4, 2] + [8, 5, 7]
[1, 4, 2, 8, 5, 7]
>>> (1, 4, 2) + (8, 5, 7)
(1, 4, 2, 8, 5, 7)
>>> [1, 4, 2] + (8, 5, 7)    # 序列和元组类型不同不能连接
Traceback (most recent call last):
  File "<stdin>", line 1, in <module>
TypeError: can only concatenate list (not "tuple") to list
```

重复操作是将序列元素重复多次得到新的序列，使用"*"运算符。

```
>>> [1, 4, 2] * 3
[1, 4, 2, 1, 4, 2, 1, 4, 2]
>>> 3 * 'Python '
'Python Python Python '
```

3. 元素检查

元素检查的目的是判断一个数值或对象是否包含在序列中，可使用 in 或 not in 运算符，或者序列对象的 index 方法或 count 方法实现。

序列中包含目标元素时 in 运算符返回 True，否则返回 False，not in 运算符与之相反。

```
>>> lst = ['Python', 'Java', 'C++']
>>> 'Python' in lst
True
>>> 'C#' not in lst
True
```

序列的 index 方法返回数值或对象在序列中的索引，若序列中不存在该值或对象则返回错误。

```
>>> lst = ['Python', 'Java', 'C++']
>>> lst.index('Python')
0
>>> lst.index('C#')
Traceback (most recent call last):
  File "<stdin>", line 1, in <module>
ValueError: 'C#' is not in list
```

序列的 count 方法统计数值或对象在序列中的出现次数，若序列中不存在该值或对象则返回 0。

```
>>> s = 'Hello Python'
>>> s.count('o')
2
```

4. 序列的其他操作

序列类型常用的其他操作还有：

- len：返回序列的长度。
- max：返回序列中的最大值。
- min：返回序列中的最小值。
- sum：对序列元素值求和。
- sorted：对序列元素进行排序，不可变序列排序返回一个排序后的列表。

```
>>> lst = [1, 4, 2, 8, 5, 7]
>>> len(lst)
6
>>> max(lst)
8
>>> min(lst)
1
>>> sum(lst)
27
>>> sorted(lst)
[1, 2, 4, 5, 7, 8]
>>> sorted(lst, reverse=True)    # 逆序排序
[8, 7, 5, 4, 2, 1]
```

3.2 列 表

本节详细介绍列表的定义与使用。列表可能是 Python 中最为重要的数据结构,也可能是使用频率最高的数据结构。在 Python 中,列表的地位与其他语言中的数组相似,不过使用更加灵活方便,可以将任何数据类型放进一个列表之中。

3.2.1 列表的定义

列表的类型是 list,可以使用方括号"[]"定义,也可以使用 list() 定义一个空列表。此外,list 还可以作为类型转换函数用于将其他序列类型转换为列表。

```
>>> lst = [1, 4, 2, 8, 5, 7]
>>> lst = list()
>>> lst
[]
>>> s = 'Python'
>>> list(s)
['P', 'y', 't', 'h', 'o', 'n']
```

3.2.2 列表元素的操作

列表是可变数据类型,因此除了序列类型通用的操作方法之外(见 3.1.2 小节),还可以对列表元素进行添加、修改、删除等多种更新操作。

1. 添加元素

在一个列表的尾部添加元素使用 append(obj) 方法,其中 obj 为待添加元素。

```
>>> lst = [1, 4, 2, 8]
>>> lst.append(5)
>>> lst
[1, 4, 2, 8, 5]
```

2. 插入元素

在列表中插入元素使用 insert(index, obj) 方法。index 为插入位置的索引,obj 为待插入元素。

```
>>> lst = [1, 4, 2, 5]
>>> lst.insert(4, 8)
>>> lst
[1, 4, 2, 5, 8]
```

3. 列表扩充

列表的扩充是指在列表尾部一次性添加多个元素,使用 extend(seq_obj) 方法实现。其中,seq_obj 为待添加元素构成的序列。这种方法的效果与序列连接相同,但运行效率更高。

```
>>> lst = [1, 4, 2, 8]
>>> lst.extend([5, 7])
>>> lst
[1, 4, 2, 8, 5, 7]
```

4. 删除元素

删除列表元素有多种途径。可以使用 del 函数或者 list 类型的 remove(obj) 方法，也可以使用 clear 方法清空列表。

```
>>> lst = [1, 4, 2, 8, 5, 7]
>>> del lst[0]
>>> lst
[4, 2, 8, 5, 7]
>>> lst.remove(7)
>>> lst
[4, 2, 8, 5]
>>> lst.clear()
>>> lst
[]
```

5. 修改元素值

修改列表元素的值可以使用索引也可以使用切片的方法。使用索引一次可以修改一个元素，使用切片一次可修改多个元素。切片的方法能够实现比较复杂的效果，使用非常灵活。在步长缺省的情况下，能够实现插入多个元素的效果。不过，使用切片的方法会降低代码的可读性，建议谨慎使用。

```
>>> lst = [1, 4, 2, 8]
>>> lst[-1] = 7              # 利用索引修改元素
>>> lst
[1, 4, 2, 7]
>>> lst[0:2] = [5, 7]         # 修改前两个元素
>>> lst
[5, 7, 2, 7]
>>> lst[::2] = [0, 0]         # 修改索引为偶数的元素
>>> lst
[0, 7, 0, 7]
>>> lst[2:2] = [4, 2, 4, 2]   # 插入多个元素
>>> lst
[0, 7, 4, 2, 4, 2, 0, 7]
```

6. 排序

在 3.1.2 小节中介绍了用于序列排序的 sorted 函数。列表的排序除了可以使用 sorted 函数之外，还可以使用 list 类型的 sort 方法。这 2 种方法效果相同，但是其实现原理完全不同。sorted 函数会复制出一份新的列表在新的列表上排序，原来的列表不会被改变。而 sort 方法则在原列表上对元素重新排序。

函数 id 用于获取对象的内存地址，可作为 Python 对象的唯一身份标识。两个变量的 id 值相同，表示它们是同一个对象。下面的例子中利用 id 函数分析 sorted 与 list.sort 的区别。

```
>>> lst = [1, 4, 2, 8, 5, 7]
>>> lst_id = id(lst)
>>> lst_sorted = sorted(lst)
>>> lst_id == id(lst_sorted)
False
>>> lst.sort()
>>> lst_id == id(lst)
True
```

列表类型的 reverse 方法用于反转列表元素的顺序。该方法也是在序列上操作，不会返回新的序列。

```
>>> lst = [1, 4, 2, 8, 5, 7]
>>> lst_id = id(lst)
>>> lst.reverse()
>>> lst
[7, 5, 8, 2, 4, 1]
>>> lst_id == id(lst)
True
```

7. 复制

list 类型的 copy 方法用于复制列表，返回一个与原列表完全相同的新列表。有时候我们需要改变列表的值，但是在后续代码中还会用到原来的序列。这种情况下就需要将序列复制一份。

```
>>> lst = [1, 4, 2, 8, 5, 7]
>>> lst_new = lst.copy()
>>> lst_new.sort()
>>> lst_new
[1, 2, 4, 5, 7, 8]
>>> lst
[1, 4, 2, 8, 5, 7]
```

不过，list 是容器类序列，list.copy 方法复制的仅仅是列表中存储的引用值。下面的例子中有两个列表，lst 以及利用 copy 方法复制出新的列表 lst_new。在修改 lst_new 的最后一个元素 lst_new[-1] 之后，发现 lst[-1] 的值发生相同的变化，说明 lst_new[-1] 与 lst[-1] 指向同一个对象。

```
>>> lst = [1, 4, 2, 8, [5, 7]]
>>> lst_new = lst.copy()
>>> lst_new[-1][0] = 0
>>> lst_new
[1, 4, 2, 8, [0, 7]]
```

```
>>> lst
[1, 4, 2, 8, [0, 7]]
```

使用 list 类型的 copy 方法进行复制称为**浅复制**。利用 copy 模块中的函数 copy 可以实现相同的效果。将列表以及列表中的元素乃至元素中保存的子元素全部复制一份,这种方法称为**深复制**。使用 copy 模块中的 deepcopy 函数可实现深复制。

```
>>> from copy import deepcopy
>>> lst = [1, 4, 2, 8, [5, 7]]
>>> lst_new = deepcopy(lst)
>>> lst_new[-1][0] = 0
>>> lst_new
[1, 4, 2, 8, [0, 7]]
>>> lst
[1, 4, 2, 8, [5, 7]]
```

注意,copy 模块中的 copy 函数和 deepcopy 函数可以复制任意 Python 数据类型,而不仅仅是列表。

3.2.3 列表推导式

Python 列表推导式的作用是基于一个可迭代对象[①]创建一个新的列表。当需要对一个序列或者其他可迭代对象进行遍历时,使用列表推导式非常方便、直观,而且执行效率高。作为一种动态语言,Python 的运行效率比编译运行的静态语言低很多。循环语句对运行效率的影响尤其明显,因此在 Python 中应尽可能减少循环语句的使用。列表推导式就是循环语句的一种很好的替代。

列表推导式的语法形式为:

```
[表达式 for...in iter_obj]
```

下例中,利用列表推导式对一个由字符组成的列表中的元素进行类型转换,创建一个新的由整数组成的列表:

```
>>> lst_str = ['1', '4', '2', '8', '5', '7']
>>> lst = [int(s) for s in lst_str]
>>> lst
[1, 4, 2, 8, 5, 7]
```

列表推导式可以同时遍历多个可迭代对象创建新的列表。语法形式为:

```
[表达式 for...in iter_obj1 for... in iter_obj2 ...]
```

下面的例子中,将两个序列中每一对元素相加得到一个新的序列,相当于在两个序列上进行两重循环。

```
>>> lst1 = [11, 12, 13]
>>> lst2 = [21, 22, 23]
```

---

① 参见第 6.1.8 小节。

```
>>> lst_new = [e1 + e2 for e1 in lst1 for e2 in lst2]
>>> lst_new
[32, 33, 34, 33, 34, 35, 34, 35, 36]
>>> lst_new = [(e1, e2, e1 + e2) for e1 in lst1 for e2 in lst2]
>>> lst_new
[(11, 21, 32), (11, 22, 33), (11, 23, 34), (12, 21, 33), (12, 22, 34), (12,
            23, 35), (13, 21, 34), (13, 22, 35), (13, 23, 36)]
```

列表推导式还有一个 if 子句，用于根据逻辑表达式对新生成的列表元素进行过滤。完整的列表推导式的语法形式为：

```
[表达式 for...in list_obj1 for... in list_obj2 ... if 逻辑表达式]
```

下面的例子利用列表推导式的 if 子句实现了两个列表对应位置元素相加的效果：

```
>>> lst1 = [11, 12, 13]
>>> lst2 = [21, 22, 23]
>>> lst_add = [e1 + e2 for i, e1 in enumerate(lst1) for j,
                       e2 in enumerate(lst2) if i == j]
>>> lst_add
[32, 34, 36]
```

列表推导式的运行速度要比循环快。下面的例子分别使用循环和列表推导式构造一个长度为 1 亿个元素的整数列表，并显示其运行时间。

```
1  from time import time
2  start_time = time()
3  l = []
4  for i in range(100000000):
5      l.append(i)
6  print(time()-start_time)
```

```
1  from time import time
2  start_time = time()
3  l = [i for i in range(100000000)]
4  print(time()-start_time)
```

运行时间分别为 14.29 秒和 5.53 秒[①]，列表推导式明显比循环速度快。不过要得到同样的列表还有更快、更便捷的方式：

```
1  from time import time
2  start_time = time()
3  l = list(range(100000000))
4  print(time()-start_time)
```

大约只需要 3 秒！

---

① 具体运行时间取决于计算机软硬件环境。

从上述 3 种方式可看出,在 Python 中实现同样的功能往往会有多种不同的方法,但它们的运行效率可能差别非常大。所以,在学习 Python 时一定要尽可能去理解代码背后的工作原理。

3.2.4 栈

栈的特征是后进先出(last in first out)。Python 列表中添加或移除最后一个元素非常高效,因而适合作为栈来使用。list 类型的 pop 方法作用是弹出列表的最后一个元素,即出栈操作。Python 列表没有 push 方法,但是 append 方法的作用与入栈的 push 操作完全相同。

```
>>> stack = [1, 4, 2, 8, 5, 7]
>>> stack.pop()
7
>>> stack.append(7)
>>> stack
[1, 4, 2, 8, 5, 7]
```

也可以利用 Python 动态语言的特性,使得栈的操作更加符合使用习惯。

```
>>> stack = [1, 4, 2, 8, 5, 7]
>>> pop = stack.pop
>>> push = stack.append
>>> pop()
7
>>> stack
[1, 4, 2, 8, 5]
>>> push(7)
>>> stack
[1, 4, 2, 8, 5, 7]
```

3.3 元 组

元组也是一种非常重要的数据结构,它与列表在定义和使用上都非常相似,只不过它是一种不可变数据类型。

3.3.1 定义和使用

元组使用圆括号"()"定义,它的类型为 tuple。可以使用 tuple 将一个序列转换为一个元组。tuple() 也可以用于定义一个空元组,但是元组是不可变序列,空元组实际上没有什么意义。

```
>>> lst = [1, 4, 2, 8, 5, 7]
>>> t = tuple(lst)
>>> t
(1, 4, 2, 8, 5, 7)
```

```
>>> s = 'Python'
>>> t = tuple(s)
>>> t
('P', 'y', 't', 'h', 'o', 'n')
```

需要注意的是，当元组中只有一个元素时，使用 () 定义必须要在元素后边加一个逗号。如下例所示，如果没有逗号，得到的并不是元组。

```
>>> t = (1)
>>> t
1
>>> type(t)
<class 'int'>
>>> t = (1,)
>>> type(t)
<class 'tuple'>
```

元组的操作主要包括序列的基本操作、索引、切片、连接、重复、元素检查，以及计算长度、最大值、最小值等。除元素不可改变之外，元组与列表的操作完全相同。

3.3.2 元组的不可变陷阱

元组属于不可变数据类型，从表面上看意味着其元素是不可改变的。关于这点，元组有一个著名的陷阱，如不留意很容易留下难以发现的错误。

如果将一个可变序列作为元组的元素，那么这个可变序列的元素是否能够被改变呢？答案是肯定的。原因在于元组同时还是一个容器类型，其中存储的并不是元素自身而是元素的引用。"不可变"是指其中存储的引用是不能改变的，并不意味着引用指向的对象是不可改变的。

下面的例子中，t 是一个元组，索引为 2 的元素为一个列表。虽然无法改变 t[2] 的引用值，但是引用指向的列表的值是可变对象，其值是可以改变的。

```
>>> t = (1, 'w', [4, 2])
>>> t[2] = 1
Traceback (most recent call last):
  File "<stdin>", line 1, in <module>
TypeError: 'tuple' object does not support item assignment
>>> t[2][0]=0
>>> t
(1, 'w', [0, 2])
```

这说明 tuple 并非是绝对不可改变的数据类型，在实际使用中要特别注意。

3.3.3 生成器推导式*

本质上来说，生成器推导式与元组其实关系不大。放在这里介绍的原因是生成器推导式的定义使用了 "()"，这使得元组和生成器推导式的关系从语法形式上来说与列表和列表生成式的关系相似。

生成器推导式的语法形式与列表推导式的唯一区别就是将"[]"换为"()":

(表达式 for...in iter_obj)

与列表推导式相同,生成器推导式中也可以包含多个 for 子句以及 if 子句。生成器推导式与列表推导式最大的区别是,它返回的是一个生成器。生成器[①]是一种特殊的可迭代对象,它并没有保存所有的元素,而是仅仅定义了获取下一个元素的方法。而"下一个"元素是什么,要等被迭代时再经过计算得到。生成器实际上是一种延时计算的手段。

下面的例子对比了创建包含 1 亿个元素的列表和生成器所需的时间和内存空间。

```
1  from time import time
2  from sys import getsizeof
3
4  start_time = time()
5  lst = [i for i in range(100000000)]
6  print(time()-start_time)
7  print(getsizeof(lst))
8
9  start_time = time()
10 g = (i for i in range(100000000))
11 print(time()-start_time)
12 print(getsizeof(g))
```

运行结果显示,创建列表需要大约 5 秒和 800 MB 的空间;而创建生成器需要 7×10^{-6} 秒和 112 B 的空间,时间和空间都几乎可以忽略。

关于生成器更详细的内容将在第 6 章介绍。

3.4 集　合

集合是有别于列表和元组的一种重要的容器类型,但集合不是序列。集合中不允许存在重复元素,并且元素是无序的,这与数学中集合的概念完全相同。本节介绍集合的定义和使用方法。

3.4.1 集合的定义

Python 中的集合类型有可变集合和不可变集合两种,分别为 set 和 frozenset。使用 set() 可以定义一个空的可变集合,也可以将其他可迭代对象转为一个可变集合类型。frozenset() 可定义一个空的不可变集合,或者将其他可迭代对象转为一个不可变集合。这 2 种集合类型的特点和使用方法类似,区别仅在于 frozenset 的元素是不可改变的。二者相比,set 的应用较多而 frozenset 的应用则相对较少,因此下文中仅详细介绍可变集合 set。

集合中不允许出现重复元素,它会自动将重复元素去除。非空集合可以用"{}"定义。

```
>>> s = {1, 4, 2, 1, 2, 7}
>>> s
```

---

① 参见第 6.2 节。

```
{1, 2, 4, 7}
```

利用集合的这种特点，可以非常高效地去除序列中的重复元素。

```
>>> lst = list(range(10000)) * 2
>>> len(lst)
20000
>>> s = set(lst)
>>> len(s)
10000
>>>
```

3.4.2 常用集合操作方法

1. 集合元素的操作

集合中的元素是无序的，不能像序列那样使用索引或者切片的方式访问单个或部分元素。不过，集合是一种可迭代对象，可以使用循环语句或推导式来遍历每个元素。对于可变集合，可以添加或去除元素。由于没有索引可用，在去除元素时只能以元素自身作为参数，或者随机去除元素。

常见的集合元素操作如表 3-1 所示。操作集合元素时，除了集合对象自身的这些方法之外，用于求元素数量（len）、最大值（max）、最小值（min）、求和（sum）等的函数对集合对象也有效。

表 3-1 集合元素的操作

方法	功能	示例	结果
add	添加一个元素	{1,4,2}.add(8)	{8,1,2,4}
set.update	添加多个元素	{1,4}.update({2,8})	{8,1,2,4}
remove	去除元素	{1,4,2,8}.remove(0)	KeyError
set.discard	去除元素	{1,4,2,8}.discard(0)	{8,1,2,4}
pop	随机弹出元素	{1,4,2,8}.pop()	8
clear	清空集合	{1,4,2,8}.clear()	{}

2. 集合运算

Python 中的集合类型具有和数学中集合相同的交、并、差以及对称差等集合运算。集合运算既可以使用运算符也可以使用集合对象的方法实现，见表 3-2。

表 3-2 集合运算

运算符	方法	运算	示例	结果
&	intersection	交	{1,2,3} & {4,2}	{2}
|	union	并	{1,2,3} | {4,2}	{1,2,3,4}
-	difference	差	{1,2,3} - {4,2}	{1,3}
^	symmetric_difference	对称差	{1,2,3} ^ {4,2}	{1,3,4}

3. 集合关系检查

判断集合中是否包含一个元素的方法与序列相同，使用 in 或 not in 运算符。但 in 或 not in 不能用于比较两个集合之间的关系。集合类型提供了相应的方法来判断两个集合之间的关系，见表 3-3。

表 3-3 集合关系检查

方法	功能	示例	结果
isdisjoint	交集是否为空	{1,2,3}.isdisjoint({1,2})	False
issubset	是否为子集	{1,2}.issubset({1,2,3})	True
issuperset	是否为超集	{1,2,3}.issuperset({1,2})	True

两个集合关系判断更方便的方法是使用比较运算符：集合相等（==）、集合不全相等（!=）、子集（<=）、真子集（<）、超集（>=）、真超集（>）。

3.4.3 集合推导式

集合推导式与列表推导式和生成器推导式的概念相似，可以不使用循环而基于一个可迭代对象创建一个集合。集合推导式的语法形式与列表推导式的唯一区别就是将 [] 换为 {}。语法形式为：

{表达式 for...in iter_obj}

当然，集合推导式中也可以包含多个 for 子句以及 if 子句。下例中，给出一组学生的多门课程的成绩记录，计算出一共有多少位同学曾经参加了考试。

```
>>> scores = [
...     ('张三', '数学', 90),
...     ('李四', '数学', 80),
...     ('王五', '英语', 85),
...     ('张三', '英语', 95)
... ]
>>> name_set = {e[0] for e in scores}  # 集合推导式
>>> print('有', len(name_set), '人参加了考试')
有 3 人参加了考试
```

3.4.4 排列组合*

排列组合是组合数学中的基本概念。所谓排列，是从 n 个元素中不重复地取出 $m(m \leqslant n)$ 个元素并按一定的顺序排列。排列是有序的，所有可能的排列的个数，称为排列数，记为：

$$A_n^m = n(n-1)(n-2)\cdots(n-m+1) = \frac{n!}{(n-m)!}$$

所谓组合，是从 n 个元素中不重复地取出 $m(m \leqslant n)$ 个元素，称为一个组合，组合是无序的。所有可能的组合的总数称为组合数，记为：

$$C_n^m = \frac{A_n^m}{A_m} = \frac{n!}{m!(n-m)!}$$

在实际应用中，通常不仅需要计算排列数和组合数，还要给出所有排列或组合。排列或组合算法的计算复杂度比较高，手动实现代码虽然不复杂，但是运行效率会很低。

Python 的 itertools 模块提供了两个函数 permutations 和 combinations 分别用于排列和组合的运算。需要注意的是，permutations 和 combinations 不只可用于集合，还可以用于列表和元组。这种情况下，会将列表中的每个元素作为独立的集合元素，不管其取值是否相同。

```
>>> from itertools import permutations, combinations
>>> s = {1, 4, 2, 8}
>>> p = permutations(s, 2)       # 排列
>>> list(p)
[(8, 1), (8, 2), (8, 4), (1, 8), (1, 2), (1, 4), (2, 8), (2, 1), (2, 4), (4,
                8), (4, 1), (4, 2)]
>>> c = combinations(s, 2)       # 组合
>>> list(c)
[(8, 1), (8, 2), (8, 4), (1, 2), (1, 4), (2, 4)]
```

3.5 字　　典

字典也是一种使用频率非常高的数据结构，它既不同于序列也不同于集合，是以键-值对（key-value）的形式存储元素的一种容器。

3.5.1 字典的定义

字典的定义也使用"{}"，形如 {key:value,...}。字典的类型为 dict，dict() 可以定义一个空字典（也可以使用"{}"定义空字典），也可以将一个由元组组成的列表转换为字典。

```
>>> d = dict(a=1, b=4, c=2, d=8)
>>> d
{'a': 1, 'b': 4, 'c': 2, 'd': 8}
>>> lst = [('a', 1), ('b', 4), ('c', 2), ('d', 8)]
>>> dict(lst)
{'a': 1, 'b': 4, 'c': 2, 'd': 8}
```

字典元素的 value 可以是任意对象，但是 key 必须是可哈希（hashable）对象。哈希函数能够为每个不同的输入计算一个唯一的输出，称为哈希值。Python 中对象的可哈希性，就是哈希值与对象取值之间有一一对应的映射关系。对于可变对象来说，无法建立起哈希值与取值间的对应关系（或者说无法计算哈希值），因此都是不可哈希对象。不可变对象的值不能改变，但可以计算哈希值，因此都是可哈希对象。所以，也可以说字典的键必须是不可变对象。

通常，字典的键要使用简单的数据类型，最常使用的是字符串。

3.5.2 字典常用操作方法

1. 字典元素的操作

字典元素的访问、修改、删除使用 key 实现。

```
>>> d = {'a':1, 'b':4, 'c':2, 'd':8}
>>> d['a']
1
>>> d['e'] = 5
>>> d
{'a': 1, 'b': 4, 'c': 2, 'd': 8, 'e': 5}
>>> del d['e']
>>> d
{'a': 1, 'b': 4, 'c': 2, 'd': 8}
```

在使用 key 访问元素时，若 key 不存在会抛出 KeyError。更安全的方法是使用字典对象的 get 方法，key 不存在时返回 None 或者指定的默认值。

```
>>> d = {'a':1, 'b':4, 'c':2, 'd':8}
>>> d['e']
Traceback (most recent call last):
  File "<stdin>", line 1, in <module>
KeyError: 'e'
>>> d.get('e') is None
True
>>> d.get('e', 'no exist')
'no exist'
```

由于使用 key 来访问元素，所以字典中元素的顺序并不重要。早期 Python 版本中，字典中元素就是无序的。Python 3.6 中使用了新的算法，字典中元素是按添加的先后顺序排序的。于是，字典实际上成为一种有序数据结构，在 Python 3.8 中可以使用 reversed 函数反转字典元素的顺序。

2. 字典的遍历

字典的遍历有多种方法，可以只遍历所有的 key 或 value，也可以遍历所有的 key-value 对。分别通过字典对象的如下 3 种方法实现：

- keys：返回字典对象中所有 key 组成的可迭代对象。
- values：返回由所有 value 组成的可迭代对象。
- items：返回由元组 (key, value) 组成的可迭代对象。

```
>>> d = {'a':1, 'b':4, 'c':2, 'd':8}
>>> d.keys()
dict_keys(['a', 'b', 'c', 'd'])
>>> d.values()
dict_values([1, 4, 2, 8])
>>> d.items()
dict_items([('a', 1), ('b', 4), ('c', 2), ('d', 8)])
```

遍历一个字典的所有 key-value 对有如下 2 种方法。也可以利用推导式遍历字典以避免循环的使用。

```
1  d = {'a': 1, 'b': 4, 'c':2, 'd': 8}
2  for key in d.keys():            # 方法 1
3      print(key, d[key])
4
5  for key, value in d.items():    # 方法 2
6      print(key, value)
```

字典也可以使用 in 或 not in 运算符进行元素检查。不过只能用于判断字典中是否包含了指定的 key，key in dict_obj 相当于 key in dict_obj.keys()。

3. 字典的其他操作方法

字典的其他常用操作方法见表 3-4。

表 3-4　字典的其他常用操作方法

方法	功能	示例	结果
clear	清空字典	{'a':1, 'b':4, 'c':2, 'd':8}.clear()	{}
popitem	弹出一个键-值对	{'a':1, 'b':4, 'c':2, 'd':8}.popitem()	('d', 8)
pop	弹出指定的值	{'a':1, 'b':4, 'c':2, 'd':8}.pop('a')	1
update	利用另一个字典更新当前字典	{'a':4, 'b':2}.update({'a':1, 'b':3})	{'a': 1, 'b': 3}

3.5.3　字典推导式

字典推导式与列表推导式和集合推导式类似，在不使用循环的情况下创建字典。语法形式为：

```
{key:value for key, value in iter_obj}
```

字典推导式中也可以包含多个 for 子句以及 if 子句，用于构造更复杂的字典。下面例子中，基于一个字符串列表构建一个键为字符串、值为字符串长度的字典：

```
>>> languages = ['Python', 'Java', 'C', 'C++', 'C#']
>>> language_len = {e: len(e) for e in languages}
>>> language_len
{'Python': 6, 'Java': 4, 'C': 1, 'C++': 3, 'C#': 2}
```

3.6　字　符　串

字符串在所有编程语言中都很重要，它在 Python 中有着独特的地位。Python 语言最初引起数据分析领域的重视就是因为它在字符串处理方面功能强大且简单易用。本节详细介绍 Python 的字符串类型及字符串处理方法。

3.6.1 字符串的定义

字符串的定义在第 2.3.1 节中已经介绍过，定义字符串可使用一对单引号"'"、双引号"""或者 2 种三引号"'''"和""""。字符串的类型为 str，可以使用 str() 定义一个空字符串，或者将任意数据类型转换为字符串。

定义字符串还可以使用不同的前缀，u 前缀可定义 Unicode 字符串；使用 r 前缀可创建原始字符串；使用 f 前缀可创建格式字符串。

3.6.2 常用字符串处理方法

Python 中的字符串处理方法非常丰富，本小节根据功能将其划分为 7 个类别。字符串的处理通常都比较简单、直观，因此本小节仅以表格形式给出操作方法的名称、功能，以及最常见的应用示例。

1. 大小写转换

字符串的大小写转换包括将所有字母转为大写或小写、字母大小写互相转换、单词首字母转换等。常用的方法和示例如表 3-5 所示。

表 3-5　字符串大小写转换

方法	功能	示例	方法调用	输出
lower	所有字母转为小写	s='Python'	s.lower()	'python'
upper	所有字母转为大写	s='Python'	s.upper()	'PYTHON'
swapcase	大小写互换	s='Python'	s.swapcase()	'pYTHON'
title	单词首字母大写	s='python is easy'	s.title()	'Python Is Easy'

2. 空白去除与填充

字符串空白去除的目的是清除掉两端的空白符号，包括空格、Tab 符号等。这种操作在数据处理中常常用到，例如读取以文本形式存储的数据、用户输入数据的处理等。字符填充与空白去除相反，利用指定符号填充字符串的两端，常用于格式化输出。常用的方法和应用示例如表 3-6 所示，其中"方法调用"列中使用的参数"10"表示输出字符串的总长度。

表 3-6　字符串空白去除与填充

方法	功能	示例	方法调用	输出
strip	去除两侧空白	s=' Python '	s.strip()	'Python'
lstrip	去除左侧空白	s=' Python '	s.lstrip()	'Python '
rstrip	去除右侧空白	s=' Python '	s.rstrip()	' Python'
center	两侧填充符号	s='Python'	s.center(10, '*')	'**Python**'
ljust	右侧填充符号	s='Python'	s.ljust(10, '*')	'Python****'
rjust	左侧填充符号	s='Python'	s.rjust(10, '*')	'****Python'
zfill	左侧补 0	s='Python'	s.zfill(10)	'0000Python'

3. 查找、替换与翻译

字符串的查找和替换常见的方法和应用如表 3-7 所示。

表 3-7 字符串查找与替换

方法	功能	示例	方法调用	输出
find	从左开始查找子串，返回索引或-1	s='Hello Python'	s.find('o')	4
rfind	从右开始查找子串，返回索引或-1	s='Hello Python'	s.rfind('o')	10
index	从左开始查找子串，返回索引或错误	s='Hello Python'	s.index('o')	4
rindex	从右开始查找子串，返回索引或错误	s='Hello Python'	s.rindex('o')	10
replace	替换子串	s='Hello Python'	s.replace('P', 'J')	'Hello Jython'
expandtabs	Tab 替换为空格	s='Hello\tPython'	s.expandtabs(2)	'Hello Python'

注："\t" 为 Tab 符号。

字符串翻译的功能是令多对符号互换，需用到 translate 方法和字符串类型的类方法[①] str.maketrans。下面的例子中，将符号 abc 和 123 成对互换。

```
>>> trans=str.maketrans('abc', '123')
>>> s = 'abccba'
>>> s.translate(trans)
'123321'
```

4. 分割

字符串分割是指利用特殊的符号将字符串切分为多个部分，返回以切分后的多个子串为元素的列表或元组。常见方法和应用如表 3-8 所示。

表 3-8 字符串分割

方法	功能	示例	方法调用	输出
split	从左侧开始分割	s='a,b,c'	s.split(',')	['a', 'b', 'c']
rsplit	从右侧开始分割	s='a,b,c'	s.rsplit(',', 1)	['a,b', 'c']
splitlines	按行分割	s='a\nb\nc'	s.splitlines()	['a', 'b', 'c']
partition	从左侧开始切断	s='a,b,c'	s.partition(',')	('a', ',', 'b,c')
rpartition	从右侧开始切断	s='a,b,c'	s.rpartition(',')	('a,b', ',', 'c')

注："\n" 为换行符。

5. 连接

字符串连接是指使用 join 方法将可迭代对象中的元素利用给定字符串连接起来。如下例所示：

```
>>> lst = ['1', '4', '2', '8']
>>> '-'.join(lst)
'1-4-2-8'
```

[①] 类方法可通过类名调用，参见第 5.4 节。

6. 特征测试

字符串的特征测试用于判断字符串是否具有某种特点,返回 bool 值。常用特征测试方法如表 3-9 所示。

表 3-9　字符串特征测试

方法	功能	示例	方法调用	输出
isalnum	是否仅含字母或数字	s='Abc123'	s.isalnum()	True
isdecimal	是否仅含十进制数字	s='123'	s.isdecimal()	True
isalpha	是否仅含字母	s='Abc123'	s.isalpha()	False
isdigit	是否仅含整数数字	s='123.0'	s.isdigit()	False
isnumeric	是否仅含数字	s='123'	s.isnumeric()	True
isupper	是否不含小写符号	s='ABC123'	s.isupper()	True
islower	是否不含大写符号	s='abc123'	s.islower()	True
isspace	是否仅含空白符号	s=' \t'	s.isspace()	True
istitle	是否首字母大写	s='Python is easy'	s.istitle()	False
isascii	是否仅含 ASCII 符号	s='Python 编程'	s.isascii()	False
isprintable	是否为可打印符号	s='\t'	s.isprintable()	False
startswith	是否以给定子串开头	s='Abc123'	s.startswith('Abc')	True
endswith	是否以给定子串结尾	s='Abc123'	s.endswith('123')	True

7. 动态执行 *

Python 能够动态地执行代码,这也是动态语言带来的优势。这里所谓动态执行代码,就是在 Python 程序中运行包含了合法 Python 代码的字符串。

Python 提供了两个函数 exec 和 eval 来动态地执行代码。二者的区别在于,exec 用于将包含了代码的字符串作为脚本代码执行,无返回值;而 eval 则用于执行一个包含了表达式的字符串,返回表达式的执行结果。

```
>>> exec('print("Hello Python!")')
Hello Python!
>>> eval('5 > 3')
True
>>> lst = eval('[1, 4, 8, 2, 7]')
>>> lst
[1, 4, 8, 2, 7]
```

动态执行代码有时候会带来很大的方便,实现一些比较灵活的功能。但是也可能会带来很大的风险,特别是在被执行的代码中包含了用户输入内容时,很容易出现代码注入攻击漏洞。所以,动态执行代码必须要在有安全保障的情况下非常谨慎地使用。

3.6.3　字符串格式化

字符串格式化是将一个字符串模板中的占位符替换为所需输出的具体取值,从而实现复杂的字符串输出。

Python 中有 3 种格式化字符串的方法。第一种方法以 "%" 表示的特殊字符串作为占位符。这种方法与 C 语言中 printf 函数的使用方法相似,是 Python 最早支持的字符串格式化方法。目前还有大量代码使用这种方式格式化字符串。Python 2.6 中开始支持字符串的 format 方法，以 "{}" 作为占位符来格式化字符串。这种方法相比较而言使用上要方便得多。Python 3.6 中新增了一种称为 f-String 的字符串格式化方法，这种方法由于更加直观而成为当前格式化字符串的首选方法。

本节介绍这 3 种字符串格式化方法的常用形式。虽然字符串格式化方法看起来比较复杂，但是往往最基本、最简单的形式就能满足需要，绝大多数格式配置都很少用到。本部分内容可快速浏览，待有需要时再回来参考即可。

1. 利用 "%" 符号格式化字符串

利用 "%" 符号格式化字符串时，占位符以 "%" 开头，其语法形式为：

`%[(name)][flags][width].[precision]type`

- (name)：可选，用于以字典的形式传递占位数值。
- flags：可选，可能的取值有：
  - +，表示右对齐，同时会在正数前加正号，负数前加负号。
  - -，表示左对齐，仅会在负数前加负号。
  - 空格，表示右对齐，会在正数前加空格，负数前加负号。
  - 0，表示右对齐，会在负数前加负号并用 0 填充空白处。
- width：取值为整数，表示占位宽度。
- precision：取值为整数，表示保留小数位数。
- type：表示占位数据类型，常见类型符号如表 3-10 所示。

表 3-10　常用类型符号

符号	类型	示例	输出
c	字符或 ASCII 码值	`'%c%c' % (80, 121)`	`'Py'`
s	字符串	`'Hello %s' % 'Python'`	`'Hello Python'`
d	整数	`'%d-%d' % (4, 2)`	`'4-2'`
f	浮点数	`'pi is %f' % 3.14`	`'pi is 3.140000'`
e	科学记数法	`'pi is %e' % 3.14`	`'pi is 3.140000e+00'`
g	相当于 f 或 e	`'pi is %g' % 3.14`	`'pi is 3.14'`

利用 "%" 符号格式化字符串常见的示例如表 3-11 所示。

表 3-11　利用 "%" 符号格式化字符串示例

功能	示例	输出
以字典的方式传递占位值	`'%(n1)d + %(n2)d = %(rst)d' % {'n1':3, 'n2': 2, 'rst': 5}`	`'3 + 2 = 5'`
指定小数位数和总宽度	`'pi is %10.3f' % 3.1415926`	`'pi is      3.142'`
指定宽度，若不足则左侧补 0	`'pi is %010.3f' % 3.1415926`	`'pi is 000003.142'`
左对齐	`'pi is %-10.3f' % 3.1415926`	`'pi is 3.142     '`

2. 利用 format 方法格式化字符串

相比 "%" 符号，利用 format 方法格式化字符串要更加直观。这种方法中的占位符为 "{}"，应用形式为 {:format_spec}。其中，format_spec 用于指明具体格式，其常用的语法形式为：

`[[fill]align][sign][0][width][,][.precision][type]`

- fill：填充符号。
- align：对齐方式，取值可以是：
  - <，表示左对齐。
  - >，表示右对齐。
  - =，仅对数字有效，在 sign 和数字之间填充符号。
  - ^，表示居中对齐。
- sign：符号，取值可以是：
  - +，会在正数前加+，负数前加-。
  - -，会在负数前加-，该取值为默认值。
  - 空格，会在正数前加空格，负数前加-。
- 0：在数值前补 0，仅对数值类型有效。
- width：占位宽度。
- ,：仅对数字有效，表示千位分隔符。
- precision：表示有效数字位数（注意与"%"符号格式化方法有区别）。
- type：占位数据类型，常用类型与"%"符号格式化字符串一致（参见表 3-10），默认取值为 d。

利用 format 方法格式化字符串的本质与使用"%"相同。不过这种方法以函数的形式实现，统一了字符串格式化语法与 Python 语法，从而更加直观、易用性更好。

常见的应用示例如表 3-12 所示。

表 3-12　利用 format 方法格式化字符串示例

功能	示例	输出
指定小数位数和总宽度	`'pi is {:10.3}'.format(3.1415926)`	`'pi is       3.14'`
指定宽度，若不足则左侧补 0	`'pi is {:010.3}'.format(3.1415926)`	`'pi is 0000003.14'`
左对齐	`'pi is {:<10.3}'.format(3.1415926)`	`'pi is 3.14      '`
左对齐，填充 *	`'pi is {:*<10.3}'.format(3.1415926)`	`'pi is 3.14******'`

当字符串中有多个 {} 占位符时，具体取值替换占位符有 3 种方法：

- 按顺序替换

```
>>> 'Sercret numbers are {}, {}, {}, and {}'.format(1, 4, 8, 2)
'Sercret numbers are 1, 4, 8, and 2'
```

- 按索引替换

```
>>> 'Sercret numbers are {3}, {2}, {1}, and {0}'.format(1, 4, 8, 2)
'Sercret numbers are 2, 8, 4, and 1'
```

- 按标识符替换

```
>>> 'Sercret numbers are {one}, {two}, {three}, and {four}'.format(
            one=1, two=4, three=8, four=2)
```

```
'Sercret numbers are 1, 4, 8, and 2'
```

3. 利用 f-Strings 格式化字符串

利用 f-Strings 格式化字符串与 format 方法非常相似。f-String 的语法形式为：{表达式} 或者 {表达式:format_spec}。其中，format_spec 的语法形式与 str.format 完全相同。f-Strings 与 str.format 方法的区别在于：

- 字符串前加 f 以标识其为一个格式字符串；
- 不使用 format 函数，直接将替换数据的表达式放置在"{}"之中。

利用 f-Strings 格式化字符串常见的示例如表 3-13 所示。f-Strings 是对 str.format 方法的一种改进，使得字符串格式化变得非常容易掌控。建议优先使用这种方法格式化字符串。

表 3-13 利用 f-String 格式化字符串示例

功 能	示 例	输 出
指定小数位数和总宽度	f'pi is {3.1415926:10.3}'	'pi is 3.14'
指定宽度，若不足则左侧补 0	f'pi is {3.1415926:010.3}'	'pi is 0000003.14'
左对齐	f'pi is {3.1415926:<10.3}'	'pi is 3.14 '
左对齐，填充 *	f'pi is {3.1415926:*<10.3}'	'pi is 3.14******'

在字符串格式化中有时候需要同时输出变量名和变量取值，变量名需要在 f-Strings 中重复两次，例如下例中的变量 x 和 y：

```
>>> x, y = 3, 2
>>> f'变量的取值为 x={x}, y={y}'
'变量的取值为 x=3, y=2'
```

Python 3.8 中新增了一种简便的语法，在变量后添加"="即可实现同样的效果：

```
>>> x, y = 3, 2
>>> f"变量的取值为 {x=}, {y=}"
'变量的取值为 x=3, y=2'
```

3.7 二进制序列

所有的数据类型在计算机里存储或传输的时候都必须使用二进制形式。Python 的二进制序列用于存储、传输或处理二进制数据。Python 中二进制序列数据类型有字节串（bytes，或称为字节码）和字节数组（bytearray）2 种。字节串是不可变类型，字节数组是可变类型，二者的关系类似于 tuple 和 list。本节仅介绍字节串，字节数组的使用请参考官方文档[①]。

3.7.1 字节串的原理

字节串的使用方法与字符串非常相似，除了没有格式化、不能使用正则表达式之外，其操作方法几乎与字符串完全一样。这就造成了一种假象，即"字节串就是以字节方式存储的字符串"。这其实是错误的。字符串中存储的是字符，但是其背后还是一个个由字节组成

---

① https://docs.python.org/3/library/stdtypes.html#bytearray

的二进制数据。只不过 Python 在处理字符串的时候会根据某种编码方式将字节序列显示为字符。字节串可以用于处理字符，也可以用于处理其他的数据类型，能够直接存储至磁盘或者在网络上传输。字符串必须转换为字节串，然后才能存储或传输。

表面上看来，字节串中存储的是 ASCII 字符。实际上，字节串中存储的是以字节为单位的二进制数据。1 字节由 8 位二进制整数组成，ASCII 码中的一个符号也占用 1 字节。因此，如果字节串元素的整数值小于等于 128（ASCII 符号的数量），则可以直接添加前缀 b 来构建字节串。而如果字节串元素的整数值大于 128 则需要进行编码。字节串在显示的时候将 1 字节的 8 位分为两部分，每部分 4 位，用一个十六进制数字表示。也可以说，字节串的中每个元素的本来面目其实是两个十六进制数字。

3.7.2 字节串的应用

下面的例子中定义了一个存储内容为字符串"Python 很有意思"的字节串。Python 3.x 默认编码方式为 UTF-8，每个中文字符用 3 字节存储。例子中，"很"字的二进制序列表示为 \xe5\xbe\x88。其中，\x 表示十六进制数，第 1 字节的十六进制数值为 e5。由于每个 ASCII 字符占 1 字节，每个中文占 3 字节，因此字节串的长度为 18 字节。也可以输出字节串中的字节，查看它们对应的十进制数字。decode 函数的作用是将二进制序列根据指定编码方式解码。

```
>>> bs = 'Python很有意思'.encode('utf-8')    # 编码为二进制字节串
>>> bs
b'Python\xe5\xbe\x88\xe6\x9c\x89\xe6\x84\x8f\xe6\x80\x9d'
>>> len(bs)
18
>>> [i for i in bs]
[80, 121, 116, 104, 111, 110, 229, 190, 136, 230, 156, 137, 230, 132, 143,
                230, 128, 157]
>>> bs.decode('utf-8')                       # 解码为 UTF-8 编码的字符串
'Python很有意思'
```

字节串（bytes）只负责以字节序列的形式来记录数据，至于这些数据到底表示什么内容，完全由数据自身的编码格式决定。如果采用正确的字符集，字符串可以转换成字节串；反过来，字节串也可以恢复成对应的字符串。类似地，图像可以用适当的编码方式保存为字节串，而字节串也可以用同样的编码方式恢复成图像。

3.8 高级数据结构*

本节介绍 Python 标准库中的常用的几种高级数据结构。

3.8.1 collection 模块

collection 模块中包含了关于容器的一些有用的特殊数据结构。本小节介绍其中几种常用的类型。

1. ChainMap

ChainMap 对多个字典对象进行整合，并且实现了大部分字典的方法，能够将多个字典当一个字典来使用。

这些字典中的第一个称为子 Map，其他的称为父 Map。在利用 key 访问 ChainMap 中的字典元素时，首先从子 Map 中查找，若不存在则到父 Map 中查找，直到找出一个匹配的 key。在 ChainMap 的所有字典中，只有子 Map 可以修改，父 Map 不能修改。ChainMap 中除了大部分字典操作方法，还有如下几个常用的属性或方法：

- maps 属性：返回所有字典构成的列表。
- parents 属性：返回所有的父 Map 构成的列表。
- newt_child 方法：返回一个新的 ChainMap 对象，其中包含一个空的子 Map，原对象中的字典都被作为父 Map。

```
>>> m1 = {'a': 1, 'b':4}
>>> m2 = {'c': 2, 'd':8}
>>> cm = ChainMap(m1, m2)
>>> cm.maps
[{'a': 1, 'b': 4}, {'c': 2, 'd': 8}]
>>> cm['c'] = 0                 # 只能有子 Map 能修改
>>> cm
ChainMap({'a': 1, 'b': 4, 'c': 0}, {'c': 2, 'd': 8})
>>> cm.new_child()              # 得到一个新的 ChainMap 对象
ChainMap({}, {'a': 1, 'b': 4, 'c': 0}, {'c': 2, 'd': 8})
```

2. Counter

Counter 用于统计一个可迭代对象中不同元素出现的频次。Counter 的操作方法类似于字典。常用的方法有：

- elements 方法：返回所有元素组成的列表，重复元素会出现多次。
- most_common 方法：返回一个列表，其元素为可迭代对象中出现频次最高的元素和频次构成的元组。

```
>>> from collections import Counter
>>> s = 'The quick brown fox jumps over a lazy dog.'
>>> c = Counter(s)
>>> c
Counter({'\xa0': 8, 'o': 4, 'e': 2, 'u': 2, 'r': 2, 'a': 2, 'T': 1, 'h': 1,
         'q': 1, 'i': 1, 'c': 1, 'k': 1, 'b': 1, 'w': 1, 'n': 1, '
         f': 1, 'x': 1, 'j': 1, 'm': 1, 'p': 1, 's': 1, 'v': 1, 'l
         ': 1, 'z': 1, 'y': 1, 'd': 1, 'g': 1, '.': 1})
>>> c.most_common()
[('\xa0', 8), ('o', 4), ('e', 2), ('u', 2), ('r', 2), ('a', 2), ('T', 1), ('
                h', 1), ('q', 1), ('i', 1), ('c', 1), ('k', 1), ('b', 1),
                ('w', 1), ('n', 1), ('f', 1), ('x', 1), ('j', 1), ('m',
                1), ('p', 1), ('s', 1), ('v', 1), ('l', 1), ('z', 1), ('y
                ', 1), ('d', 1), ('g', 1), ('.', 1)]
```

3. deque

deque 是一种双向队列，可以高效地从任意一端添加或删除元素。deque 可以基于一个可迭代对象创建。常用的方法有：

- append：在右端添加元素。
- appendleft：在左端添加元素。
- pop：弹出右端元素。
- popleft：弹出左端元素。
- extend：从右端扩展元素。
- extendleft：从左端扩展元素。
- clear：清空队列。
- reverse：反转队列元素顺序。
- rotate：移动全部队列元素，参数大于 0 向右移动，参数小于 0 向左移动。
- count：统计队列中元素的频次。

基于 deque 对象提供的方法，可以很容易将其作为栈或队列来使用。

3.8.2 array.array

array 模块中的 array 常称为数组，其使用方法与 list 非常相似。区别在于其中的元素必须具有相同的数据类型，这与静态语言中的数组类似。在创建数组对象时，必须利用 typecode 参数指明要存储的元素的类型。

```
>>> import array
>>> int_numbs = array.array('i',[1, 4, 2, 8, 5, 7])   # 指定类型码为 i
>>> int_numbs
array('i', [1, 4, 2, 8, 5, 7])
>>> int_numbs.typecode
'i'
```

数组支持的数据类型见表 3-14。

表 3-14 array.array 支持的类型

类型码	C 类型	Python 类型	最小字节数
'b'	signed char	int	1
'B'	unsigned char	int	1
'u'	Py_UNICODE	Unicode character	2
'h'	signed short	int	2
'H'	unsigned short	int	2
'i'	signed int	int	2
'I'	unsigned int	int	2
'l'	signed long	int	4
'L'	unsigned long	int	4
'q'	signed long long	int	8
'Q'	unsigned long long	int	8
'f'	float	float	4
'd'	double	float	8

由于元素的数据类型一致，数组能够在存储和处理上进行有针对性的优化。因而，其计算效率远高于列表，常用于需要高效处理大量同类型数据的情况。

3.8.3 其他有用的数据结构

除了前文介绍的数据结构之外，Python 还内置了很多更复杂的数据结构或类型，如表 3-15 所示。

表 3-15 其他有用的数据结构

模　块	特征描述
heapq	堆（heap）或树形数据结构
bisect	能够进行高效插入、删除操作的有序列表
weakref	帮助创建 Python 引用，但不会阻止对象的销毁操作
queue	提供了多种队列的实现类型

3.9 小　　结

本章较为深入地介绍了 Python 中重要的数据结构，包括它们的定义、常见使用方法和技巧等，是 Python 基础知识中相当重要的一部分内容。这些数据结构中，最重要的是列表、元组、字典和字符串，它们是最简单也是使用频率最高的数据类型。本章还介绍了几种分布在其他模块之中的高级数据结构，建议有余力的读者选择学习。

3.10 思考与练习

1. 容器序列和扁平序列有什么区别？常见的容器序列和扁平序列分别有哪些？
2. 可变序列和不可变序列有什么区别？常见的可变序列和不可变序列分别有哪些？
3. 有一个列表 lst，请问 lst[::-1] 的作用是什么？
4. 给定一个元素为整数的列表，使用列表推导式创建一个新的列表，其中仅包含原列表中索引和取值都为偶数的元素。
5. 如何快速去除一个列表中的重复元素？
6. 什么是元组的不可变陷阱？
7. 列表、元组、字典和集合这 4 种数据类型各自的特点是什么？它们对应的推导式有什么相同和不同之处？
8. Python 中有哪几种定义字符串的方式？它们各自有什么特点？
9. 数组（array.array）与列表有什么区别？
10. 尝试使用不同的字符串格式化方法输出杨辉三角。
11. 实现列表元素的冒泡排序算法。
12. 编写程序，统计下面句子中各字母出现的频次：
    Good judgment comes from experience, but experience comes from bad judgment.

第 4 章 函数与函数编程

函数是结构化编程最为重要的工具。Python 语言中的函数有着更加独特的地位，它是一种特殊的数据类型，在很多方面与静态语言中的函数都有所区别。本章首先介绍函数的定义与调用、多种类型的参数以及类型注解。然后介绍函数的一等对象特征和面向对象特征，正是这两种特征使得 Python 函数有别于静态语言中的函数。接下来，在函数的这两种特征的基础之上介绍嵌套函数与闭包以及函数装饰器。最后介绍几种常用的函数编程工具。

4.1 函数的定义与调用

本节介绍 Python 函数的定义、调用，以及变量的作用域。

4.1.1 函数的定义

从学习编程的角度来看，能熟练、恰当地定义和使用函数是掌握编程技术的重要标志。初学者在面对编程问题的时候往往感到无从下手，不知代码从哪里写起，原因之一就是不能熟练使用函数这一有力的工具。

编程最重要的是算法，简单来说就是解决问题的思路。算法设计常采用自顶而下的思路，找到解决复杂问题的几个关键步骤，据此将复杂问题划分为相对简单的组成部分一一实现。在实现这些简单的组成部分时，如果某个组成部分还是太复杂，就重复同样的过程再继续将其切分成更小的问题，直到每一个问题简单到能够直接实现。能够直接实现的问题往往可以定义为函数。从这个角度来看，程序设计就是把复杂的问题切分为一个个相对简单的函数，然后将其一一实现的过程。

函数是由若干条语句组成的能够重复使用的代码块，是实现结构化编程的重要工具之一。一般情况下，把程序中重复运行且具有相对独立功能的代码块定义为函数，在需要的时候进行调用。

函数的核心组成部分包括函数名、函数的参数列表和返回值。其中，函数的参数列表也称为函数的**签名**。Python 使用 def 关键字来定义函数，其语法格式如下：

```
def 函数名(参数列表):
    """文档字符串"""
    函数体
```

例 4-1 中,定义了一个名为 add 的函数。它有两个参数,返回值为两个参数之和,并且还包含了一个比较详细的文档字符串。

【例 4-1】定义函数。

```
1  def add(x, y):
2      """数值求和.
3      Args:
4          x: 第一个参数.
5          y: 第二个参数.
6      Returns: 两个参数之和.
7      """
8      s = x + y
9      return s
```

文档字符串在 Python 函数定义时不是必需的,但是为了规范化起见,建议为每个函数添加文档字符串,给出其功能描述、每个参数以及返回值的说明。Python 函数的文档字符串是作为函数的属性存在的,属性名为 `__doc__`:

```
>>> print(add.__doc__)
数值求和.
    Args:
        x: 第一个参数.
        y: 第二个参数.
    Returns: 两个参数之和.
```

Python 中的每个函数都有返回值,可以使用 return 语句显式返回运行结果,如果没有 return 语句则函数的返回值就是 None。

在编写函数的时候,要尽可能减少或消除函数的**副作用**。函数的运行依赖于上下文环境,函数的副作用是指函数除了返回值之外,对上下文环境产生的影响。例如,改变上下文环境中声明的变量的值。函数的副作用往往会为程序设计带来不必要的麻烦,因此应当尽可能减少。一般情况下,尽可能让函数仅通过参数与返回值与环境产生联系。函数只应当有一个入口,就是其参数;也只应当有一个出口,就是 return 语句。

Python 函数可以定义在模块中,也可以定义在其他函数之中,称为嵌套函数。嵌套函数中的内部函数在外部不可见,只能在定义它的函数内部使用。例 4-2 的函数 inner_fun 定义在 fun 之中,它只能在 fun 内部使用。

【例 4-2】嵌套函数。

```
1  def fun():
2      def inner_fun():
3          print('This is inner fun!')
```

```
4      print('This is fun!')
5      inner_fun()
```

4.1.2 函数的调用

1. 参数传递

函数调用过程中涉及两个角色：调用者和被调用者。为了便于分析描述，我们将调用者称为**主调者**，被调用者称为**被调函数**。如果主调者是函数，就称为主调函数。

主调者中，通过函数名来调用被调函数。如果被调函数中定义了参数，在调用时还应当传入对应的参数。被调函数的定义中，包含在参数列表中的参数称为函数的**形参**（formal parameter）；主调者在调用被调函数时传入的参数，称为**实参**（actual parameter）。

下面的例子中调用了例 4-1 中定义的 add 函数，那么这段代码就是主调者，add 就是被调函数。add 函数参数列表中的 x 和 y 就是形参，这里的 n1 和 n2 是实参。

```
n1 = 2
n2 = 3
add(n1, n2)
```

形参变量和实参变量的名字可以相同也可以不同，在函数调用的过程中实参会将其值传递给形参。形参与实参是相互独立的，改变形参的值并不会导致实参的值被改变。但是，如果参数传递的是可变的容器类型，形参传递给实参的实际上是容器的引用。虽然形参引用的改变不会导致实参引用发生变化，但是由于它们指向相同的数据，形参指向的数据被改变后实参所指向的数据当然也会被改变。这也是函数产生副作用最为常见的情况。

例 4-3 中定义了两个函数 fun1 和 fun2，它们都只有一行代码，分别改变了形参的值和形参列表的元素值。

【例 4-3】参数传递。

```
1   def fun1(formal_p):
2       formal_p = [8, 5, 7]
3
4   def fun2(formal_p):
5       formal_p[0] = 0
```

运行结果：

```
>>> actual_p = [1, 4, 2]
>>> fun1(actual_p)
>>> print(actual_p)        # 实参不变
[1, 4, 2]
>>> fun2(actual_p)
>>> print(actual_p)        # 实参发生了变化
[0, 4, 2]
```

从运行结果可知，在函数中直接改变形参 formal_p 的引用值并不会对实参 actual_p 造成影响，因为从引用的角度来看它们是相互独立的。但是，formal_p 和 actual_p 指向同一个列表，通过 formal_p 改变列表的值后，通过 actual_p 来访问自然也会发生变化。

2. 递归调用

函数定义之后，允许其他调用者调用，也允许自己调用自己。这种函数调用了自身的情况称为**递归调用**，这样的函数称为**递归函数**。递归函数中一定要有退出递归的条件，否则就会陷入无限的递归循环之中。在递归函数中，所有的主调函数都由于没有运行结束而不会退出。因此，递归调用往往会占用较多的内存空间。

函数的递归调用适用于那些子任务和父任务高度相似的场景。例如，例 4-4 中利用递归调用实现了列表的深复制。其中，外层列表的复制与内层列表的复制完全相同，因而适合利用递归调用来实现。

【例 4-4】利用递归调用实现列表的深复制。

```
1  def copy(seq):
2      return [copy(o) if type(o) is list else o for o in seq]
```

运行结果：

```
>>> lst = [1, 2, [3, 4, [5, 6, [7, 8, [9, 10, 11]]]]]
>>> lst_new = copy(lst)
>>> lst_new[2][2][2][2][2] = 0
>>> print(lst)
[1, 2, [3, 4, [5, 6, [7, 8, [9, 10, 11]]]]]
>>> print(lst_new)
[1, 2, [3, 4, [5, 6, [7, 8, [9, 10, 0]]]]]
```

例 4-4 中 copy 函数要求输入的参数为一个列表，并且列表的元素只能是数值或者列表。copy 函数使用了一个列表推导式来创建新的列表。在遍历每个元素时，如果元素是一个列表，则递归调用自身来复制它；如果不是列表，则将该元素的值直接复制进新的列表。copy 函数中的 if…else… 表达式中包含了退出递归的条件。

4.1.3 变量的作用域

变量定义的位置不同，它可以被访问的代码区域也不相同。变量能被访问的代码区域称为变量的作用域。根据变量的作用域，可以将变量分为全局变量和局部变量。

1. 全局变量

全局变量是直接在模块中定义的变量，其作用域为定义变量的位置直至模块结束。定义在一个模块中的全局变量可以在其他模块中利用 import 语句导入使用。全局变量应当定义在模块的头部，以便于管理和维护。

在一个模块中改变其他模块中的全局变量与在函数中改变形参的值相似。如果在模块中改变了其他模块中的全局变量的引用，则该全局变量的值不会发生变化；如果改变了引用所指向的数据，则该全局变量所指向的数据也会改变。

2. 局部变量

局部变量有多种类型。定义在函数中的局部变量的作用范围是自定义的位置开始至函数结束。定义在类方法中的变量也是局部变量（参见第 5 章）。在各种推导式（包括列表推导式、生成器推导式、集合推导式和字典推导式）中定义的变量，其作用范围仅限于推导式内部。

3. global 语句

global 语句用于在函数中定义或声明全局变量。例 4-5 中，函数 fun 内定义了一个全局变量 x，在函数外部也能访问到该变量。需要注意的是，定义在函数中的全局变量，只有在函数执行之后才能被使用。

【例 4-5】在函数中定义局部变量。

```
1  def fun():
2      global x
3      x = 1
```

运行结果：

```
>>> fun()
>>> print(x)
1
```

全局变量能够起到减少函数参数数量、简化代码的作用，但是它破坏了函数只有一个入口和一个出口的原则。函数的运行可能为环境带来副作用，因此应当尽可能减少使用。只有那些具有全局意义、与函数的具体功能没有直接隶属关系的变量才适于被定义为全局变量。

global 语句的另一个作用是将局部变量声明为全局变量。函数中的变量是否是局部变量在代码编译时就确定了。在函数内部只要出现为全局变量的同名变量赋值的语句，它就会被识别为局部变量，并且将全局变量屏蔽。下面的例 4-6 中，函数 fun 内出现了为全局变量的同名变量 x 赋值的语句（第 3 行），因而 x 会被识别为局部变量。语句 print(x) 就相当于在变量定义之前去调用它，因此 Python 解释器抛出了变量未定义的错误。

【例 4-6】同名局部变量。

```
1  x = 0
2  def fun():
3      print(x)
4      x = 1
```

运行结果：

```
>>> fun()
Traceback (most recent call last):
  File "<stdin>", line 1, in <module>
  File "<stdin>", line 2, in fun
UnboundLocalError: local variable 'x' referenced before assignment
```

由于同样的原因，在函数内部能够访问全局变量但是不能改变它的取值。例 4-7 中函数 fun 内部的语句 x = 1 只是定义了局部变量 x，它覆盖了全局变量 x，全局变量不会受到影响。

【例 4-7】尝试修改全局变量。

```
1  x = 0
2  def fun():
3      x = 1
4      print(x)
```

运行结果：

```
>>> fun()
1
>>> print(x)
0
```

要想在函数中修改全局变量，只需使用 global 语句将局部变量声明为同名的全局变量即可。

【例 4-8】将局部变量声明为全局变量。

```
1  x = 0
2  def fun():
3      global x
4      x = 1
5      print(x)
```

运行结果：

```
>>> fun()
1
>>> print(x)
1
```

4.2 函数的参数

Python 语言中函数的参数有多种类型，在定义和调用时都十分灵活。本节详细介绍函数参数的定义和使用。

4.2.1 位置参数与关键字参数

函数调用时，参数传递的一个重要问题是确定实参列表与形参列表之间的值传递关系。Python 中参数传递关系的确定方式有 2 种：

- 位置参数：实参列表按位置向形参列表传递数值，这也是多数编程语言中最常使用的参数传递方式。

- 关键字参数：也称为命名参数，在函数调用时实参列表中要指定形参变量名，参数的顺序是无所谓的。

例 4-9 中定义了一个简单的函数，并分别使用位置参数和关键字参数来调用它。

【例 4-9】 位置参数与关键字参数。

```
1  def say(greeting, describe, target):
2      print(f'{greeting} {describe} {target}!')
```

运行结果：

```
>>> say('Hello', 'beautiful', 'Python')                        # 位置参数
Hello beautiful Python!
>>> say(target='Python',greeting='Hello',describe='beautiful')# 关键字参数
Hello beautiful Python!
```

调用函数时也可以混合使用位置参数和关键字参数，但是要求所有位置参数必须出现在关键字参数之前。

```
>>> say('Hello', target='Python', describe='beautiful')
Hello beautiful Python!
>>> say(greeting='Hello', 'beautiful', 'Python')
  File "<stdin>", line 1
SyntaxError: positional argument follows keyword argument
```

在定义函数时，可以指定一部分参数在调用时必须使用关键字参数，称为**强制关键字参数**。例 4-10 中，函数 say 的形参列表中包含了一个特殊的元素 "*"，表示位于它左侧的参数在调用时可以使用位置参数也可以使用关键字参数；但位于它右侧的参数必须使用关键字参数。

【例 4-10】 强制关键字参数。

```
1  def say(greeting, describe, *,target):
2      print(f'{greeting} {describe} {target}!')
```

运行结果：

```
>>> say('Hello', 'beautiful', target='Python')
Hello beautiful Python!
>>> say('Hello', 'beautiful', 'Python')     # 没有使用关键字参数
Traceback (most recent call last):
  File "<stdin>", line 1, in <module>
TypeError: say() takes 2 positional arguments but 3 were given
```

类似地，也可以指定一部分参数在调用时必须使用位置参数，Python 3.8 中添加了**强制位置参数**的语法。例 4-11 中，函数 say 的形参列表中增加了一个特殊元素 "/"，表示位于它左侧的参数在调用时必须使用位置参数。也就是说，在调用时函数 say 的参数 greeting

必须使用位置参数，target 必须使用关键字参数，describe 可以使用位置参数也可以使用关键字参数。

【例 4-11】强制位置参数。

```
1  def say(greeting,/, describe, *,target):
2      print(f'{greeting} {describe} {target}!')
```

4.2.2 可选参数

在定义函数的时候可以指定参数的默认值，有默认值的参数称为**可选参数**。在调用的时候，如果实参列表不包含可选参数值则函数中会使用默认值进行计算；如果实参列表中给出可选参数的值，则默认值会被覆盖。

【例 4-12】可选参数。

```
1  def say(greeting, describe='beautiful', target='Python'):
2      print(f'{greeting} {describe} {target}!')
```

运行结果：

```
>>> say('Hello')
Hello beautiful Python!
>>> say('Hello', 'powerful')
Hello powerful Python!
```

不过需要特别注意的是，在函数定义中可选参数必须出现在所有非可选参数之后。

```
>>> def say(greeting='Hello', describe, target):
...     print(f'{greeting} {describe} {target}!')
...
  File "<stdin>", line 1
SyntaxError: non-default argument follows default argument
```

4.2.3 可变参数

可变参数是指在函数调用时，实参的数量是不确定的，可以根据需要任意变化。形参列表中使用特殊的参数来收集可变数量的实参。该特殊的参数用 * 或者 ** 修饰。* 修饰的参数用于收集实参中的位置参数，称为**可变位置参数**；** 修饰的参数用于收集实参中的关键字参数，称为**可变关键字参数**。在函数体中，所有可变位置参数被构建为一个元组，所有可变关键字参数则被构建为一个字典。

例 4-13 中函数 say 的参数 describe 是一个可变位置参数。

【例 4-13】可变位置参数。

```
1  def say(greeting='Hello', *describe):
2      print(type(describe))
3      print(f'{greeting} {" and ".join(describe)} Python!')
```

运行结果：

```
>>> say('Hello', 'beautiful', 'powerful', 'easy')
<class 'tuple'>
Hello beautiful and powerful and easy Python!
```

函数定义时，可变位置参数可以出现在形参列表的任意位置，但是它右侧的所有形参在调用时必须使用关键字参数。

```
1  def say(greeting, *describe, target):
2      print(f'{greeting} {" and ".join(describe)} {target}!')
```

运行结果：

```
>>> say('Hello', 'beautiful', 'powerful', 'easy', target='Python')
Hello beautiful and powerful and easy Python!
```

函数定义时，可变关键字参数必须位于形参列表的最后。并且，可变位置参数和可变关键字参数可以同时出现，如例 4-14 所示。

【例 4-14】可变关键字参数。

```
1  def say(greeting, *describe, **detail):
2      print(type(describe), type(detail))
3      print(f'{greeting} {" and ".join(describe)} Python!')
4      details = [f"It's {k} is {v}." for k, v in detail.items()]
5      print(' '.join(details))
```

运行结果：

```
>>> say('Hello', 'beautiful', 'powerful', 'easy', syntax='elegant', code='simple')
<class 'tuple'> <class 'dict'>
Hello beautiful and powerful and easy Python!
It's syntax is elegant. It's code is simple.
```

4.2.4 参数分配

参数分配是指将列表（元组）或字典转换成适当的实参列表的过程，同样使用 * 和 ** 符号实现。* 用于将列表或元组拆解开来构造实参列表中的位置参数，** 用于将字典拆解开来构造实参中的关键字参数。

```
>>> def say(greeting, describe, target):
...     print(f'{greeting} {describe} {target}!')
...
>>> para_tuple = ('Hello', 'beautiful', 'Python')
>>> say(*para_tuple)
Hello beautiful Python!
>>> para_dict = {'greeting': 'Hello', 'describe': 'beautiful', 'target': 'Python'}
```

```
>>> say(**para_dict)
Hello beautiful Python!
```

4.3 函数的类型注解*

函数的类型注解在函数定义时用于声明形参和返回值的具体数据类型。与变量的类型注解相似，函数的类型注解也不是强制性的，Python 解释器不会利用该信息来对数据类型进行检查。

4.3.1 类型注解

函数的类型注解功能最早出现在 Python 3.5 中，目前它只是一种提示信息，主要为了提高代码的可读性、自动化文档生成、为开发工具提供方便等。

函数的类型注解语法形式为：

```
def func(arg: arg_type, optarg: arg_type=default) -> return_type
```

- arg：形参名。
- arg_type：形参的类型。
- optarg：可选参数。
- default：默认值。
- return_type：返回值的类型。

可以使用函数的 __annotations__ 属性来查看类型注解信息，如例 4-15 所示。

【例 4-15】函数的类型注解。

```
1  def add(x: int, y: int) -> int:
2      return x + y
```

运行结果：

```
>>> add(1, 1)
2
>>> add(1.0, 1.0)
2.0
>>> add.__annotations__
{'x': <class 'int'>, 'y': <class 'int'>, 'return': <class 'int'>}
```

虽然 Python 解释器不会利用函数的类型注解来检查参数的类型，但是它们可以被一些第三方编译工具利用。Mypy 就是一个静态类型的 Python 实现。它还提供了一个基于 CPython 的编译器 mypyc，能够像静态语言那样先将 Python 代码编译为二进制文件，从而提高程序的运行效率。在终端中运行 pip install mypy 命令可安装 Mypy。

将下面的代码保存为名为 add.py 的文件：

```
1  def add(x: int, y: int) -> int:
2      return x + y
3  add(1.0, 1.0)
```

然后在终端利用 mypy 命令来执行它。函数 add 定义时声明参数 x 和 y 的类型为 int，但在调用的时候传入了两个 float 类型的实参。Mypy 会检查数据类型，并显示实参数值与形参类型不匹配的错误。

```
$ mypy add.py
add.py:3: error: Argument 1 to "add" has incompatible type "float"; expected
                "int"
add.py:3: error: Argument 2 to "add" has incompatible type "float"; expected
                "int"
Found 2 errors in 1 file (checked 1 source file)
```

4.3.2 typing 模块

如果函数的参数或返回值为简单的数据类型，如 int、float、char 等，基本的类型注解就能够清晰地给出类型信息。但是对于一些更复杂的类型，例如容器类型 list、tuple、set、dict 等，它们的数据结构比较复杂，仅使用基本的数据类型注解并不能给出完整的类型信息。

例如，下面例子中定义的求平均值的函数 average，其参数 nums 为一个列表。如果仅将 nums 注解为 list，那么列表元素的数据类型依旧是不明确的。因此需要使用更为精确的类型注解方法。

```
1  def average(nums:list) -> float:
2      n = len(nums)
3      return sum(nums)/n
```

Python 标准库中的 typing 模块提供了常用数据结构的辅助类型，用于为函数添加更为具体的注解信息。

1. typing.List

利用 typing 中的类型 List 可以将上例改写为如下形式，将参数 nums 注解为一个元素为 float 的列表。

```
1  from typing import List
2  def average(nums:List[float]) -> float:
3      n = len(nums)
4      return sum(nums)/n
5  average([1.0, 4.0, 2.0, 8.0, 5.0, 7.0])
```

typing.List 也可以嵌套使用，例如 data: List[List[int]] 将 data 注解为一个嵌套列表，其中内层列表元素的类型为 int。取值 [[1, 4], [2, 8], [5, 7]] 满足 data 类型注解的要求。

2. typing.Tuple

tuple 是不可变类型，作为参数使用的时候它的元素数量固定但数据类型是不同的，需要分别添加类型注解。例如：

```
1  from typing import Tuple
2  def create_student(name: str, age:int, gender:str)-> Tuple[str, int, str]:
```

```
3      return name, age, gender
4  create_student('张三', 18, '男')
```

3. typing.Sequence

当函数的参数或返回值是任意序列类型，如 list、tuple 时，则可以使用 tying.Sequence 来添加注解。例如：

```
1  from typing import Sequence
2  def average(nums: Sequence[int]) -> float:
3      n = len(nums)
4      return sum(nums)/n
5  average([1, 4, 2, 8, 5, 7])
6  average((1, 4, 2, 8, 5, 7))
```

4. typing.Union

当函数参数或返回值的类型可以是多种类型之一时，可以使用 typing.Union 来添加注解。例如：

```
1  from typing import Sequence, Union
2  def average(nums: Union[Sequence[int], Sequence[float]]) -> float:
3      n = len(nums)
4      return sum(nums)/n
5  average([1.0, 4.0, 2.0, 8.0, 5.0, 7.0])
6  average((1, 4, 2, 8, 5, 7))
```

5. typing.Any

typing.Any 表示变量可以是任意类型，下例函数中参数 seq 被标注为元素类型任意的序列，返回值类型也是如此。

```
1  from typing import Sequence, Any
2  def reverse(seq: Sequence[Any]) -> Sequence[Any]:
3      return seq[-1::-1]
```

6. typing.Optional

typing.Optional 表示变量可以是指定的类型或者 None。下例中函数返回值可以为空或者是 float，所以 Optional[float] 与 Union[float, None] 等价。

```
1  from typing import Union, Optional
2  def div(dividend: Union[int, float],
3          divisor: Union[int, float]) -> Optional[float]:
4      if divisor == 0:
5          return None
6      else:
7          return dividend/divisor
```

7. typing.NoReturn

typing.NoReturn 用于表示函数既没有显式返回值（使用 return 语句）也没有隐式返回值（函数默认返回 None）的情况。下例中 raise 语句用于抛出异常（参见第 7.2 节），此时函数中断运行且不会有任何返回值。

```
1  from typing import NoReturn
2  def error(info: str) -> NoReturn:
3      raise Exception(info)
```

8. 其他常用类型

typing 模块中包含了丰富的类型注解工具，其他常用的注解类型如表 4-1 所示，更多内容参见官方文档[①]。

表 4-1 typing 模块中其他常用类型

类型	描述
typing.Dict	字典
typing.Set	集合
typing.Generator	生成器
typing.Iterator	迭代器
typing.Callable	可调用类型

4.3.3 类型注解的使用

虽然类型注解能够提高代码可读性、帮助开发人员更好地编写代码，但本质上来说类型注解在 Python 代码的运行过程中不起任何作用，使用与否不会对代码的功能产生影响。那么，什么情况下应该使用类型注解呢？一般情况下，使用类型注解有如下的经验法则：

- 初学者暂时不必考虑使用类型注解；
- 在很短的代码或模块中使用类型注解的意义不大；
- 若是为了开发供他人使用的工具包，最好使用类型注解；
- 较大的软件项目中要使用类型注解。

4.4 函数对象

与静态编程语言不同，Python 语言中的函数并不是基本的数据类型，反而与普通的数据类型没有本质的区别。Python 函数以对象的形式出现，具有对象所具备的特征。从对象的角度去理解和使用函数，是闭包、函数装饰器等高级函数应用的基础。

4.4.1 一等对象

"对象"在计算机编程语言中是一个非常重要的概念，但是在不同的场景下其内涵有所差异。

---

① https://docs.python.org/3/library/typing.html

提到"对象",大部分人首先想到的可能是面向对象编程(参见第5、6章)中"对象"的概念。在面向对象编程中,对象对应着现实世界中具体的事物,是更抽象的概念"类"的实例。对象具有唯一性,具有能够区别于其他所有对象或数值的唯一标识。并且,每个对象都有至少一个"类型",以及一些可供访问的属性和可供调用的方法。

不过,在计算机编程中对象的概念最初并非指面向对象中的"对象",而是有着更加宽泛的内涵。1960年,英国计算机科学家Christopher Strachey 提出了一等对象(First-class object)的概念。一等对象可以是任何程序中的实体,而不一定是面向对象中的"对象"。一等对象具有如下特征:

- 可以被赋值给变量,或者作为其他数据结构(例如容器)的元素;
- 可以作为函数实参;
- 可以作为函数的返回值;
- 能够在程序运行期间动态地创建。

显然,Python 中数值、列表、字典、集合等都是一等对象,面向对象中的"对象"也是一等对象。而函数则比较特殊,在不同的语言中差别很大。C 语言和 C++ 语言中的函数不是一等对象,因为它们不能在运行中动态创建。Java 和 C# 中本质上没有函数只有方法,所有的方法必须隶属于某一个类或对象。在 Python 和 Javascript 语言中,函数是一等对象。

4.4.2 Python 函数的面向对象特征

Python 函数具有面向对象中"对象"的特征。每个函数都具有唯一的标识,与其他数据类型一样,可以使用 id 函数得到函数的唯一性身份标识。

```
1  def fun1():
2      pass
3
4  def fun2():
5      pass
```

```
>>> id(fun1) == id(fun2)
False
```

Python 中的函数的类型都是 function,同样与其他数据类型一样,可以使用 type 函数显示一个函数的类型。

```
>>> type(fun1)
<class 'function'>
>>> type(fun2)
<class 'function'>
```

面向对象编程中,每个对象都具有它们所属类型所拥有的属性和方法,Python 中的函数也不例外。在前文中曾提到过,可以使用函数 __doc__ 的属性访问它的文档字符串。除此之外,函数还有很多其他的属性和方法。函数的 __dir__ 方法返回一个列表,其中包含了它所拥有的所有属性和方法的名字。

```
>>> def fun():
...     """This is doc string of the function"""
...
>>> fun.__doc__
'This is doc string of the function'
>>> fun.__dir__()
['__repr__', '__call__', '__get__', '__new__', '__closure__', '__doc__', '__globals__', '__module__', '__code__', '__defaults__', '__kwdefaults__', '__annotations__', '__dict__', '__name__', '__qualname__', '__hash__', '__str__', '__getattribute__', '__setattr__', '__delattr__', '__lt__', '__le__', '__eq__', '__ne__', '__gt__', '__ge__', '__init__', '__reduce_ex__', '__reduce__', '__subclasshook__', '__init_subclass__', '__format__', '__sizeof__', '__dir__', '__class__']
```

4.4.3 Python 函数的一等对象特征

1. 函数赋值

Python 中可以将函数赋值给一个变量，而被赋值的变量能够像函数一样被调用。

```
1  def say(greeting, describe, target):
2      print(f'{greeting} {describe} {target}!')
```

```
>>> new_say = say
>>> new_say('Hello', 'beautiful', 'python')
Hello beautiful python!
```

既然函数能够被赋予一个变量，很自然地它也可以作为容器的元素。

```
1  def fun1():
2      print('fun1')
3  def fun2():
4      print('fun2')
```

```
>>> fun_list = [fun1, fun2]
>>> for f in fun_list:
...     f()
...
fun1
fun2
```

2. 高阶函数

能够接收函数作为参数，或者返回值为函数的函数，称为高阶函数。根据一等对象的概念可知，高阶函数也能够体现 Python 函数的一等对象特征。下例中，add 和 subtract 都可以作为 compute 函数的参数使用，因此 compute 是一个高阶函数。

```
1  def add(x, y):
2      return x + y
3
4  def subtract(x, y):
5      return x - y
6
7  def compute(x, y, fun):
8      return fun(x, y)

>>> compute(1, 1, add)
2
>>> compute(1, 1, subtract)
0
```

Python 中内置了一些有用的高阶函数。例如，前文中曾经使用过的 sorted 函数就是一个高阶函数。在对结构比较复杂的序列进行排序时，需要使用到 key 参数，其实参要求是一个函数。例 4-16 中，sort_key 函数返回其参数中索引为 1 的值。当它传递给 sorted 函数的 key 参数时，sorted 会将列表 lst 的每个元素传递给它，然后按返回值对 lst 的元素进行排序。

【例 4-16】用于排序的高阶函数 sorted。

```
1  def sort_key(e):
2      return e[1]

>>> lst = [(1, 4), (2, 8), (5, 7)]
>>> sorted(lst, key=sort_key)
[(1, 4), (5, 7), (2, 8)]
```

关于返回值为函数的高阶函数请参考第 4.5 节嵌套函数与闭包部分。

3. 匿名函数

所谓匿名函数就是没有函数名的函数，Python 中使用关键字 lambda 来实现，也称为 lambda 表达式。在例 4-16 中，使用了一个预先定义的 sort_key 函数。这样虽然能够实现排序效果，但是需要额外定义一个不具有核心功能的函数。这样做既没有必要，也显得不够优雅。最恰当的方式就是使用匿名函数作为 key 参数。

```
>>> lst = [(1, 4), (2, 8), (5, 7)]
>>> sorted(lst, key=lambda e: e[1])
[(1, 4), (5, 7), (2, 8)]
```

lambda e: e[1] 的作用是定义一个匿名函数。其中，lambda 与 ":" 之间的部分为匿名函数的参数，":" 之后为匿名函数的函数体。这个匿名函数的作用与例 4-16 中的 sort_key 函数完全相同。

需要注意的是，由于 lambda 表达式的函数体中不能赋值，也不能使用 if、for 等流程控制语句，甚至也不能使用 return 语句，因此只能实现一些非常简单的功能。lambda 表达式在 Python 中基本上只用于作为函数参数使用，一般情况下仅包含一个表达式。

使用 lambda 表达式实现复杂的函数功能往往会影响代码的可读性，这种情况下最好定义一个一般的函数。

4. 动态创建函数 *

Python 中的函数能够在运行时动态地创建，而且有多种实现方法。例如，使用 exec 执行的一段字符串中若包含了函数定义就会动态地创建一个新的函数，lambda 表达式也是一种动态创建函数的方法。

下面介绍一种使用 types.FunctionType 动态创建函数的方法。types.FunctionType 函数有两个必需的参数 code 和 globals。

- code 是编译后的代码，它包含在 Python 代码对象之中，可通过 __code__ 属性查看，也可以利用 compile 函数编译代码字符串得到；
- globals 是函数运行的上下文，若函数引用了未定义的变量，解释器就会在该上下文中寻找。

下例中根据字符串 fun_str 动态创建函数，并进行调用。

```
>>> import types
>>> fun_str = '''
... def dynamic_fun():
...     print('Hello dynamic Python!')
... '''
>>> code_obj = compile(fun_str, filename='', mode='exec')
>>> # mode 的取值可以是 'exec'、'eval' 或 'single'
>>> fun = types.FunctionType(code_obj.co_consts[0], globals())
>>> fun()
Hello dynamic Python!
```

4.5 嵌套函数与闭包*

嵌套函数是函数体中定义了内部函数的函数。闭包是一种特殊的嵌套函数，它是函数式编程中的一个重要概念。闭包中包含了不随函数运行结束而消失的特殊变量。本节由嵌套函数出发引出闭包的概念，介绍其运行原理并给出一个简单的应用实例。

4.5.1 嵌套函数

1. 定义

嵌套函数是指一个函数（外部函数）中定义了另一个函数（内部函数）。嵌套函数也是一种动态创建函数的方法。例 4-17 中定义了一个嵌套函数，外部函数为 outer，内部函数为 inner，每次调用 outer 都会动态创建一个内部函数对象 inner。

【例 4-17】嵌套函数的定义。

```
1  def outer():
2      def inner():
3          print("This is from inner")
```

```
4       print("This is from outer")
5       inner()
```

运行结果：

```
>>> outer()
This is from outer
This is from inner
```

内部函数只能在外部函数内使用，在外部是不可见的。因此，嵌套函数起着一定程度的"封装"作用，同时也有利于减少外部函数中的重复代码。不过，嵌套函数更重要的作用是定义闭包。

2. nonlocal 语句

嵌套函数中，外部函数内定义的变量对于内部函数来说相当于全局变量，在内部函数中能够访问但不能修改。要想在内部函数中改变外部定义的变量，可使用 nonlocal 在内部函数中将变量声明为非局部变量，就能够对其进行修改了。nonlocal 的作用与使用方法与 global 既有相似之处也有着重要的差异。

```
1   def outer():
2       x = 0
3       def inner():
4           nonlocal x
5           x = 1
6       inner()
7       print(x)
```

```
>>> outer()
1
```

nonlocal 只能声明外部函数中定义的变量为非局部变量。若内部函数中声明了外部未定义的变量则会抛出错误，这与 global 语句不同。

```
>>> def outer():
...     def inner():
...         nonlocal x
...         x = 0
...     inner()
...
  File "<stdin>", line 3
SyntaxError: no binding for nonlocal 'x' found
```

4.5.2 闭包

1. 概念与原理

闭包（closure）是指引用了自由变量的函数。自由变量是指被函数使用但是不在函数中定义，而是在函数运行的上下文中定义的变量。嵌套函数定义中，内部函数中的非局部变量就是自由变量。可以认为闭包的核心由两部分组成：一是引用了自由变量的函数，二是自由变量和函数共同存在的上下文。两者组成的一个相对独立的实体就是闭包。

具体而言，构成一个闭包有 3 个必要条件：
- 定义了一个嵌套函数；
- 内部函数中引用了外部函数中定义的变量；
- 外部函数返回了内部函数的引用。

例 4-18 中利用闭包实现了能够累积计算均值的功能。

【例 4-18】闭包的定义。

```
1  def create_averager():
2      numbers = []
3      def avg(nums):
4          if isinstance(nums, list):
5              numbers.extend(nums)
6          else:
7              numbers.append(nums)
8          return sum(numbers)/len(numbers)
9      return avg
```

运行结果：

```
>>> averager = create_averager()
>>> averager([3, 5])
4.0
>>> averager(7)
5.0
>>> averager([8, 9])
6.4
```

例 4-18 中，嵌套函数中的内部函数 avg 引用了外部函数 create_averager 中定义的变量 numbers，并且外部函数返回了 avg 的引用，满足了闭包的三个必要条件。其中，numbers 就是自由变量，它不会随着函数 create_averager 运行结束而消失。闭包 averager 是由内部函数 avg 和自由变量 numbers 构成的实体。从运行结果来看，闭包 averager 会将每次被调用时传入的数据保存在 numbers 之中，计算所有曾经传入的数值的均值。

计算机程序在调用普通函数时，会在进程内存空间的栈上压入函数的参数及函数中定义的局部变量，从而构建函数运行的上下文环境。当函数执行完毕返回时，运行环境会被销毁，参数与局部变量也将不复存在。再次调用函数会生成新的环境，参数及中间结果不会被保留下来。

闭包与普通函数不同，外部函数在返回的时候，虽然其中定义的局部变量理应被销毁，但是它作为自由变量被内部函数所引用，并且内部函数被作为闭包返回至外部环境。在闭包被销毁之前，它对外部函数中定义的自由变量的引用始终存在，因而自由变量不会被销毁。这就使得自由变量成为一种特殊的存在，它既不是全局变量也不是局部变量。可以认为闭包最重要的作用,也是它区别于普通函数之处,是它利用一种特殊的方式延伸了变量的作用范围。

2. 使用要点

需要注意的是,闭包并非是由嵌套函数定义的,而是由嵌套函数的调用创建出来的。例 4-18 中每次调用 create_averager 都会产生一个新的闭包。不同的闭包之间是相互独立的,每个闭包都拥有属于自己的自由变量。

```
>>> averager1 = create_averager()
>>> averager2 = create_averager()
>>> averager1([3, 5])
4.0
>>> averager2([4, 6])
5.0
```

利用函数对象的 `__code__` 属性,可以查看局部变量和自由变量。自由变量的值保存在 `__closure__` 属性之中,它是一个元素为 cell 对象的元组。cell 对象是用于实现由多个作用域引用的变量,使用 cell_contents 可访问其中保存的值。

```
>>> averager.__code__.co_freevars
('numbers',)
>>> averager.__code__.co_varnames
('nums',)
>>> averager.__closure__[0].cell_contents
[3, 5, 7, 8, 9]
```

当嵌套函数的外部函数中定义了多个内部函数并返回时,如果它们引用了相同的自由变量,那么返回的函数和自由变量就处于同一个闭包之中。这种情况下,闭包中的多个函数共享自由变量。例如,例 4-19 中的 avg1 和 avg2 共享了自由变量 numbers,调用 create_averagers 函数返回的 average1 和 average2 属于同一个闭包。

【例 4-19】多个函数组成的闭包。

```
1  def create_averagers():
2      numbers = []
3      def avg1(num):
4          numbers.append(num)
5          return sum(numbers)/len(numbers)
6      def avg2(num):
7          numbers.append(num)
8          return sum(numbers)/len(numbers)
9      return avg1, avg2
```

运行结果:

```
>>> averager1, averager2 = create_averagers()
>>> averager1(3)
3.0
```

```
>>> averager2(5)
4.0
```

3. 闭包应用实例

本部分中,利用闭包实现了任意的一元函数。一元 n 次函数可写为:

$$f(x) = p_0 x^n + p_1 x^{n-1} + p_2 x^{n-2} + \cdots + p_{n-1} x + p_n$$

给定一组参数 $p = (p_0, p_1, p_2, \cdots, p_n)$ 就确定了一个一元函数。

例 4-20 中,外层函数接收定义一元函数的参数 params,返回一个闭包,表示由该参数确定的一元函数。

【例 4-20】利用闭包定义任意一元函数。

```
1  def create_univariate_func(*prams):
2      def univariate_func(x):
3          y = 0
4          order = len(prams) - 1
5          for i, p in enumerate(prams):
6              y += p * x**(order - i)
7          return y
8      return univariate_func
```

当参数为 $p = (1, 2, 3)$ 时,定义的一元函数为 $f(x) = x^2 + 2x + 3$。

```
>>> uni_func = create_univariate_func(1, 2, 3)
>>> uni_func(1)
6
>>> uni_func(2)
11
>>> uni_func(3)
18
```

4.6 函数装饰器

装饰器(decorator)是用于修饰函数、类或者方法的一种特殊的工具,它能够在不侵入代码的情况下增加或者改变修饰目标的功能。装饰器可以使用函数或类实现,也可以修饰类或者方法[①]。本节介绍由函数实现的用于修饰函数的装饰器。

4.6.1 简单函数装饰器

函数装饰器利用了函数的一等对象特征和闭包的运行原理。虽然装饰器的实现可能相对复杂一些,但其使用形式非常简单,只需要在函数前添加以"@"开头的装饰器名即可:

---

① 参见第 6.3 节。

```
@装饰器名
def 被修饰函数():
    ... ...
```

装饰器本质上就是闭包，因此也是一个嵌套函数。装饰器的名字就是嵌套函数中外层函数的名字。由于装饰器没有侵入定义函数的代码，因此在被修饰函数内部感知不到装饰器的存在。

例 4-21 中定义了一个能够计算并输出函数运行时间的装饰器，并将其用于修饰两个函数。由于装饰器不会侵入代码，因此被装饰器修饰的函数在调用时与普通函数几乎没有任何区别。不管是被修饰函数内部，还是调用被修饰函数的代码部分，都感知不到装饰器的存在。

【例 4-21】简单装饰器。

```
1   import time
2
3   def run_time(fun):
4       def wrapper():
5           start = time.time()
6           result = fun()
7           end = time.time()
8           print(f'函数{fun.__name__}的执行时间为{(end-start):.4}秒')
9           return result
10      return wrapper
11
12  @run_time
13  def fun1():
14      for _ in range(10):
15          time.sleep(0.1)
16
17  @run_time
18  def fun2():
19      for _ in range(10):
20          time.sleep(0.2)
```

运行结果：

```
>>> fun1()
函数fun1的执行时间为1.041秒
>>> fun2()
函数fun2的执行时间为2.033秒
```

4.6.2 函数装饰器的工作原理

1. 装饰器的实际执行过程

函数装饰器只是一种令代码更加简洁的语法糖，并没有什么神奇之处。例 4-21 中定义的装饰器还可以用另一种方式使用，实现完全相同的功能。如例 4-22 所示，函数 fun1 和

fun2 没有使用装饰器修饰,在调用的时候将它们作为参数交给例 4-21 中定义的装饰器嵌套函数 run_time。然后执行返回的对象,可以实现完全相同的功能。

【例 4-22】函数装饰器的原理。

```
1  def fun1():
2      for _ in range(10):
3          time.sleep(0.1)
4
5  def fun2():
6      for _ in range(10):
7          time.sleep(0.2)
```

运行结果:

```
>>> f1 = run_time(fun1)
>>> f1()
函数fun1的执行时间为1.02秒
>>> f2 = run_time(fun2)
>>> f2()
函数fun2的执行时间为2.028秒
```

装饰器的这两种运行方式实际上是等价的。使用装饰器的优势是完全不必改变任何函数定义或调用的代码逻辑,就能够为函数增加新的功能。

2. 装饰器的运行时机

根据前文分析可知,装饰器的定义和应用过程包括如下几个步骤:定义装饰器、定义被修饰函数、修饰函数、调用修饰之后的函数。这几个步骤在程序运行过程中的顺序是怎样的呢?

将例 4-23 的代码保存为一个脚本文件 run_chance.py,并在终端运行。

【例 4-23】装饰器的运行时机。

```
1  def run_chance(fun):
2      print(f'装饰函数 {fun.__name__}')
3      return fun
4
5  @run_chance
6  def fun1():
7      print('运行函数fun1')
8
9  @run_chance
10 def fun2():
11     print('运行函数fun2')
12
13 if __name__ == '__main__':
14     fun1()
15     fun2()
```

运行结果：

```
$ python run_chance.py
装饰函数 fun1
装饰函数 fun2
运行函数 fun1
运行函数 fun2
```

从输出结果可知，装饰器对函数的修饰不是在函数调用时执行，而是在函数定义时就执行的。

进一步地，在交互环境中运行代码：

```
>>> from run_chance import *
装饰函数 fun1
装饰函数 fun2
```

从输出结果可知，装饰器在导入模块时就被执行了。

3. 装饰器与闭包的关系

大部分情况下，装饰器不会将输出的函数直接返回，而是定义一个内层函数（例 4-21 中的 wrapper），在内层函数中调用了被装饰器修饰的函数。这种情况下，装饰器本质上就是闭包，因为它满足闭包的条件：

- 装饰器外层函数的参数为函数；
- 返回为内层定义的函数；
- 内层函数中引用了外层中的形参变量。

4.6.3 函数装饰器的优化

1. 含参函数的装饰

如果被修饰函数包含参数，例 4-21 中的装饰器 run_time 就无法正确处理。在定义装饰器时，要求内层函数能够处理被修饰函数的参数并正确调用。利用可变参数可以很容易地实现。例 4-24 中对装饰器 run_time 做了改进，使得它能够修饰具有任意形式参数列表的函数。

【例 4-24】含参函数的装饰。

```
1  import time
2
3  def run_time(fun):
4      def wrapper(*args, **kwargs):
5          start = time.time()
6          result = fun(*args, **kwargs)
7          end = time.time()
8          print(f'函数{fun.__name__}的执行时间为{(end-start):.4}秒')
9          return result
10     return wrapper
11
```

```
12  @run_time
13  def fun1():
14      for _ in range(10):
15          time.sleep(0.1)
16
17  @run_time
18  def fun2(t):
19      for _ in range(t):
20          time.sleep(0.1)
```

运行结果：

```
>> fun1()
函数fun1的执行时间为1.036秒
>>> fun2(10)
函数fun2的执行时间为1.032秒
```

2. 被修饰函数的元信息

从装饰器的运行原理可知，经过修饰的函数在调用时其实已经不再是原来的函数，而是装饰器中定义的内层函数。尽管被修饰的函数的功能能够实现，但是函数的元信息已经发生了变化，例如 __name__、__doc__ 等属性。

```
>>> fun1.__name__
'wrapper'
>>> fun2.__name__
'wrapper'
```

为了保留函数的元信息，需要在装饰器定义时手动将被修饰函数重要的元信息保存至内层函数。

【例 4-25】保存函数的元信息。

```
1   import time
2
3   def run_time(fun):
4       def wrapper(*args, **kwargs):
5           start = time.time()
6           result = fun(*args, **kwargs)
7           end = time.time()
8           print(f'函数{fun.__name__}的执行时间为{(end-start):.4}秒')
9           return result
10      wrapper.__name__ = fun.__name__    # 保存被修饰函数的__name__属性
11      wrapper.__doc__ = fun.__doc__      # 保存被修饰函数的__doc__属性
12      return wrapper
13
14  @run_time
15  def fun():
```

```
16      for _ in range(10):
17          time.sleep(0.1)
```

运行结果：

```
>>> fun.__name__
'fun'
```

更便捷的方法是使用 functools 中的装饰器 wraps 来修饰装饰器中的内层函数，它能够复制被修饰函数的相关信息，屏蔽由于使用装饰器而造成的影响。参见例 4-26。

【例 4-26】利用 wraps 保留函数的元信息。

```
1   import time
2   from functools import wraps
3
4   def run_time(fun):
5       @wraps(fun)                  # 使用 wraps 装饰器
6       def wrapper(*args, **kwargs):
7           start = time.time()
8           result = fun(*args, **kwargs)
9           end = time.time()
10          print(f'函数{fun.__name__}的执行时间为{(end-start):.4}秒')
11          return result
12      return wrapper
13
14  @run_time
15  def fun():
16      for _ in range(10):
17          time.sleep(0.1)
18      print('fun')
```

运行结果：

```
>>> fun.__name__
'fun'
```

函数被装饰器修饰之后，如果要再调用原始的函数比较麻烦。不过，如果在定义装饰器时使用了 functools.wraps 装饰器，则可以利用被修饰函数的 __wrapped__ 属性获得原始函数的引用。

```
>>> fun.__wrapped__.__name__
'fun'
>>> fun.__wrapped__()
fun
```

使用 update_wrapper 函数也可以复制被修饰函数的元信息，如例 4-27 第 7 行所示。功能与 functools.wraps 装饰器相似。

【例 4-27】利用 update_wrapper 保留函数元信息。

```
1  from functools import update_wrapper
2
3  def run_time(fun):
4      def wrapper(*args, **kwargs):
5          ... ...
6          return result
7      return update_wrapper(wrapper, fun)   # 使用update_wrapper函数
```

4.6.4 装饰器的叠加*

1. 定义与使用

装饰器的叠加是指同时用多个装饰器来修饰一个函数。例 4-28 中定义了两个装饰器 dec1 和 dec2，以及函数 fun。其中，函数 fun 叠加使用了两个装饰器（第 13、14 行）。

【例 4-28】函数装饰器的叠加。

```
1   def dec1(fun):
2       def wrapper(*args, **kwargs):
3           print('dec1')
4           return fun(*args, **kwargs)
5       return wrapper
6
7   def dec2(fun):
8       def wrapper(*args, **kwargs):
9           print('dec2')
10          return fun(*args, **kwargs)
11      return wrapper
12
13  @dec1
14  @dec2
15  def fun():
16      print('fun')
```

运行结果：

```
>>> fun()
dec1
dec2
fun
```

2. 叠加装饰器的原理

函数叠加使用多个装饰器修饰时，其作用原理与单个装饰器完全相同。只不过外层装饰器的修饰对象并不是函数，而是内层装饰器。例 4-28 中，dec2 为内层装饰器，它修饰函数 fun；dec1 为外层装饰器，它修饰的并不是 fun 而是 dec2，或者更准确地说是经过 dec2 修饰之后的函数。

经过修饰之后的函数 fun 在被调用时，相当于执行了 dec1(dec2(fun))()。这两种方式完全等价，装饰器的优势是不会侵入调用函数的代码，直接调用 fun 即可。

```
>>> def fun():
...     print('fun')
...
>>> dec1(dec2(fun))()
dec1
dec2
fun
```

3. 叠加装饰器的执行顺序

使用装饰器的目的是为函数添加功能或者行为，当叠加多个装饰器时这些功能或行为的执行顺序往往非常重要。

例 4-29 中定义了两个装饰器 dec1 和 dec2，它们分别都在执行被修饰函数的前后添加了相应的功能。函数 fun 叠加使用了装饰器 dec1 和 dec2。

【例 4-29】叠加装饰器的执行顺序。

```
1  from functools import wraps
2
3  def dec1(fun):
4      @wraps(fun)
5      def wrapper(*args, **kwargs):
6          print('dec1 before ...')
7          result = fun(*args, **kwargs)
8          print('dec1 after ...')
9          return result
10     return wrapper
11
12 def dec2(fun):
13     @wraps(fun)
14     def wrapper(*args, **kwargs):
15         print('dec2 before ...')
16         result = fun(*args, **kwargs)
17         print('dec2 after ...')
18         return result
19     return wrapper
20
21 @dec1
22 @dec2
23 def fun():
24     print('完成fun的功能')
```

运行结果：

```
>>> fun()
dec1 before ...
dec2 before ...
```

```
完成fun的功能
dec2 after ...
dec1 after ...
```

从结果可知，被修饰函数调用之前的装饰器代码先执行，执行顺序为先外层后内层；接下来执行被修饰函数；最后执行被修饰函数之后的装饰器代码，执行顺序为先内层后外层。

4.6.5 含参装饰器*

装饰器是一种高阶函数或嵌套函数。函数是可以有参数的，那么装饰器能否有参数呢？答案是肯定的。利用参数化装饰器，能够对装饰器的功能进行定制，实现更加强大的装饰器。

定义带参数的装饰器需要使用一个三层的嵌套函数。最外层的函数称为装饰器工厂函数，内部的两层函数是真正的装饰器定义部分。装饰器工厂函数能够接收参数，并根据参数生成定制的装饰器。

例 4-30 中定义了一个含参装饰器，其中最外层函数 param_dec 为装饰器工厂函数，它根据参数 arg1 和 arg2 生成定制的装饰器。真正的装饰器依旧由内部的两层嵌套函数 dec 和 wrapper 实现。

【例 4-30】含参装饰器的定义与使用。

```
1  def param_dec(arg1, arg2):
2      def dec(fun):
3          def wrapper(*args, **kw):
4              print(f"before actions based on {arg1} and {arg2} ...")
5              result = fun(*args, **kw)
6              print(f"after actions based on {arg1} and {arg2} ...")
7              return result
8          return wrapper
9      return dec
10
11 @param_dec('arg1', 'arg2')
12 def fun():
13     print('完成fun的功能')
```

运行结果：

```
>>> fun()
before actions based on arg1 and arg2 ...
完成fun的功能
after actions based on arg1 and arg2 ...
```

例 4-31 中利用含参数的装饰器改进了例 4-21 中的 run_time 装饰器，使之能够根据参数将函数运行时间的单位显示为秒、毫秒或者微秒。

【例 4-31】改进的函数运行时间装饰器。

```python
1   import time
2   from datetime import datetime
3   from functools import wraps
4
5   def run_time(unit):
6       def dec(fun):
7           @wraps(fun)
8           def wrapper(*args, **kwargs):
9               start = datetime.now()
10              result = fun(*args, **kwargs)
11              end = datetime.now()
12              if unit == 'ms':
13                  time_str = f'{(end-start).total_seconds()*1000:.0f}毫秒'
14              elif unit == 'us':
15                  time_str = f'{(end-start).total_seconds()*10**6:.0f}微秒'
16              else:
17                  time_str = f'{(end-start).total_seconds():.0f}秒'
18              print(f'函数{fun.__name__}的执行时间为{time_str}')
19              return result
20          return wrapper
21      return dec
22
23  @run_time('s')
24  def fun1():
25      for _ in range(10):
26          time.sleep(0.1)
27
28  @run_time('ms')
29  def fun2():
30      for _ in range(10):
31          time.sleep(0.1)
32
33  @run_time('us')
34  def fun3():
35      for _ in range(10):
36          time.sleep(0.1)
```

运行结果：

```
>>> fun1()
函数fun1的执行时间为1秒
>>> fun2()
函数fun2的执行时间为1029毫秒
>>> fun3()
函数fun3的执行时间为1029885微秒
```

4.6.6 函数装饰器应用实例*

本小节给出一个有用的装饰器实例，利用装饰器及函数参数的类型注解来实现类型检查。例 4-32 中使用了 inspect 模块的 signature 函数来获取函数的签名。assert 是断言语句，当条件不满足时抛出错误并显示错误信息（参见第 7.2 节）。本例中，当函数实参类型与形参注解类型不一致时抛出错误，并显示相应的错误信息。

【例 4-32】利用装饰器实现类型检查。

```
1  from inspect import signature
2  from functools import wraps
3
4  def type_check(fun):
5      @wraps(fun)
6      def wrapper(*args, **kwargs):
7          sig = signature(fun)                      # 获取函数的签名
8          param_dict = sig.parameters               # {参数：类型}字典
9          param_list = list(param_dict.values())
10         for i, arg in enumerate(args):            # 检查位置参数
11             assert type(arg) is param_list[i].annotation,\
12                 f'第{i+1}个参数的类型必须为{param_list[i].annotation}'
13         for arg, value in kwargs.items():         # 检查关键字参数
14             assert type(value) is param_dict[arg].annotation, \
15                 f'参数{arg}的类型必须为{param_dict[arg].annotation}'
16         return fun(*args, **kwargs)
17     return wrapper
18
19 @type_check
20 def fun(x: int, y: float):
21     pass
```

运行结果：

```
>>> fun(1, 2)
Traceback (most recent call last):
  File "<stdin>", line 1, in <module>
  File "<stdin>", line 9, in wrapper
AssertionError: 第2个参数的类型必须为<class 'float'>
>>> fun(1.0, 2)
Traceback (most recent call last):
  File "<stdin>", line 1, in <module>
  File "<stdin>", line 9, in wrapper
AssertionError: 第1个参数的类型必须为<class 'int'>
>>> fun(1, y=2)
Traceback (most recent call last):
  File "<stdin>", line 1, in <module>
  File "<stdin>", line 12, in wrapper
```

```
AssertionError: 参数y的类型必须为<class 'float'>
>>> fun(1, 2.0)
```

4.6.7 重要的 Python 内置装饰器*

Python 内置了一些非常有用的装饰器，其中 functools.wraps 已经介绍过。本部分介绍另外两个有用的装饰器 functools.lru_cache 和 functools.singledispatch。

1. lru_cache

lru_cache 装饰器的作用是将被修饰函数的运行结果缓存起来，后续调用的时候如果函数参数与已缓存结果的参数相同，则不再执行函数而直接将缓存的结果返回。当一个函数的执行时间较长，而且可能重复使用相同的实参调用时，可以考虑使用 lru_cache 装饰器。

例 4-33 中函数 fun 的功能是计算输入参数的平方，并且使用了 lru_cache 装饰器来缓存运算结果。

【例 4-33】lru_cache 装饰器的使用。

```
1  from functools import lru_cache
2
3  @lru_cache
4  def fun(i):
5      print(f'计算 {i} 的平方')
6      return i**2
```

运行结果：

```
>>> for _ in range(3):
...     print(fun(1))
...
计算 1 的平方
1
1
1
```

从结果可知，当多次调用 fun(1) 时，函数实际上只有第一次调用时被执行了。后续调用由于参数没有变化，返回的是由 lru_cache 缓存的计算结果。

lru_cache 是一个带参装饰器，它有两个参数 maxsize 和 typed。maxsize 用于指定缓存的大小，即能够缓存的运算结果的最大数量。Python 3.8 中为可选参数，默认值为 128。当缓存结果达到最大数量之后，lru_cache 装饰器使用 LRU（Least Recently Used）算法来管理缓存。typed 是一个布尔参数，当值为 True 时，缓存结果会考虑参数的数据类型，默认取值为 False。

需要注意的是，lru_cache 的缓存是利用字典来实现的。字典的键是基于被修饰函数的参数来构建的，因此要求被修饰函数的参数必须是可哈希的（hashable），或者是不可变类型。下例中当 average 的参数为列表时，使用该装饰器会抛出 list 类型不可哈希的错误。

```
1  from functools import lru_cache
2  @lru_cache(10)
3  def average(values):
4      n = len(values)
5      return sum(values)/n
```

运行结果:

```
>>> average((1, 2, 3))
2.0
>>> average([1, 2, 3])
Traceback (most recent call last):
  File "<stdin>", line 1, in <module>
TypeError: unhashable type: 'list'
```

2. singledispatch

singledispatch 称为单分派装饰器或单分派泛函数，用于实现类似 C++ 或 Java 等语言中函数重载的功能。singledispatch 将被修饰函数转变成一个名为 xxx.register 的装饰器（xxx 为被修饰函数的名字），它与使用 xxx.register 修饰的一组函数被绑定在一起，组成了一个泛函数（generic function）。当泛函数被调用的时候，解释器会根据参数的类型确定实际被调用的函数。由于被 xxx.register 修饰的函数名字是无关紧要的，因此常使用 _ 来替代。

例 4-34 中使用 singledispatch 实现了一组能够对不同类型的数据求均值的泛函数。

【例 4-34】单分派泛函数的使用。

```
1   from functools import singledispatch
2
3   @singledispatch
4   def average(data):
5       n = len(data)
6       return sum(data)/n
7
8   @average.register(dict)      # 参数为字典时
9   def _(data):
10      data = data.values()
11      n = len(data)
12      return sum(data)/n
13
14  @average.register(str)       # 参数为字符串时
15  def _(data):
16      data = [float(i) for i in data.split(',')]
17      n = len(data)
18      return sum(data)/n
```

运行结果:

```
>>> average([1, 2, 3])
2.0
>>> average({'a': 1, 'b': 2, 'c': 3})
2.0
>>> average('1, 2, 3')
2.0
```

使用 singledispatch 能够在不修改函数代码的情况下，通过向泛函数中添加新的实现函数来扩展同名函数的功能。

4.7 常用函数编程工具*

本节介绍 Python 标准库中内置的一些强大的函数编程工具，以及相关的两个模块 operator 和 itertools 中的常用函数。

4.7.1 常用工具函数

- functools.partial。
  functools.partial 也称为偏函数，其作用是固定一个函数的部分参数值，返回一个以其余参数为形参的可调用对象①。下例中的函数 fun 是以 a、b、c 为参数的一元二次函数 $ax^2 + bx + c$。利用 partial 将参数 a、b、c 固定为 1、2、3，返回的 f 表示 $x^2 + 2x + 3$。

  ```
  >>> from functools import partial
  >>> def fun(a, b, c, x):
  ...     return a*x**2 + b*x +c
  ...
  >>> f = partial(fun, 1, 2, 3)
  >>> f(5)
  38
  ```

- map 与 filter。
  map 函数的作用是将一个函数作用于可迭代对象中的每一个元素之上，返回由运算结果构成的新的可迭代对象。

  ```
  >>> lst = [1, 4, 2, 8, 5, 7]
  >>> lst_square = map(lambda x: x**2, lst)
  >>> list(lst_square)
  [1, 16, 4, 64, 25, 49]
  ```

  filter 的作用是对可迭代对象的元素进行过滤。它与 map 的使用方法非常相似，区别在于作用于可迭代对象的函数返回一个布尔值，filter 返回由布尔值为 True 的元素构成的新的可迭代对象。

---

① 可调用对象是能够像函数一样调用的对象，参见第 6.1.6 节

```
>>> lst = [1, 4, 2, 8, 5, 7]
>>> lst_f = filter(lambda x: x%2==0, lst)
>>> list(lst_f)
[4, 2, 8]
```

map 与 filter 的功能可以被各种推导式所替代。

- functools.reduce。

  functools.reduce 的作用也是将一个函数 fun 作用于一个可迭代对象之上。不过要求函数 fun 必须接受两个参数，并返回一个值。它首先接受可迭代对象的前两个元素 A 和 B，并计算 fun(A, B)，然后处理第三个元素 C，计算 fun(fun(A, B), C)，以此类推直至将可迭代对象中的元素处理完毕。functools.reduce 返回最后一次 fun 的执行结果。下面使用 functools.reduce 实现了列表元素相乘的功能。

```
>>> from functools import reduce
>>> lst = [1, 4, 2, 8, 5, 7]
>>> reduce(lambda r, e: r * e, lst)
2240
```

- any 与 all。

  any 与 all 的作用都是检查一个可迭代对象的逻辑值，并返回 True 或 False。any 在可迭代对象中的任意元素的逻辑值为真时返回 True，而 all 则在所有元素的逻辑值都为真时返回 True。

```
>>> lst = [1, 4, 2, 8, 5, 7, 0]
>>> any(lst)
True
>>> all(lst)
False
```

4.7.2 operator 模块

operator 模块中包含了一系列对应于 Python 运算符的函数。在函数式风格的代码中非常有用，能够避免编写一些仅仅执行一条简单运算的函数。operator 模块中的常用函数包括：

- 数学运算：add，sub，mul，truediv，floordiv。
- 逻辑运算：not_，truth。
- 比较运算：eq，ne，lt，le，gt，ge。
- 对象确认：is_，is_not。

4.7.3 itertools 模块

itertools 模块中包含了一系列基于已有可迭代对象来组合生成新的可迭代对象的函数。常用的函数如表 4-2 所示。

表 4-2　itertools 模块中的常用函数

函　　数	功能描述
count(start,step)	创建从 start 开始，步长为 step 的可迭代对象
cycle(iter)	创建将可迭代对象 iter 重复无限次的可迭代对象
repeat(elem, [n])	将元素 elem 重复 n 次创建可迭代对象
chain(iterA, iterB, ...)	拼接多个可迭代对象生成新的可迭代对象
islice(iter,[start],stop,[step])	截取 iter 的部分元素构成新的可迭代对象
tee(iter, [n])	将可迭代对象 iter 复制 n 次，n 默认值为 2
starmap(func, iter)	iter 为以元组为元素的可迭代对象，starmap 以 iter 的元素作为函数 func 的参数，返回 func 的执行结果构成的可迭代对象
filterfalse(predicate, iter)	与 filter 函数相反，返回所有让 predicate 返回 False 的元素
takewhile(predicate, iter)	返回一直让 predicate 返回 True 的元素，一旦 predicate 返回 False 就终止迭代
dropwhile(predicate, iter)	与 takewhile 相反，当 predicate 返回 True 的时候丢弃元素，返回可迭代对象的其余元素
compress(data, selectors)	返回 data 中 selectors 为 True 的元素
groupby(iter,key_func=None)	根据 key_func 对 iter 中元素的处理结果为 key，对 iter 中的元素进行分组

4.8　小　　结

函数在 Python 中是一种具有特殊地位的数据类型。一方面，它的定义和使用非常灵活，特别是丰富的参数类型能够满足各种调用方式的需求；另一方面，Python 函数具有一等对象特征，这就使得 Python 能够通过简单的方式实现函数装饰器等功能，并且能够吸纳很多函数式编程的优点。本章详细介绍了函数的定义和使用，以期读者能够熟练使用函数，并对 Python 函数编程有较为深入的认识。

4.9　思考与练习

1. 如何定义一个空函数？
2. 函数的实参和形参是什么？
3. 位置参数和关键字参数有什么区别？如何实现强制位置参数和强制关键字参数？
4. 试定义一个参数数量不定的函数，其功能是统计输入参数的数量。
*5. 函数的类型注解有什么作用？Python 的类型注解是否具有强制性？
6. 什么是一等对象？为什么说 Python 函数是一等对象？
*7. 什么是闭包？闭包中的自由变量与普通变量有什么区别？
*8. nonlocal 声明的变量和 global 声明的变量有什么区别？
9. 函数装饰器与函数的一等对象特征有什么关系？
*10. 叠加装饰器是如何执行的？

第 5 章 面向对象编程基础

面向对象编程是一种重要的编程范式，对计算机编程技术、软件工程的发展带来了深远的影响。它是计算机编程技术和人类对现实世理解和抽象相结合的产物。在 Python 中，可以使用面向过程的方法编程，也可以使用面向对象的方法编程，两种方法并存的情况也很常见。本章介绍面向对象编程的基础知识，包括面向对象的概念、类的定义和使用、类的继承等内容。

5.1 面向对象的概念与特征

本节介绍面向对象编程的概念和核心思想，以及所谓的封装性、继承性和多态性三大特征。

5.1.1 面向对象的概念

面向过程编程将程序看作一系列指令和函数的集合，根据一定的流程控制顺序来执行程序指令。相比较而言，在面向对象的编程中，对象是程序的基本单元，程序由各种既有独立性又相互调用的对象构成。每个对象能够接收数据、处理数据，并将处理结果通过调用的形式传递给其他对象。对象本质上是数据及其处理方法的封装。数据和方法被作为一个整体来看待，具有高度的灵活性、可重用性和可维护性，是大型软件项目开发的一个强有力的工具。

从问题解构的角度来看，面向对象编程是对现实世界的模拟。现实世界由多种多样的个体构成，例如一个城市的交通系统由很多的行人、车辆、信号灯等构成。每个行人、每辆车、每个信号灯的个体都可以被看作对象。每个对象都具有自己的属性数据，例如信号灯的三种颜色、汽车的油量等。每个对象还能够做出各种行为，例如信号灯的状态变化、汽车的启动加速等。这些对象之间还会发生相互作用，例如当信号灯为绿色状态时，汽车才能往前走。所有这些对象根据一定的规则相互作用，形成了一个大的交通系统。在利用面向对象的方法设计程序时，也需要把软件系统解构为一个个相互作用的对象,进而实现系统的功能。

从程序设计的角度来看,对象其实是一些"变量"和一些"函数"的组合体。这些变量和函数是相关的,它们通常是为了实现特定的程序功能不可或缺的组成部分。一般情况下我们不会把完全不相干的"变量"和"函数"放进一个对象之中,因为这样做是没有意义的。在面向对象编程中,把这些"变量"和"函数"统称为类的成员。为了与普通的变量和函数相区别,本书分别将类中定义的变量和函数称为**属性**和**方法**。属性和方法统称为类的**成员**。

面向对象编程的优点在于:
- 模块化程度高。能够从更加抽象的层次去解构问题、分解任务。
- 便于代码重用。通过继承能够方便地复用已有代码中实现的功能。
- 封装性良好。属性被封装到对象之中,对象在被调用时其内部实现过程对于调用者来说是透明的。有利于程序员将注意力放在问题解决之上,而不是功能的实现细节之上。
- 灵活性强。在一定条件下,不同类型的对象能够相互替代,或者说对象能够以不同的身份参与到不同的功能调用过程之中,为实现复杂软件及高度可维护性提供了极大的便利。

上述优点的后三种就是面向对象的三大重要特征:继承性、封装性和多态性。

第一个具有面向对象特征的编程语言是 Simula。另一个著名的语言 Smalltalk 是早期的一个完全面向对象的编程语言。面向对象的思想影响了一大批编程语言,例如,C++ 和 Objective-C 都是在 C 语言的基础之上添加了面向对象的支持而诞生的新语言,Object Pascal 则是在 Pascal 的基础之上添加了面向对象的支持。当前流行的所有计算机语言几乎都支持面向对象编程。

5.1.2 类与对象

面向对象编程中的一个重要的概念是抽象。所谓抽象,是指从一类事物中归纳、提取出它们共同的、本质的特征,忽略与所关注目标无关的、非本质的特征,最终形成一个能够用于描述这类事物的概念。例如,在交通系统中可以将汽车看作一类事物,在抽象过程中汽车的品牌会被忽略掉,因为它与任务的目标是无关的,是交通系统中汽车这一事物的一个非本质特征。

在面向对象编程中,将从一类事物中抽象出的概念称为**类**。它定义了一类事物共有的数据形式及对数据的操作方法。**对象**是类的实例,是具体的事物。类具有普遍性、抽象性,对象则是个性化、具体的。

在编程中,首先需要解构问题,将一类事物共有的属性和方法抽象出来定义为类。类中通常仅定义了属性声明,并没有具体的取值,因而无法直接被调用以实现其功能。类需要被实例化为对象,通过对象的调用来实现类中定义的功能。

例如,在交通系统中,信号灯是一个概念。这个概念中定义了信号的数量、颜色、状态转换方法。如果没有购买到一台信号灯的实物并将其安装在路口,那么不论概念描述得多么清晰也无法实现控制交通的功能。类不能直接被调用,就像不能画饼充饥一样。因此,也可以认为类是对象的蓝图，对象是蓝图的实现。一份蓝图可以实现多次，一个类同样也可以多次**实例化**得到多个对象。

Python 中的数据类型都是类，例如 int、float、list 等。它们都是抽象的概念，定义了一类数据类型共有的特征和操作方法，但是它们本身并不能被调用。例如，不能直接对 int 进行加、减、乘、除等运算。只有将其实例化得到具体的数值之后才能够进行运算。赋值语句 x=3 实际上就是实例化了一个 int 类型的对象，它有具体的取值能够参与运算。

下面的伪代码描述了一个包含两个属性和一个方法的汽车类：

```
类  汽车：
    属性  车长；
    属性  车宽；
    方法  行驶（速度）；
```

汽车类是抽象的，它没有具体的长、宽属性值，也不能行驶起来。经过实例化后就得到了一个对象，该对象具有长、宽属性，并能够通过方法调用行驶起来：

```
大黄峰是一辆汽车                    # 实例化
大黄峰的宽1.9米，长4.2米            # 属性赋值
大黄峰.行驶（速度200）              # 方法调用
```

5.1.3　封装性

封装（encapsulation）是面向对象的重要特性之一，它有三方面的含义。

首先，完成一类对象功能所需的数据及对数据的操作方法被打包为一个整体。汽车这个类中定义了我们关心的两个属性和一个方法，方法可以访问或修改属性值，它们作为一个整体来实现汽车的功能。

其次，对外隐藏不必要的细节。在使用实例化之后的对象时，通过消息传递机制来调用方法，不必关心具体的内部实现。在面向过程编程中，要行驶一辆车可能需要以下步骤：

```
定义大黄峰
大黄峰启动
大黄峰踩离合
大黄峰换档
大黄峰加油
... ...
```

在面向对象编程中，这些过程其实也是有的。不过它们定义在类的方法之中，仅需要调用相应方法即可。

```
大黄峰是一辆汽车
大黄峰.行驶（速度200）
```

最后，类成员的访问具有一定的权力限制。只有对外公开的成员才能在外部被访问或调用，此类成员称为公有成员；不能被外部访问的成员称为私有成员。例如，如果不希望汽车里的油量被随意获知，就可以把油量这个属性定义为私有的属性，只能被汽车类内部的方法使用。

5.1.4 继承性

继承（inheritance）是一种创建新类的方法，能够有效地实现代码重用。它通过对原有的类进行修改或扩充来创建新的类，原有的类称为**基类**（base class）或父类，通过继承得到的新类称为**派生类**（derived class）或子类。

派生类会自动拥有父类中定义的属性和方法，正是这种机制使得面向对象编程能够方便地实现代码重用。派生类中可以添加新的属性和方法，也可以重新定义基类中的属性和方法，这种情况下父类中的属性和方法会被**重写**。

上文中定义了一个汽车类，该类中定义了所有的汽车实例通用的属性和方法。但是，不同类型的汽车是有差异的。例如，客车要有上下客方法和最大载客量属性，货车要有装卸货物方法和最大载重量属性。可以通过在汽车类中添加需要的属性来满足要求；也可以分别定义不同的客车类和货车类。第一种方法会产生冗余属性，为调用者带来困扰；第二种方法则需要重复定义汽车对象共同的属性或功能，也会产生不必要的冗余代码。

利用面向对象编程的继承特性可以很好地解决这个问题。令客车类和货车类继承自汽车类，这样它们自然就拥有了汽车的通用属性或功能。然后，再分别添加自身所需的变量和方法即可。

```
类 客车 继承自 汽车：
    属性 最大载客量；
    方法 上下客（客人数量）；

类 货车 继承自 汽车：
    属性 最大载重量；
    方法 装卸货物（货物数量）；
```

这里，汽车类为基类或者父类，客车类和货车类为派生类或子类。

5.1.5 多态性

从一定程度上来说，面向对象编程中的多态（polymorphism）其实是继承机制的副产品。

一方面，派生类对象由于具有父类对象的所有功能，因而可以作为父类对象使用。例如，汽车类的对象能够行驶在机动车道上，客车类是汽车类的子类，其对象也能够行驶在机动车道上。类似地，货车类对象自然也能够在机动车道上行驶。或者说，即便不能确定一个对象的类型是货车和客车中的哪一种，只要它是汽车，我们就够确定它具有在机动车道上行驶的资格。

另一方面，在被调用时每个对象可能以不同的方式做出响应。例如，跑车的行驶与普通汽车有着显著的差异，因此跑车类需要重新定义行驶方法：

```
类 跑车 继承自 汽车：
    方法 行驶（速度）；
```

当使用相同的方法名行驶来调用汽车类对象和跑车类对象时，虽然下达的是相同的指令，但它们会调用各自的方法做出不同的响应。

关于多态有几点注意事项：
- 子类对象不会因为被当作父类对象使用就变成了父类对象。客车虽然可以被当作汽车来使用，但是它本质上是客车，不会变成一般的汽车。
- 子类对象被作为父类对象使用时，只能调用父类的属性或方法。当客车对象被作为汽车使用时，由于不确定其类型，它可能是货车也可能是跑车，因而不能访问最大载客量属性或调用上下客方法。
- 当子类重写父类方法时，即使子类对象被当作父类对象使用，调用的也是子类的方法。例如，一辆跑车对象不论被看作汽车还是跑车，当行驶时被调用的只能是跑车的行驶方法。

这几点注意事项虽然从现实事物的角度来看不存在特殊之处或令人迷惑之处，但在计算机的抽象世界中如果不留意就有可能会为编程带来困扰。

5.2 类的定义与实例化

本节介绍 Python 类定义与实例化的基本方法，包括方法与属性的基本定义方式、实例化的过程，以及几个重要的特殊方法的功能与应用。

5.2.1 类的定义

1. 类

Python 中定义类的语法为：

```
class 类名：
    """文档字符串"""
    类体
```

其中，类名必须为合法的标识符。根据 PEP8 规范，自定义类名的首字母应当大写。类体中可以包括文档字符串、属性定义、方法定义等，也可以是任何合法的 Python 代码片段。需要注意的是，尽量不要在类名、属性名、方法名中包含非 ASCII 字符。

例 5-1 实现了前文中的汽车类，并将类重新命名为 Auto。Auto 中包含了文档字符串、两个属性 width 和 length，以及方法 run。

【例 5-1】类的定义。

```
1  class Auto:
2      """
```

```
3      汽车类
4      """
5      width = 0
6      length = 0
7      def run(self, speed):
8          print(f"以速度{speed}行驶！")
```

2. 方法

Python 中类的方法的定义语法为：

```
def 方法名(self，参数1，参数2，...):
    """文档字符串"""
    方法体
```

方法定义与函数定义相似，区别在于方法的形参列表中包含了一个额外的参数 self。在调用方法时必须将其忽略，因为该参数的实参由 Python 解释器自动传入。方法由实例化创建的对象调用，self 可以粗略地认为就是指对象自身。在方法体中可以通过 self 来访问其他属性或方法。下面改进例 5-1 中的方法 run 以显示更详细的信息：

```
1  class Auto:
2      width = 0
3      length = 0
4      def run(self, speed):
5          print(f"本车长{self.width}，宽{self.length}，以速度{speed}行驶！")
```

需要注意的是，方法的 self 参数的名字可以是任意合法标识符。但这种命名方式已经形成了共识，建议不要改变以免引起不必要的歧义。

5.2.2 类的实例化

1. 实例化

通过调用类名即可对类实例化，创建一个新的对象。从语法形式上来看实例化就是调用类名的同名函数，该函数返回类的一个对象。下面对 Auto 类实例化创建对象 auto，并使用"."运算符来访问它的属性和方法。

```
>>> auto = Auto()              # 实例化得到对象 auto
>>> auto.width = 1.5           # 访问属性 width
>>> auto.length = 3.3          # 访问属性 length
>>> auto.run(80)               # 调用方法 run
本车长1.5，宽3.3，以速度80行驶！
```

2. 实例化的过程

在调用类名实例化一个对象的时候发生了什么呢？虽然表面看来是调用了一个与类名相同的函数，但实际的过程要稍复杂一些。实例化的过程中确实调用了函数，但其实并不存在与类名相同的函数。完成类实例化是由两个特殊方法__new__和__init__实现的，它们的作用分别是创建对象和初始化对象。

在实例化过程中，首先调用__new__方法创建一个新的实例，然后调用__init__来初始化该实例。如果类中没有定义__new__或__init__方法,则会调用父类的__new__或__init__方法。默认情况下，Python 3 中的自定义类都是 object 的子类。

__new__方法是一个类方法（参见 5.4 节）。与一般的方法不同，它的第一个参数为 cls，表示类自身。__new__方法会根据 cls 参数传入的类创建对象（由 object.__new__(cls) 语句实现）。cls 与普通方法中的 self 相似，也是一个特殊参数。不同之处在于方法调用时 Python 解释器会将类本身（即示例中的 Test）作为实参传入。cls 参数名也可以任意，但同样不建议改变它。

例 5-2 中的类 Test 显式定义了__init__方法和__new__方法。这两个方法中都利用 id 函数返回对象的唯一标识（内存地址）。

【例 5-2】对象实例化过程。

```
1  class Test:
2      def __init__(self):
3          print(f'{id(self)} in __init__')
4  
5      def __new__(cls):
6          o = object.__new__(cls)
7          print(f'{id(o)} in __new__')
8          return o
```

运行结果：

```
>>> obj = Test()
4516527744 in __new__
4516527744 in __init__
```

从实例化过程中的输出结果可看出，__new__方法先被调用，__init__后被调用，并且__new__中创建的对象与__init__中的 self 对象是同一个对象。也就是说解释器先调用__new__创建新实例，然后再调用__init__来初始化该实例。

对象实例化过程中往往会根据对象创建时的参数进行初始化。例 5-3 中重新定义了例 5-2 中的两个特殊函数，为它们添加了参数。

【例 5-3】实例化过程中的参数传递。

```
1  class Test:
2      def __init__(self, *args, **kwargs):
3          print(f'{args} in __init__')
4          print(f'{kwargs} in __init__')
5  
6      def __new__(cls, *args, **kwargs):
7          o = object.__new__(cls)
8          print(f'{args} in __new__')
9          print(f'{kwargs} in __new__')
10         return o
```

运行结果：

```
>>> obj = Test(1, x=2)
(1,) in __new__
{'x': 2} in __new__
(1,) in __init__
{'x': 2} in __init__
```

从输出结果可知，在实例化对象时，__new__和__init__被传入了相同的参数。一般情况下，类中不用定义__new__方法，只需定义__init__方法用于初始化实例属性即可。__new__方法只有在需要控制实例的创建过程时才使用。总的来看，这两个方法共同承担着其他面向对象编程语言（如 Java、C++）中的构造函数的作用。

一般情况下类的定义和使用形式如例 5-4 所示。

【例 5-4】定义类的一般形式。

```
1  class Auto:
2      def __init__(self, width, length):
3          self.width = width
4          self.length = length
5      def run(self, speed):
6          print(f"本车长{self.width}，宽{self.length}，以速度{speed}行驶！")
```

运行结果：

```
>>> auto = Auto(1.5, 3.3)
>>> auto.run(80)
本车长1.5，宽3.3，以速度80行驶！
```

3. 对象的销毁＊

代码执行过程中每创建一个对象都会为之分配内存空间，使用完毕后就会销毁对象回收空间。Python 语言中对象的销毁主要是通过垃圾回收机制进行的。

Python 的垃圾回收机制是基于引用计数实现的。每个对象中都包含一个计数器变量，它记录着对象当前的被引用次数。当引用次数为 0 时，该对象就会被销毁并回收占用的内存空间。当对象被创建、被引用、作为函数实参或者作为容器元素时，其引用计数会增加；当对象变量被删除、重新赋值，或者从容器中被删除时，引用计数会减小。sys 模块中的 getrefcount 可用于获取对象的引用计数。

下面的例子中定义了一个字符串 s，这时候它的引用计数就为 1。当它作为参数传递给 getrefcount 函数时，引用计数增加至 2。当另一个变量 s1 引用它时，其引用计数再次增加。删除 s1 之后，它的引用计数就会减少。

```
>>> from sys import getrefcount
>>> s = 'Hello Python'
>>> getrefcount(s)
2
>>> s1 = s
```

```
>>> getrefcount(s)
3
>>> del s1
>>> getrefcount(s)
2
```

当使用 del 函数删除一个对象时，会调用它的__del__方法。因此，可以通过重新定义__del__方法来定制对象的销毁过程，或者做一些额外的清理工作。例 5-5 中的类 TestDel 定义了__del__方法，用于在删除对象时输出一些简单的信息。不过 Python 中每个对象都有自己的__del__方法，一般情况下不需要在类中定义。

【例 5-5】对象的销毁。

```
1  class TestDel:
2      def __del__(self):
3          print(f'{self}对象被销毁')
```

运行结果：

```
>>> td = TestDel()
>>> del td       # 删除对象
<__main__.TestDel object at 0x7f83d0292610>对象被销毁
```

除了引用计数，垃圾收集机制还用"对象池"技术来保存使用频率较高的对象，以避免频繁申请和销毁内存空间。另外，还使用了"标记-清除"（mark and sweep）方法解决循环引用问题。更多 Python 垃圾收集机制的内容请参考官方文档[①]。

5.2.3 成员的隐藏

隐藏是面向对象编程的封装性特征的表现形式之一。在有的编程语言中，利用特殊的关键字，如 private、public 等来实现类成员的访问权限控制。只有公开的成员才能在外部被访问或调用，私有的成员只能被类内部的代码访问。Python 中使用成员隐藏来实现类似的功能。

Python 中，所有名称以"__"（双下画线）开头的属性和方法为隐藏成员，只能在类内部使用，不能通对象来访问。

【例 5-6】类成员的隐藏。

```
1  class TestHidden:
2      def __init__(self):
3          self.__hidden = 1
4      def out(self):
5          print(f'the hidden value is {self.__hidden}')
6      def __hidden_value(self):
7          return self.__hidden
```

运行结果：

---

① https://docs.python.org/3/library/gc.html

```
>>> th = TestHidden()
>>> th.out()
the hidden value is 1
>>> th.__hidden                          # 试图访问隐藏属性
Traceback (most recent call last):
  File "<stdin>", line 1, in <module>
AttributeError: 'TestHidden' object has no attribute '__hidden'
>>> th.__hidden_value()                  # 试图访问隐藏方法
Traceback (most recent call last):
  File "<stdin>", line 1, in <module>
AttributeError: 'TestHidden' object has no attribute '__hidden_value'
```

例 5-6 中的类 TestHidden 定义了隐藏属性 __hidden 和隐藏方法 __hidden_value()，实例化之后得到对象 th。无法通过 th.__hidden 或 th.__hidden_value() 调用，它们只能在类内部被访问。

隐藏成员虽然具有隐蔽性，但从本质上来说，Python 其实没有绝对的"私有"属性。名称以"__"开头的成员不能被访问的原因在于 Python 解释器在实例化对象的时候将它们重新命名，在名称前添加了"_类名"。以例 5-6 中的属性 __hidden 为例，实例化之后它被重命名为 _TestHidden__hidden，因此隐藏属性和隐藏方法可以通过下面的方式访问：

```
>>> th._TestHidden__hidden
1
>>> th._TestHidden__hidden_value()
1
```

有的 Python 开发者反对使用以"__"开头来命名隐藏成员。因为 Python 内置的特殊属性和特殊方法都是以"__"开头和结尾的，但它们并不是隐藏的，因而容易产生混淆。正因为如此，Python 的隐藏还有一种非正式的约定，凡是以"_"（单下画线）开头的属性或方法具有隐藏意义，不建议在类外部调用。不过 Python 语法中并无这样的规则，这只是一种建议性质的编程经验。

5.2.4 类命名空间*

Python 利用命名空间来管理上下文中的对象。命名空间一共有 4 种类型：
- 内建命名空间：Python 解释器启动时创建的命名空间。
- 全局命名空间：加载模块时创建的命名空间。
- 闭包命名空间：定义闭包时创建的命名空间。
- 局部命名空间：定义函数或类时创建的命名空间。

当代码试图做出访问变量、调用函数、创建或使用对象等操作时，Python 解释器会根据指令中的标识符，在当前能够访问到的命名空间中去查找。如果查找到就会运行指令，如果找不到就会抛出运行异常。例如，直接访问一个不存在的变量会出现变量未定义的错误：

```
>>> x
Traceback (most recent call last):
```

```
  File "<stdin>", line 1, in <module>
NameError: name 'x' is not defined
```

命名空间是用字典来实现的，使用 globals 函数可返回当前能够访问到的全局命名空间，locals 函数返回当前的局部命名空间。例如，在交互式环境中运行 globals() 函数，会显示出当前上下文中所有能够被访问的属性和方法构成的字典：

```
>>> type(globals())
<class 'dict'>
>>> globals()
{'__name__': '__main__', '__doc__': None, '__package__': None, '__loader__':
            <class '_frozen_importlib.BuiltinImporter'>, '__spec__':
            None, '__annotations__': {}, '__builtins__': <module '
            builtins' (built-in)>}
```

Python 面向对象本质上与其他语言中的面向对象不同，它只是一种"语法糖"。类内部的代码与类外部的代码其实并没有本质的差异，最主要的区别在于类中代码位于独立的命名空间之中，称为类命名空间。每个类都有自己的命名空间。类中定义的变量、方法等都包含在类的命名空间之中。类的命名空间与其他的命名空间没有什么不同，因此可以在类体中包含任意合法的 Python 语句。例 5-7 中的 print 函数并没有定义在某个方法之中，它会在定义类的代码被执行时运行，输出类中的局部上下文空间。

【例 5-7】类命名空间。

```
1  class TestNamespace:
2      value_test = 1
3      def method_test(self):
4          pass
5      print(locals())
```

运行结果：

```
{'__module__': '__main__', '__qualname__': 'TestNamespace', 'value_test': 1,
            'method_test': <function TestNamespace.method_test at
            0x10b23c488>}
```

5.3 进一步了解属性

本节对类的属性做更进一步的分析，介绍类属性与实例属性的区别，以及 property 装饰器的功能和使用方法。

5.3.1 类属性与实例属性

定义在类命名空间中的属性称为**类属性**或静态属性；定义在 self 对象中的属性称为**实例属性**。类的所有对象共享相同的类属性，而实例属性则是每个对象自有的。例 5-1 中的 width 和 length 就是类属性，例 5-4 中的 width 和 length 是实例属性。

例 5-8 中定义了两个类 Test1 和 Test2。Test1 中定义的属性 x 是类属性，t11 和 t12 共享 x；Test2 中的属性 x 是实例属性，t21 和 t22 有着各自不同的属性 x。

【例 5-8】类属性与实例属性。

```
1  class Test1:
2      x = [0]
3
4  class Test2:
5      def __init__(self):
6          self.x = [0]
```

运行结果：

```
>>> t11 = Test1()
>>> t12 = Test1()
>>> t11.x[0] = 1
>>> print(t11.x, t12.x)
[1] [1]
>>>
>>> t21 = Test2()
>>> t22 = Test2()
>>> t21.x[0] = 1
>>> print(t21.x, t22.x)
[1] [0]
```

造成上述程序运行结果的原因在于，类属性对于对象来说类似于全局变量，当试图修改类属性的值时相当于重新定义局部变量，它会覆盖掉类命名空间中的同名变量。例 5-8 将 x 定义为列表而不是数值类型，因为使用数值类型在这种情况下不能观察到类属性和实例属性的差异。

5.3.2 property 装饰器

类属性的访问可以通过直接或间接 2 种方式。直接访问就是直接把属性暴露出去，实例化之后通过对象直接访问属性。间接访问就是将属性隐藏起来，利用公开的方法对属性进行操作。第一种方法操作简单，但是无法对属性取值进行检查；第二种方法能够在方法中检查属性的取值，但是使用时需要调用方法，稍显烦琐。

【例 5-9】属性的访问方式。

```
1  # 直接方式
2  class Moto1:
3      def __init__(self):
4          self.oil = 0
5
6  # 间接方式
7  class Moto2:
8      def __init__(self):
```

```
 9          self.__oil = 0
10
11      def get_oil(self):
12          return self.__oil
13
14      def set_oil(self, oil):
15          self.__oil = oil
```

Python 标准库中提供了一个特殊的装饰器 property，用于将方法转换为属性的形式来使用，从而使得属性访问在使用简洁的同时能够对其取值进行检查。例 5-10 中的方法 oil 被 property 修饰之后，在对象中可以像访问属性一样来调用它。

【例 5-10】property 装饰器。

```
1  class Moto:
2      def __init__(self):
3          self.__oil = 0
4
5      @property
6      def oil(self):
7          return self.__oil
```

运行结果：

```
>>> moto = Moto()
>>> moto.oil
0
```

默认情况下 property 装饰器仅能以只读的方式访问属性，但是被 property 修饰之后在类中会生成一个与方法同名的对象。该对象中包含了一个装饰器，用于修饰多个同名函数来实现更新属性值、删除属性等功能。

例 5-11 中，方法 oil 被 property 修饰之后，类 Moto 中就生成了一个对象 oil，它包含了装饰器 setter、deleter 等，分别用于修饰更新和删除真正的属性__oil 的方法。这样，就能够在方法中对修改和删除属性的操作加以控制，使得 oil 从表面上看起来就是一个可读写的属性。

【例 5-11】属性的读写操作。

```
1  class Moto:
2      def __init__(self):
3          self.__oil = 0
4
5      @property
6      def oil(self):
7          return self.__oil
8
9      @oil.setter
```

```
10      def oil(self, oil):
11          self.__oil = oil
12
13      @oil.deleter
14      def oil(self):
15          del self.__oil
```

运行结果：

```
>>> moto = Moto()
>>> moto.oil
0
>>> moto.oil = 100
>>> moto.oil
100
>>> del moto.oil
>>> moto.oil
Traceback (most recent call last):
  File "<stdin>", line 1, in <module>
  File "<stdin>", line 7, in oil
AttributeError: 'Moto' object has no attribute '_Moto__oil'
```

5.4　进一步了解方法

本节对类的方法做进一步的分析，介绍实例方法、类方法和静态方法的概念，以及如何在 Python 类中实现方法重载。

5.4.1　实例方法、类方法与静态方法

类中定义的普通方法第一个形参是 self，表示对象自身。可以利用 self 来访问对象的其他属性或方法，也可以在其他方法中使用 self 来访问当前方法。这类方法称为**实例方法**。实例方法的性质与实例属性相似，因此这里不再赘述。

类方法是指使用装饰器 classmethod 修饰的方法。类方法第一个形参被 Python 解释器传入的实参不是对象，而是类。因此类方法中不能访问实例属性和实例方法，只能访问类属性或其他类方法。为了与实例方法相区别，类方法的第一个参数通常命名为 cls。

类方法可以通过类直接调用，也可以通过对象调用，如例 5-12 所示。

【例 5-12】类方法。

```
1  class TestClassMethod:
2      class_value = 0
3
4      @classmethod
5      def class_method(cls):
6          print(cls.class_value)
```

运行结果：

```
>>> TestClassMethod.class_method()
0
>>> tcm = TestClassMethod()
>>> tcm.class_method()
0
```

利用类方法能够实现多样化的对象实例化方式。例如，例 5-13 中定义了一个表示日期的类 Date，类方法 today 的作用是创建一个表示当前日期的对象并返回[①]。其中，cls 指当前类，在本例中就是 Date。第 12 行代码 cls(td.tm_year, td.tm_mon, td.tm_mday) 与 Date(td.tm_year, td.tm_mon, td.tm_mday) 完全等价。

【例 5-13】类方法的使用。

```
1  import time
2
3  class Date:
4      def __init__(self, year, month, day):
5          self.year = year
6          self.month = month
7          self.day = day
8
9      @classmethod
10     def today(cls):
11         td = time.localtime()
12         return cls(td.tm_year, td.tm_mon, td.tm_mday)
```

运行结果：

```
>>> today = Date.today()
>>> type(today)
<class '__main__.Date'>
>>> today.year
2020
```

静态方法是指用装饰器 staticmethod 修饰的方法。静态方法与实例方法和类方法不同，在调用的时候 Python 解释器不会传入任何特殊参数。因此静态方法与函数更加接近。静态方法中既不能访问实例属性和实例方法，也不能访问类属性和类方法。

静态方法可以通过类直接调用，也可以通过对象调用，如例 5-14 所示。

【例 5-14】静态方法。

```
1  class TestStaticMethod:
2      @staticmethod
3      def static_method():
4          print('这里是静态方法！')
```

---

① A. Martelli, A. Ravenscroft, D. Ascher. Python Cookbook. O'Reilly Media, Inc.

运行结果：

```
>>> TestStaticMethod.static_method()
这里是静态方法！
>>> tsm = TestStaticMethod()
>>> tsm.static_method()
这里是静态方法！
```

5.4.2 方法重载*

在第 4.6.7 小节中曾介绍过使用单分派装饰器 singledispatch 将多个函数绑定为一个泛函数来实现类似于函数重载的功能。类似地，Python 语言中也没有提供方法重载的机制。不过 singledispatchmethod 装饰器能够实现类似于方法重载的功能。其原理和使用方法与 singledispatch 相似。

例 5-15 中类 Averager 的方法 read 用 singledispatchmethod 修饰之后，类中创建了一个同名的对象。使用该对象中的 register 装饰器修饰的方法组成了一个泛函数，从而实现了类似于方法重载的功能。由于被 register 装饰器修饰的方法名称没有意义，因此常用 "_" 替代。

【例 5-15】singledispatchmethod 装饰器。

```
1  from functools import singledispatchmethod
2
3  class Averager:
4      @singledispatchmethod
5      def read(self, data):
6          n = len(data)
7          self.value = sum(data)/n
8
9      @read.register(dict)
10     def _(self, data):
11         data = data.values()
12         n = len(data)
13         self.value = sum(data)/n
14
15     @read.register(str)
16     def _(self, data):
17         data = [float(i) for i in data.split(',')]
18         n = len(data)
19         self.value = sum(data)/n
```

运行结果：

```
>>> avg = Averager()
>>> avg.read([1, 2, 3])
>>> avg.value
```

```
2.0
>>> avg.read({'a': 1, 'b': 2, 'c': 3})
>>> avg.value
2.0
>>> avg.read('1, 2, 3')
>>> avg.value
2.0
```

5.5 类的继承

类的继承机制是面向对象编程的核心内容。派生类从基类中继承属性和方法,从而实现代码的重用并使得面向对象的多态性特征得以体现。本节介绍 Python 类继承的基本实现和应用方法。

5.5.1 派生类的定义

派生类的定义与普通类的定义相同,使用 class 关键字,区别在于需要在派生类名称后指定基类的类名称,语法形式为:

class 派生类名(基类名):
  类体

类体中可以定义新的属性和方法,也可以定义与基类中同名的属性和方法(重写),这时候会将基类中的同名属性和方法覆盖掉。

Python 3.x 中所有的类都是由基类派生而来的。如果没有显式指定基类,默认情况下使用 object 作为基类。也就是说所有的类都是 object 的派生类。

例 5-16 中定义了表示几种汽车的类及它们之间的继承关系。其中,Moto 类没有指定基类,因此它的基类是 object,Wagon 和 Coach 是 Moto 的派生类,Car 和 Bus 是 Coach 的派生类。

【例 5-16】类的继承。

```
1   class Moto:
2       def __init__(self, width, length):
3           self.width = width
4           self.length = length
5
6       def run(self, speed):
7           print(f"本车为 Moto, 长{self.width}, 宽{self.length}, \
8                   以速度{speed}行驶!")
9
10  class Wagon(Moto):
11      pass
12
13  class Coach(Moto):
```

```
14        pass
15
16  class Car(Coach):
17        pass
18
19  class Bus(Coach):
20        pass
```

例 5-16 中的几个类之间形成了如图 5-1 所示的继承关系。

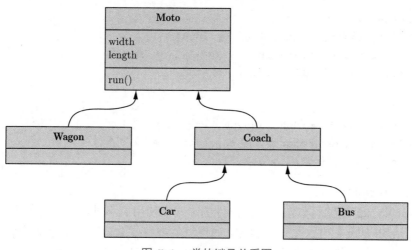

图 5-1　类的继承关系图

5.5.2　方法重写

1. 重写普通方法

在派生类中重新定义了基类中的属性或方法时，基类中的同名属性或方法会被覆盖掉，称为属性或方法的重写。例如，例 5-17 中的 Wagon 类重写了基类 Modo 中的 run 方法。

【例 5-17】方法重写。

```
1  class Wagon(Moto):
2      def run(self, speed):
3          print(f"本车为 Wagon，长{self.width}，宽{self.length}，以速度{speed}
                    行驶！")
```

运行结果：

```
>>> wagon = Wagon(2.2, 10)
>>> wagon.run(50)
本车为 Wagon，长2.2，宽10，以速度50行驶！
```

基类的隐藏成员在派生类中是不可见的。派生类在定义时有可能采用了和基类中隐藏属性或方法相同的名称，这样就会覆盖基类中的隐藏成员。从而造成难以预知的错误。这也是 Python 将隐藏属性或方法重命名的重要原因。重命名后隐藏成员名中包含了基类的类名，降低了隐藏方法被无意覆盖的可能性（见 5.2.3 节）。

2. 重写__init__方法

大多数情况下，需要在派生类中重写基类的__init__方法以初始化派生类对象特有的属性。例如，Wagon 类对象和 Coach 类对象分别需要初始化最大载重量 load_carrying 和最大载客量 passenger_capacity。派生类中的__init__与普通方法一样会将基类中的__init__覆盖。因此，为了初始化基类对象，需要在派生类的__init__方法中调用基类的__init__方法。

【例 5-18】重写__init__方法。

```
1  class Wagon(Moto):
2      def __init__(self, width, length, load):
3          self.carrying_load = load          # 载客量
4          Moto.__init__(self, width, length)
5
6  class Coach(Moto):
7      def __init__(self, width, length, capacity):
8          self.passenger_capacity = capacity  # 载重量
9          Moto.__init__(self, width, length)
```

3. 重写 property*

property 装饰器能够将方法转换为属性的形式来使用。不过，被修饰的方法以及相应的 setter 方法和 deleter 方法是一个整体。如果派生类中要重写基类中定义的 property，不能仅重写被 property 修饰的方法，还需要将 setter 方法和 deleter 方法也重写，才能保证派生类中 property 的完整性。

例 5-19 中的基类 Moto 使用 property 装饰器将 oil 转换成属性，派生类 Wagon 中仅重写了 oil 方法。当试图改变 Wagon 类对象中 oil 的值时，抛出了异常。

【例 5-19】重写 property。

```
1  class Moto:
2      def __init__(self):
3          self.__oil = 0
4
5      @property
6      def oil(self):
7          return self.__oil
8
9      @oil.setter
10     def oil(self, oil):
11         self.__oil = oil
12
13     @oil.deleter
14     def oil(self):
15         del self.__oil
16
```

```
17  class Wagon(Moto):
18      @property
19      def oil(self):
20          return super().oil      # 调用基类对象中的oil
```

运行结果:

```
>>> wagon = Wagon()
>>> wagon.oil
0
>>> wagon.oil = 1
Traceback (most recent call last):
  File "<stdin>", line 1, in <module>
AttributeError: can't set attribute
```

实际上，派生类中不是仅重写了 oil 方法，而是重写了整个 property。而由于派生类中并没有实现 setter 方法，因此在向 oil 属性写入值时会出现错误。正确的做法是重写所有 property 方法。

也可以仅重写 property 方法其中之一，这时候需要明确指出使用父类 property 对象中的装饰器来修饰重写的方法。如例 5-20 所示，第 8 行代码的作用是调用基类上下文空间中 oil 对象的 setter 方法。super 的功能详见第 5.6.2 小节。

【例 5-20】重写 property 方法其中之一。

```
1  class Wagon(Moto):
2      @Moto.oil.getter
3      def oil(self):
4          return super.oil
5
6      @Moto.oil.setter
7      def oil(self, oil):
8          super(Wagon, Wagon).oil.__set__(self, oil)
```

运行结果:

```
>>> wagon = Wagon()
>>> wagon.oil = 100
>>> wagon.oil
100
```

5.5.3 多重继承*

所谓多重继承，是指一个派生类继承自多个基类。多重继承中会出现命名冲突问题，即多个基类可能存在同名的成员，增加了程序的复杂性。一些面向对象编程语言（如 Java、C#）由于这个原因而不支持多重继承，类似的功能使用一种称为"接口"的特殊类来实现。Python 语言支持多重继承，但是需要谨慎使用。

例如,在现实中皮卡既能载人又能拉货,因此可以定义一个 Pickup 类,它派生自 Wagon 类和 Coach 类。

【例 5-21】多重继承。

```
1  class Pickup(Wagon, Coach):
2      def __init__(self, width, length, load, capacity):
3          Wagon.__init__(self, width, length, load)
4          Coach.__init__(self, width, length, capacity)
```

这样,Moto、Wagon、Coach 和 Pickup 之间构成了图 5-2 所示的继承关系。

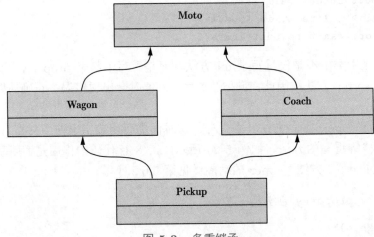

图 5-2 多重继承

如果派生类重写了基类的方法,那么派生类对象在调用方法时怎样确定需要调用哪个方法呢?多重继承时情况会更加复杂。例如,图 5-2 中的四个类中都有 __init__ 方法,Pickup 类的对象在初始化时首先需要确定调用哪个 __init__。

Python 使用了一种特殊的算法(称为 C3 算法)来为类排序,排序的结果称为方法解析顺序(Method Resolution Order,MRO)。解释器依据该顺序进行搜索,执行找到的第一个方法。方法解析顺序可以使用类的 mro 方法或者 __mro__ 属性来查看。

```
>>> Pickup.__mro__
(<class '__main__.Pickup'>, <class '__main__.Wagon'>, <class '__main__.Coach
          '>, <class '__main__.Moto'>, <class 'object'>)
```

5.5.4 对象、类的关系

1. 关系检查

isinstance 函数的作用是检查一个对象是否是一个类的实例。

```
>>> pickup = Pickup(1.8, 3.9, 6, 2)
>>> isinstance(pickup, Pickup)
True
```

根据类的多态性，派生类的对象也是基类的对象。因此有：

```
>>> isinstance(pickup, Wagon)
True
>>> isinstance(pickup, Coach)
True
>>> isinstance(pickup, Moto)
True
```

issubclass 函数的作用是判断一个类是否是另一个类的派生类。

```
>>> issubclass(Pickup, Wagon)
True
>>> issubclass(Pickup, Coach)
True
>>> issubclass(Pickup, Moto)
True
```

2. 鸭子类型和协议

前文中定义了多种类型的汽车，它们最重要的方法是 run。例 5-22 中定义了一个新的类 Dirver，它包含了一个属性 moto 和一个方法 drive，drive 方法调用了 moto 中的 run 方法。从逻辑上来说 moto 的取值应该是 Moto 类的实例。

【例 5-22】鸭子类型。

```
1  class Driver:
2      def __init__(self, moto: Moto):
3          self.moto = moto
4
5      def drive(self, speed):
6          self.moto.run(speed)
```

显然，只要是 Moto 或者其派生类的对象，都能够用于初始化一个 Driver 对象，并且能够成功执行 drive 方法。下面定义了一个司机 bobo，他有一辆皮卡，并且能够以 120 的速度行驶。

```
>>> pickup = Pickup(1.8, 3.9, 6, 20)
>>> bobo = Driver(pickup)
>>> bobo.drive(120)
本车为 Moto，长1.8，宽3.9，以速度120行驶！
```

假设有一个新的类：

```
1  class Bouncy:
2      def run(self, speed):
3          print(f"这里一辆蹦蹦车，以速度{speed}行驶")
```

Bouncy 类虽然不是 Moto 的派生类，但是它也有一个与 Moto 类中的 run 相似的方法。由于 Python 是一种动态语言，解释器在调用对象的时候不会检查数据类型。因此，Bouncy 类的对象也可以被 Driver 类对象正常调用。

```
>>> bouncy = Bouncy()
>>> bobo.moto = bouncy
>>> bobo.drive(2)
这是一辆蹦蹦车，以速度2行驶
```

这个例子中，Bouncy 的实例和 Moto 的实例虽然类型不同，但是它们的行为非常相似。这种情况被称为**鸭子类型**。该说法来自一句俗语 "If it walks like a duck and it quacks like a duck, then it must be a duck."。鸭子类型是动态语言特有的一种特征，其含义是对象所拥有的方法要比其类型更重要，这种特点为程序设计带来了很大的灵活性。

与鸭子类型相关的另一个概念是**协议**。在动态语言中，所谓协议是指一组约定的用于实现特定功能的方法。如果一个类中实现了一个协议中的所有方法，就可以说该类实现了这个协议，相应地这个类的对象就具备了协议中约定的功能。

Python 中的协议是一种在文档层面的非正式约定，不具有强制性，在语言层面上不会感知到协议的存在。Python 中类的定制功能就是通过协议实现的，参见第 6 章面向对象编程进阶部分。

动态语言中的协议与静态语言（如 Java 和 C++）中接口的概念具有相似的作用。不过接口是一种特殊的数据类型，在静态语言中接口的实现是强制性的，这是协议和接口最大的区别。

5.5.5 调用基类方法

在一些特殊的情况下，需要在派生类中调用基类被重写的方法，例如派生类中需要调用基类的__init__方法初始化基类对象。Python 中可以使用两种方式在派生类中调用基类方法[①]。

1. 通过基类名称调用基类方法

在派生类的方法中可以使用基类名称来调用基类中定义的方法。在例 5-18 中 Wagon 类和 Coach 类以及例 5-21 中 Pickup 类的定义中，就是利用这种方式在派生类__init__方法中调用基类的__init__方法来初始化基类属性的。

这种方法有两个缺点。一方面，增加了代码之间的耦合性。如果基类的名称有变动，则所有派生类方法中的基类名称都需要改变，增加了代码维护成本。另一方面，在多重继承的情况下会产生重复调用的问题。例 5-23 中对 Moto、Wagon、Coach 和 Pickup 的定义稍加变动，输出初始化信息，这样就能够观察 Pickup 类对象实例化的过程。

【例 5-23】多重继承时对象实例化过程。

```
1  class Moto:
2      def __init__(self, width, length):
3          self.width = width
4          self.length = length
5          print('执行Moto类 __init__ 方法')
6
```

[①] 基类属性的访问与基类方法的调用相似。

```
7   class Wagon(Moto):
8       def __init__(self, width, length):
9           Moto.__init__(self, width, length)
10          print('执行Wagon类 __init__ 方法')
11
12  class Coach(Moto):
13      def __init__(self, width, length):
14          Moto.__init__(self, width, length)
15          print('执行Coach类 __init__ 方法')
16
17  class Pickup(Wagon, Coach):
18      def __init__(self, width, length):
19          Wagon.__init__(self, width, length)
20          Coach.__init__(self, width, length)
21          print('执行Pickup类 __init__ 方法')
```

运行结果:

```
>>> pickup = Pickup(1.8, 3.9)
执行Moto类 __init__ 方法
执行Wagon类 __init__ 方法
执行Moto类 __init__ 方法
执行Coach类 __init__ 方法
执行Pickup类 __init__ 方法
```

从输出结果可知，Moto 类的__init__方法被重复执行了两次，这在实际应用中很可能会带来难以预知的异常。这个问题称为多重继承的"菱形调用"问题。

2. 通过 super 调用基类方法

利用 super 来调用基类成员是一种更好的方法，它能够避免多重继承的"菱形调用"问题。super 是一个用于创建代理对象或代理类的类，利用 super 实例化之后得到的代理对象或代理类可以访问基类中定义的方法。

修改例 5-23，使用 super 调用基类__init__方法，如例 5-24 所示。

【例 5-24】通过 super 调用基类方法。

```
1   class Moto:
2       def __init__(self, width, length):
3           self.width = width
4           self.length = length
5           print('执行Moto类 __init__ 方法')
6
7   class Wagon(Moto):
8       def __init__(self, width, length):
9           super().__init__(width, length)
10          print('执行Wagon类 __init__ 方法')
11
```

```
12  class Coach(Moto):
13      def __init__(self, width, length):
14          super().__init__(width, length)
15          print('执行Coach类 __init__ 方法')
16
17  class Pickup(Wagon, Coach):
18      def __init__(self, width, length):
19          super(Pickup, self).__init__(width, length)
20          print('执行Pickup类 __init__ 方法')
```

运行结果:

```
>>> pickup = Pickup(1.8, 3.9)
执行Moto类 __init__ 方法
执行Coach类 __init__ 方法
执行Wagon类 __init__ 方法
执行Pickup类 __init__ 方法
```

从运行结果可知,Moto 类的 __init__ 方法仅被执行了一次,成功解决了"菱形调用"问题。实际上,super 能做到的不只调用基类方法,参见 5.6.2 小节。

5.6 混 入*

混入(MinxIn)是有别于继承的另一种代码重用机制,它从另一个角度对现实世界中事物的关系进行组织和划分,是继承机制的一种有效的补充。混入机制通常利用多重继承机制实现,实际上混入也是多重继承最主要的应用方式。本节介绍混入的基本概念以及 Python 中混入的实现方法。

5.6.1 混入的概念

继承机制的核心思想是利用派生关系来划分和组织具有内在相关性的一组概念。派生关系可以解释为一个概念隶属于另一个概念的范畴,例如"轿车"概念隶属于"客车"概念的范畴,而"客车"概念同样也隶属于"汽车"概念的范畴。或者说,所有的"轿车"都是"客车",所有的"客车"都是汽车。如果用"is"表示这种派生关系,可以将不同种类的汽车组织为如图 5-3 所示的关系。

与继承相比,混入机制从不同的维度对概念进行划分和组织。概念之间的关系可以称为组合关系,用于描述一个概念是否具备另一个概念所具备的特征或功能。例如,所有的"轿车"和"大巴"都具备"载客"功能,所有的"微卡"和"集卡"都具备"载货"功能。如果用"has"表示这种组合关系,可以将不同种类的汽车组织为如图 5-4 所示的关系。"微卡"和"集卡"由"汽车"和"载货能力"组合而成,"轿车"和"大巴"由"汽车"和"载客能力"组合而成。其中,"载货能力"和"载客能力"被称为**混入类**,"汽车"类称为**具体类**,"微卡"、"轿车"等称为**被混入类**。从逻辑上来说,混入类与被混入类之间并不是父子关系。

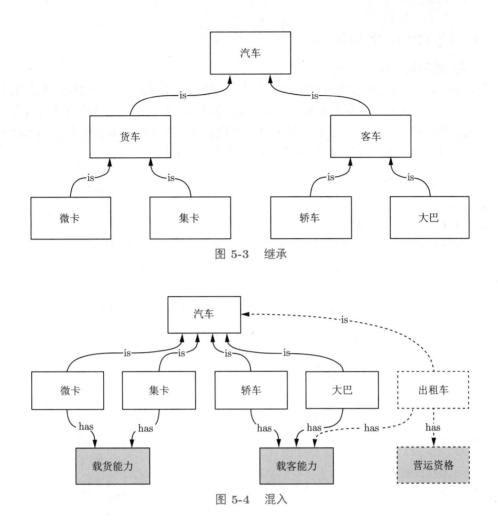

图 5-3　继承

图 5-4　混入

与继承相比，混入的一个重要优势是能够有效降低代码的复杂程度。在继承关系中，继承的层次会随着新特征的加入而增加。例如，如果要在上述汽车的例子中增加一个能否具备营运资格的级别，那么所有的具体汽车类型都需要进一步派生子类，例如"轿车"类要有"营运轿车"和"非营运轿车"两个子类。这种情况下，继承不但会提升代码逻辑结构的复杂程度，而且会产生冗余的代码，导致程序开发成本和维护成本增加。而混入机制就能够很好地解决这个问题，如图 5-4 所示，只需要增加一个"营运资格"混入类即可根据需要随意组合出新的类。

根据以上分析可知，混入类应当具备如下特征：
- 与具体类之间不存在逻辑上的依赖关系；
- 包含了一组联系紧密的方法以实现特定的功能；
- 不应该被实例化，混入类的对象没有存在的意义。

混入类与协议既有相似之处也有重要差异。相同之处在于它们都包含了一组用于实现特定功能的方法；不同之处在于协议仅仅是一种不具有强制性的约定，而混入类中包含的是具体的、已经被实现了的方法。

5.6.2 Python 中的混入

1. 混入的实现方式

Python 中，混入是用多重继承实现的。尽管从语法上来讲混入类与普通的类并无本质的区别，但是混入机制使得多重继承存在的意义更加明确，也为多重继承的合理使用提供了指导思想。例 5-25 定义了表示载货功能和载客功能的混入类 WagonMixIn 和 CoachMixIn，并利用混入实现了 Truck 类的载货功能和 Car 类的载客功能。

【例 5-25】混入的实现。

```
1   class Moto:                              # 具体类
2       def run(self, speed):
3           print(f"本车为{self.__class__.__name__}，以速度{speed}行驶！")
4
5   class WagonMixIn:                        # 混入类
6       def carry_cargo(self):
7           print("装载货物！")
8
9   class. CoachMixIn:                       # 混入类
10      def carry_passengers(self):
11          print("搭载乘客！")
12
13  class Truck(WagonMixIn, Moto):           # 被混入类
14      pass
15
16  class Car(CoachMixIn, Moto):             # 被混入类
17      pass
```

运行结果：

```
>>> car = Car()
>>> car.run(80)
本车为Car，以速度80行驶！
>>> car.carry_passengers()
搭载乘客！
>>> truck = Truck()
>>> truck.run(60)
本车为Truck，以速度60行驶！
>>> truck.carry_cargo()
装载货物！
```

2. 在混入类中调用具体类的方法

混入类中定义的功能具有通用性，可以与多种具体类结合个性化地实现其中定义的功能。例如，例 5-25 中的 Car 和 Bus 混入 CoachMixIn 之后都具备了载客功能，但是它们的载客功能差异很大。载客功能的实现明显不是混入类 CoachMixIn 独立实现的，还需要依赖具体类 Moto。

正因为如此，混入类中一般没有状态信息，必须依赖具体类才能真正实现功能。这正是混入类不应当被实例化的真正原因。因为通过混入类实例调用方法时，所依赖的具体类属性或方法并不存在，于是就会导致运行异常。

随之而来的新问题是，混入类中如何调用具体类的方法？从多重继承的语法来说，混入类和具体类之间是并列的，它们之间没有任何关系。要在一个类中调用另一个不相关的类中的方法似乎是不可能的。然而，Python 的 super 和方法解析顺序（MRO）使得这种调用成为可能。

在第 5.5.5 小节第 2 部分中曾利用 super 来调用基类方法。实际上，super 的运行要稍复杂一些，通过它调用方法时并非仅从基类中查找方法，而是在方法解析顺序中的类中依次查找，调用找到的第一个方法。

super 根据参数来确定在 MRO 中的查找方式，其参数传递形式有三种：

- super(TYPE, OBJ)：返回一个代理对象。其中 TYPE 是一个类，用于指定 MRO 中的查找开始位置（不含 TYPE 自身）。OBJ 用于指定查找哪个类的 MRO，必须是 TYPE 的实例，即 isinstance(OBJ, TYPE) 必须为 True。
- super()：这种方式只能用于类内部，与 super(TYPE, OBJ) 一致，只不过省去了显式传入的实参 TYPE 和 OBJ。解释器默认传入的实参是当前所属的类以及所在方法中的 self 对象。
- super(TYPE1, TYPE2)：返回一个代理类，其中 TYPE1 和 TYPE2 都是类名，TYPE1 用于指定 MRO 中的查找开始位置（不含 TYPE1 自身），TYPE2 用于指定查找哪个类的 MRO。由于返回的是代理类而不是代理对象，因此在调用方法的时候必须手动传入特殊参数 self。

由此可以分析例 5-24 中 super 能够调用基类的 __init__ 方法的原因。以类 Wagon 为例，super() 与 super(Wagon, self) 等价，要查找的是由 self 确定的类 Wagon 的 MRO，从该 MRO 中类 Wagon 之后开始查找。Wagon 之后的第一个类就是 Wagon 的基类 Moto，因此 super().__init__ 查找到的就是 Moto 的 __init__ 方法。

利用 super 和 MRO 就可以实现在混入类中调用具体类中的方法。例 5-26 的混入类 CoachMixIn 中调用了具体类 Moto 的方法 get_capacity（第 9 行）来获取最大载客量信息。

【例 5-26】在混入类中调用具体类的方法。

```
1  class Moto:                            # 具体类
2      def __init__(self, capacity):
3          self.capacity = capacity
4      def get_capacity(self):
5          return self.capacity
6
7  class CoachMixIn:                      # 混入类
8      def carry_passengers(self, nums):
9          capacity = super().get_capacity()
10         if nums > capacity:
```

```
11                  print("人员超载！")
12              else:
13                  print(f"搭载{nums}名乘客！")
14
15  class Car(CoachMixIn, Moto):        # 被混入类
16      def __init__(self, capacity):
17          super().__init__(capacity)
18          self.capacity = capacity
```

运行结果：

```
>>> car = Car(5)
>>> car.carry_passengers(10)
人员超载！
>>> car.carry_passengers(3)
搭载3名乘客！
```

在混入类中能够调用具体类方法的关键在于 super() 的调用时机，修改例 5-26 中混入类 CoachMixIn 的 carry_passengers 方法，输出 super() 对象的信息，再次运行。

```
1  def carry_passengers(self, nums):
2      capacity = super().get_capacity()
3      print('CoachMixIn类中的super(): ', super())
4      ... ...
```

运行结果：

```
>>> car = Car(5)
>>> car.carry_passengers(3)
<super: <class 'CoachMixIn'>, <Car object>>
搭载3名乘客！
>>> Car.__mro__
(<class '__main__.Car'>, <class '__main__.CoachMixIn'>, <class '__main__.
           Moto'>, <class 'object'>)
```

从运行结果可知，CoachMixIn 类 carry_passengers 方法中所运行的 super() 等价于 super(CoachMixIn, car)。也就是说，从 Car 的 MRO 中 CoachMixIn 之后的类中查找 carry_passengers 方法。而 Car 类的 MRO 中，Moto 位于 CoachMixIn 之后，因此混入类就成功地调用了具体类中的方法。

需要特别注意的是，例 5-26 中定义被混入类 Car 时，在基类列表中混入类必须位于具体类之前。只有这样，才能够在混入类中调用具体类的方法。

如果将 Car 的定义修改为：

```
1  class Car(Moto, CoachMixIn):
2      ... ...
```

则运行结果为：

```
>>> Car.__mro__
(<class '__main__.Car'>, <class '__main__.Moto'>, <class '__main__.
                  CoachMixIn'>, <class 'object'>)
>>> car = Car(5)
>>> car.carry_passengers(3)
Traceback (most recent call last):
  File "<stdin>", line 1, in <module>
  File "<stdin>", line 3, in carry_passengers
AttributeError: 'super' object has no attribute 'get_capacity'
```

由运行结果可知，Car 类的 MRO 顺序发生改变，Moto 位于 CoachMixIn 之前，通过 super 不能再查找到 carry_passengers 方法。

混入类的这种特征常常被用于在不对原有代码做任何改变的情况下，修改或扩展类的功能。例 5-27 中利用混入扩展了标准库中的 defaultdict 的功能，实现了一种只读的字典类型。其中，混入类 ReadOnlyDictMixin 调用了 defaultdict 的 __getitem__ 方法和 __setitem__ 方法。此外，根据 MRO 中的查找顺序可知，ReadOnlyDict 类的对象的 __setitem__ 方法实际上来自混入类 ReadOnlyDictMixin。从表面上来看，混入类中的 __setitem__ 方法扩展并覆盖了 defaultdict 中的 __setitem__ 方法。

注意，例 5-27 中的 __getitem__ 和 __setitem__ 都是特殊方法，参见第 6.1 节类的定制。

【例 5-27】利用混入扩展类的功能。

```
1  from collections import defaultdict
2
3  class ReadOnlyDictMixin:
4      __slots__ = ()
5      def __setitem__(self, key, value):
6          if key in self:
7              old_value = super().__getitem__(key)
8              print(f'字典中已存在{key}值，不能修改！')
9              value = old_value
10         return super().__setitem__(key, value)
11
12 class ReadOnlyDict(ReadOnlyDictMixin, defaultdict):
13     pass
```

运行结果：

```
>>> d = ReadOnlyDict()
>>> d['x'] = 1
>>> d['x'] = 2
字典中已存在x值，不能修改！
>>> d.items()
dict_items([('x', 1)])
```

基于上述分析，可总结出如下的混入类使用原则：

- 混入类使用特殊的命名，一般以 MinxIn 为后缀；
- 混入类只应实现功能，不应有状态信息；
- 不同混入类尽量不要包含名称相同的方法；
- 在定义被混入类时，基类中可以包含多个混入类，但只应有一个具体类，并且混入类都要位于具体类之前。

5.7 小　　结

面向对象编程是 Python 中最重要的编程范式之一，Python 动态语言的特征使得其面向对象编程机制与其他语言有着微妙的差异，这是学习过程中需要特别注意的地方。本章是 Python 面向对象编程的基础部分，详细讨论了面向对象的基本概念与特征以及 Python 类的定义与实例化的原理与应用方法。继承是面向对象的核心机制之一，本章除了讨论 Python 类继承机制，还介绍了多重继承以及与多重继承相关的混入的概念。

5.8 思考与练习

1. 面向对象编程有哪些重要特征？
2. 面向对象编程中，类与对象之间的关系是怎样的？
3. 在类的实例化过程中，方法__init__和__new__的作用分别是什么？它们有什么不同之处？
4. Python 类是否有真正的私有成员？
5. 实例方法、类方法和静态方法有什么区别？
*6. 方法的重载与重写有什么不同之处？
*7. 在多重继承中，调用基类方法时是按怎样的顺序进行搜索的？
*8. 具体类和混入类在定义时没有任何关系，为什么混入类中能够调用具体类的方法？
9. 定义一个类 Geometry（几何体），为其添加一些几何体所共有的属性。
10. 定义类 Shape（二维形状）继承自 Geometry，并为其添加属性和方法，包括求面积的方法 getArea()。
11. 定义类 Solid（三维立体），继承自 Geometry，并为其添加属性和方法，包括求体积的方法 getVolume()。
12. 分别定义 Shape 和 Solid 的多个子类，如矩形、圆、梯形、球体、立方体、圆柱体、锥体等，重写相应的属性和方法。

第 6 章 面向对象编程进阶

本章主要介绍 Python 类的几种高级定义和使用方法,包括类的定制、类装饰器、抽象基类、元类等。类的定制主要利用特殊属性或特殊方法实现,这些特殊的属性和方法大都是由某种协议规定的。类装饰器在函数装饰器的基础上进一步介绍用于装饰类方法、类的装饰器,以及基于类所实现的装饰器。抽象基类和元类是两种比类抽象程度更高的特殊的类,分别用于控制方法的实现和类的创建。

6.1 类的定制

Python 中利用特殊属性或特殊方法来实现类或对象的一些特殊的功能,这些特殊属性或方法也称为魔法属性或魔法方法。这些魔法属性或魔法方法小部分在 object 类中定义,而大部分则定义在协议之中。类的定制就是在类中重写或实现这些魔法属性或魔法方法,从而实现约定的功能。本节首先介绍几个最常用的特殊属性,然后介绍几种常见的协议。

6.1.1 常用特殊属性

1. __dict__

__dict__是一个属性字典。Python 中大多数数据类型都有自己的__dict__属性,例如模块、函数、类、对象等。模块的__dict__属性是由在模块中定义的函数、类、变量等构成的字典。函数的__dict__属性初始状态为空字典,动态添加至函数中的属性就保存在该字典之中,如例 6.1 所示。

【例 6-1】函数的__dict__属性。

```
1  def test_dict():
2      pass
```

运行结果:
```
>>> test_dict.__dict__
{}
```

```
>>> test_dict.x = 0
>>> test_dict.__dict__
{'x': 0}
```

类的__dict__属性中保存的是普通方法、类方法、静态方法、类属性，以及一些内置属性。对象的__dict__属性主要由实例属性构成。

【例 6-2】类的__dict__属性。

```
1  class TestDict:
2      x_class = 0
3      def __init__(self):
4          self.x_obj = 1
```

运行结果：

```
>>> TestDict.__dict__
mappingproxy({'__module__': '__main__', 'x_class': 0, '__init__': <function
             TestDict.__init__ at 0x1057f8488>, '__dict__': <attribute
             '__dict__' of 'TestDict' objects>, '__weakref__': <
             attribute '__weakref__' of 'TestDict' objects>, '__doc__'
             : None})
>>> td = TestDict()
>>> td.__dict__
{'x_obj': 1}
```

在继承的时候，基类的__dict__属性不会被派生类的__dict__所继承，也就是说同时存在不同的__dict__。

```
1  class SubTestDict(TestDict):
2      y_class = 2
```

运行结果：

```
>>> SubTestDict.__dict__
mappingproxy({'__module__': '__main__', 'y_class': 2, '__doc__': None})
```

大多数内置的容器类型，它们的实例没有__dict__属性，如 list、dict、set、tuple 等。

```
>>> lst = []
>>> lst.__dict__
Traceback (most recent call last):
  File "<stdin>", line 1, in <module>
AttributeError: 'list' object has no attribute '__dict__'
```

2. __base__与__bases__

__base__属性中存储的是当前类的基类，__bases__是包含了基类的元组。在多重继承的情况下，__base__中仅保存第一个基类，__bases__元组中包含了所有基类。

3. __slots__

一般情况下，对象实例属性保存在__dict__属性之中。而__dict__字典占用的存储空间相对比较大，当一个类需要被实例化成千上万次时，仅对象的实例属性就要占据相当大一部分内存空间。

类的__slots__属性用于指定一组实例属性名称。在实例化的时候使用固定大小的数组来存储实例属性，在需要创建大量对象的时候能够节约很多内存空间。一个类在指定__slots__属性后，其对象不再有__dict__属性。

【例 6-3】__slots__属性。

```
1  class TestSlot1:
2      def __init__(self):
3          self.x = 0
4          self.y = 1
5  
6  class TestSlot2:
7      __slots__ = ['x', 'y']
8      def __init__(self):
9          self.x = 0
10         self.y = 1
```

运行结果：

```
>>> ts1 = TestSlot1()
>>> ts2 = TestSlot2()
>>> ts1.__dict__
{'x': 0, 'y': 1}
>>> ts2.__dict__
Traceback (most recent call last):
  File "<stdin>", line 1, in <module>
AttributeError: 'TestSlot2' object has no attribute '__dict__'
```

一般情况下，实例可以动态绑定属性。不过，使用了__slots__属性的类，其实例只能拥有__slots__中的属性，不在__slots__中的属性不能被动态绑定。因此，__slots__属性也常常用于限制实例的动态绑定。需要注意的是，__slots__属性也不能够被派生类继承，仅对当前的类起作用。

```
>>> def fun(self):
...     pass
...
>>> ts1.fun = fun
>>> ts2.fun = fun
Traceback (most recent call last):
  File "<stdin>", line 1, in <module>
AttributeError: 'TestSlot2' object attribute 'fun' is read-only
```

6.1.2 对象运算

Python 中运算符的执行过程实际上是调用了对象的特殊方法。例如,"+"运算符调用了 __add__ 方法,"-"运算符调用了 __sub__ 方法。下面的例子中 2 种对变量求和的方式本质上是相同的。

```
>>> x, y = 1, 2
>>> x + y
3
>>> x.__add__(y)
3
```

大多数运算符,例如算术运算符、比较运算符、位运算符等都有对应的特殊方法。如果在类定义中根据需要实现了这些方法,其实例之间就能够利用相应的运算符进行运算。需要注意的是,有少数运算符不能通过特殊方法实现,如 is、and、or、not。

常用运算符对应的特殊方法如表 6-1 所示。

表 6-1 常用运算符对应的特殊方法

运算符	特殊方法	功能
+、-、*、/、**	__add__、__sub__、__mul__、__truediv__、__pow__	算术运算符
%、//	__mod__、__floordiv__	取余、整除
+x、-x	__pos__、__neg__	正、负
>、>=、<、<=、==、!=	__gt__、__ge__、__lt__、__le__、__eq__、__ne__	比较运算符
+=、-=、*=、/=	__iadd__、__isub__、__imul__、__idiv__	增强运算符

例 6-4 中利用特殊方法实现了一个类 PointwiseVector,它是一种能够进行逐点加、减、乘、除运算的向量。

【例 6-4】可运算的向量。

```
1  class PointwiseVector:
2      def __init__(self, value):
3          self.v = value
4
5      def check_len(self, o):
6          if len(o.v) != len(self.v):
7              return False
8          return True
9
10     def __add__(self, o):
11         if not self.check_len(o):
12             return None
13         return self.__class__([v1 + v2 for v1, v2 in zip(self.v, o.v)])
14
15     def __sub__(self, o):
16         if not self.check_len(o):
```

```
17              return None
18          return self.__class__([v1 - v2 for v1, v2 in zip(self.v, o.v)])
19
20      def __mul__(self, o):
21          if not self.check_len(o):
22              return None
23          return self.__class__([v1 * v2 for v1, v2 in zip(self.v, o.v)])
24
25      def __truediv__(self, o):
26          if not self.check_len(o):
27              return None
28          return self.__class__([v1 / v2 for v1, v2 in zip(self.v, o.v)])
```

运行结果：

```
>>> o1 = PointwiseVector([1, 2, 3])
>>> o2 = PointwiseVector([1, 2, 3])
>>> (o1 + o2).v
[2, 4, 6]
>>> (o1 - o2).v
[0, 0, 0]
>>> (o1 * o2).v
[1, 4, 9]
>>> (o1 / o2).v
[1.0, 1.0, 1.0]
```

在对象的双目运算中，运算符两侧对象都可以定义特殊方法来实现对象运算，但是左右两侧使用的特殊方法不同，右侧对象被调用的方法称为**反向特殊方法**。当两个对象进行双目运算时，首先尝试调用左侧对象的特殊方法。如果左侧对象没有定义特殊方法，则尝试调用右侧对象的反向特殊方法。所有双目运算符都有对应的反向特殊方法，例如__add__的反向特殊方法为__radd__、__sub__的反向特殊方法为__rsub__。

例 6-5 中定义了两个类 Left 和 Right，其中 Right 定义了两种反向特殊方法，而 Left 中没有定义特殊方法。这两个类的对象在运算的时候，Left 类对象必须在运算符左侧，Right 类对象必须在运算符右侧。

【例 6-5】反向特殊方法。

```
1  class Left:
2      def __init__(self, v):
3          self.v = v
4
5  class Right:
6      def __init__(self, v):
7          self.v = v
8
9      def __radd__(self, o):
```

```
10              return self.v + o.v
11
12      def __rsub__(self, o):
13              return o.v - self.v
```

运行结果:

```
>>> l = Left(2)
>>> r = Right(1)
>>> l + r
3
>>> l - r
1
>>> r + l
Traceback (most recent call last):
  File "<stdin>", line 1, in <module>
TypeError: unsupported operand type(s) for +: 'Right' and 'Left'
```

在定义能够使用比较运算符运算的类时,可以使用 functools.total_ordering 装饰器来对类进行修饰,这样仅实现__eq__以及__gt__、__ge__、__lt__、__le__中的任意一个方法就能够实现所有比较运算符的运算。

6.1.3 对象描述

当对象被 print 函数打印至输出终端或者在交互式环境中显示对象时所显示的内容,称为对象的描述字符串。默认情况下,对象的描述字符串由类名及其在内存中的地址构成。例如:

```
>>> pv = PointwiseVector([1, 2, 3])
>>> print(pv)          # 调用了str方法
<__main__.PointwiseVector object at 0x1058e8240>
>>> pv                 # 调用了repr方法
<__main__.PointwiseVector object at 0x1058e8240>
```

利用两个特殊方法__str__和__repr__可以定制对象的描述字符串。实际上,在使用 print(obj) 时调用了 str(obj),而 str 函数则调用了对象的__str__方法;类似地,在交互式环境中查看对象时调用了 repr(obj),而 repr 函数调用了对象的__repr__方法。因此,在类中重写__str__方法和__repr__方法能够定义对象的描述字符串。

例 6-6 中重新定义了 PointwiseVector 类,并重写了__str__方法和__repr__方法,输出 v 属性的值作为对象的描述字符串。

【例 6-6】描述字符串。

```
1  class PointwiseVector:
2      def __init__(self, value):
3          self.v = value
4
```

```
 5      # ...
 6      # 此处略去其他方法的定义
 7      # ...
 8
 9      def __str__(self):
10          print('__str__方法被调用')
11          return str(self.v)
12
13      def __repr__(self):
14          print('__repr__方法被调用')
15          return str(self.v)
```

运行结果:

```
>>> pv = PointwiseVector([1, 2, 3])
>>> print(pv)
__str__方法被调用
[1, 2, 3]
>>> str(pv)
__str__方法被调用
'[1, 2, 3]'
>>> pv
__repr__方法被调用
[1, 2, 3]
>>> repr(pv)
__repr__方法被调用
'[1, 2, 3]'
```

6.1.4 对象成员访问控制

在面向对象编程基础部分（第 5.2.3 节）曾介绍过 Python 类定义时命名以"__"（双下画线）开头的属性或方法为隐藏的成员。Python 解释器在创建类时改变了隐藏成员的变量名，因此隐藏成员不能直接访问。但通过改变后的名称依然能够访问隐藏变量，因而这是一种比较简易的成员访问控制方法。

Python 提供了几个特殊方法，分别用于拦截对象成员的访问、绑定或销毁操作，利用这些特殊方法能够实现对象成员更复杂的访问控制。这些特殊方法包括：

- `__getattr__`：当试图访问一个对象中不存在的属性时触发该方法；
- `__getattribute__`：当试图访问对象属性（包括不存在的属性）时触发该方法；
- `__setattr__`：当试图为对象绑定属性时触发该方法；
- `__delattr__`：当试图销毁对象属性时触发该方法。

例 6-7 中使用这些特殊方法来控制成员访问，当试图访问、绑定或销毁对象成员时给出提示信息。

【例 6-7】对象访问控制。

```
1  class TestAttrAccess:
2      def __getattr__(self, name):
3          print(f"属性 {name} 不存在！")
4          return None
5
6      def __setattr__(self, name, value):
7          print(f"为对象绑定属性{name}，值为{value}")
8          self.__dict__[name] = value
9
10     def __delattr__(self, name):
11         print(f"销毁对象成员{name}")
12         del self.__dict__[name]
```

运行结果：

```
>>> taa = TestAttrAccess()
>>> taa.x
属性 x 不存在！
>>> taa.x = 1
为对象绑定属性x，值为1
>>> del taa.x
销毁对象成员x
```

在一个类中__getattribute__方法和__getattr__方法不能并存，因为只要试图访问对象成员，不管该成员是否存在，__getattribute__方法都会被触发。因此，当一个类中定义了__getattribute__方法时，它的__getattr__方法就会失效。

```
1  class TestAttrAccess:
2      def __getattr__(self, name):
3          print(f"属性 {name} 不存在！")
4
5      def __getattribute__(self, name):
6          print(f'属性{name}被访问')
```

运行结果：

```
>>> taa = TestAttrAccess()
>>> taa.x
属性x被访问
```

需要特别注意的是，在使用__getattr__和__getattribute__时存在无限递归调用的风险。当在__getattr__中试图访问对象中不存在的成员时，会再次触发__getattr__方法，这样的过程会不断持续下去，直至出现 RecursionError 错误。__getattribute__方法更容易出现无限递归调用，只要在其中试图访问当前对象的成员（不管是否存在）就会进入无限递归。因此，在__getattr__方法中不能试图访问当前类中不存在的成员，在__getattribute__方法中不能试图访问当前类的任何成员。通常，可以通过访问父类成员或者使用一个代理对象来避免这种情况出现。一般情况下，__getattr__就能够满足需要了，而__getattribute__的应用场景比较有限。

6.1.5 描述器

描述器是实现__get__、__set__或__delete__三个方法中的一个或多个的类的实例。描述器一般不会单独使用，最为常见的情况是将描述器作为其他类的属性。

默认情况下，在访问一个对象的属性时，解释器会依次查找该对象的__dict__属性、所属类的__dict__属性、父类的__dict__属性……，直到找到所要访问的属性，并返回该属性的值。但是，当找到的属性是一个描述器时，并不会直接返回该描述器，而是会调用描述器中的__get__、__set__或__delete__方法，取决于对属性的访问是读取、写入还是销毁操作。

- __get__(self, obj, type)：当读取描述器中的值时触发，其中 obj 是描述器所属的类的实例，type 是描述器所属的类；
- __set__(self, obj, value)：当向描述器写入值时触发；
- __delete__(self, obj)：当销毁描述器时触发。

定义了__set__或__delete__方法的对象称为**数据描述器**，仅定义了__get__方法的描述器称为**非数据描述器**。它们之间的区别在于，当描述器所属的对象中包含了同名实例属性时优先级不同。数据描述器的优先级高于__dict__中的同名属性，非数据描述器的优先级低于__dict__中的同名属性。

例 6-8 中定义了一个描述器类 Name，类 Person 的属性 name 是一个描述器。当试图访问 Person 对象 p 的 name 属性时会触发描述器的__get__方法，当试图为描述器属性赋值时会触发__set__方法。

【例 6-8】描述器。

```
1   class Name:
2       def __init__(self, family_name, given_name):
3           self.family_name = family_name
4           self.given_name = given_name
5
6       def __get__(self, obj, type):
7           return f'{self.given_name} {self.family_name}'
8
9       def __set__(self, obj, value):
10          self.family_name = value[0]
11          self.given_name = value[1]
12
13  class Person:
14      name = Name('Rossum', 'Guido')
```

运行结果：

```
>>> p = Person()
```

```
>>> p.name
'Guido Rossum'
>>> p.name = ('Gates', 'Bill')
>>> p.name
'Bill Gates'
```

6.1.6 可调用对象

可调用对象是指能够利用"()"运算符进行调用的 Python 数据类型。例如函数、lambda 表达式、类、方法等都是可调用对象。如果一个类中定义了特殊函数 __call__，那么它的实例也是可调用对象，能够像函数一样被调用。

第 5.4.2 节的例 5-15 中使用方法重载定义了一个用于求平均值的类，但是每次都要调用对象的 read 方法，即不方便也不直观。例 6-9 中进行了改进，在类中添加了一个 __call__ 方法，这样它的对象就能够像函数一样方便调用了。

【例 6-9】可调用对象。

```
1  from functools import singledispatchmethod
2
3  class Averager:
4      @singledispatchmethod
5      def read(self, data):
6          n = len(data)
7          self.value = sum(data)/n
8
9      @read.register(dict)
10     def _(self, data):
11         data = data.values()
12         n = len(data)
13         self.value = sum(data)/n
14
15     @read.register(str)
16     def _(self, data):
17         data = [float(i) for i in data.split(',')]
18         n = len(data)
19         self.value = sum(data)/n
20
21     def __call__(self, data):
22         self.read(data)
23         return self.value
```

运行结果：

```
>>> avg = Averager()
>>> avg([1, 2, 3, 4])
2.5
```

```
>>> avg('1, 2, 3, 4')
2.5
```

6.1.7 容器

Python 中最常用的数据类型如 list、tuple、set 和 dict 都是容器。容器共有的特征是具有读取或保存元素、删除元素、返回其中保存的元素的数量、判断元素是否包含在容器中等操作。这些操作也是利用特殊方法来实现的，通过在类中定义这些特殊方法可以实现自定义容器。这些特殊方法由容器协议规定，包括如下方法：

- __getitem__：使用"[]"读取保存在容器中的元素时触发；
- __setitem__：修改容器中的元素时触发；
- __delitem__：删除容器中的元素时触发；
- __len__：使用 len 函数获取容器中的元素数量时触发；
- __contains__：使用 in 或 not in 判断元素是否包含在容器中；
- __reversed__(self)：当容器中元素有序时，使用 reversed 函数反转元素的顺序时触发。

例 6-10 实现了一个自定义容器，它与 list 的功能基本一致，这样做的优势是能够通过扩展容器协议的特殊方法来实现个性化的列表，实现 list 不具备的功能。另外，这个容器类型中使用了 list 来保存元素，在实际使用中需要根据数据的操作需求使用更有针对性的数据结构。

【例 6-10】自定义容器。

```
1   class MyList:
2       def __init__(self, values=None):
3           if values is None:
4               self.values = []
5           else:
6               self.values = list(values)
7
8       def __getitem__(self, key):
9           return self.values[key]
10
11      def __setitem__(self, key, value):
12          self.values[key] = value
13
14      def __len__(self):
15          return len(self.values)
16
17      def __delitem__(self, key):
18          del self.values[key]
19
20      def __reversed__(self):
21          return reversed(self.values)
```

```
22
23      def add(self, value):
24          self.values.append(value)
25
26      def __str__(self):
27          return str(self.values)
```

运行结果：

```
>>> ml = MyList()
>>> ml
[]
>>> ml.add(0)
>>> ml.add(1)
>>> del ml[1]
>>> len(ml)
1
>>> ml
[0]
>>> 0 in ml
True
```

6.1.8 迭代器与可迭代对象

1. 迭代器协议

迭代器是指实现了__iter__方法和__next__方法的类的实例。这两个方法就是迭代器协议。

- __iter__：返回一个迭代器对象，由 iter 函数触发。
- __next__：返回迭代器中的下一个元素，由 next 函数触发。

例 6-11 定义的迭代器类 Fibonacci 用于生成斐波那契（Fibonacci）数列。

【例 6-11】斐波那契数列。

```
1   class Fibonacci:
2       def __init__(self, max=100):
3           self.v1 = 0
4           self.v2 = 1
5           self.max = max
6
7       def __iter__(self):
8           return self
9
10      def __next__(self):
11          value = self.v2
12          if value >= self.max:
13              raise StopIteration
```

```
14              self.v1, self.v2 = self.v2, self.v1 + self.v2
15              return value
```

当迭代器被迭代完毕后会抛出 StopIteration 异常表示迭代过程结束，该异常会被调用函数捕获。迭代器能够被 for 循环遍历、用在推导式之中，还可以被转化为序列。

```
>>> fb = Fibonacci()
>>> iter(fb)
<__main__.Fibonacci object at 0x7fb068f68df0>
>>> next(fb)
1
>>> fb = Fibonacci()
>>> list(fb)
[1, 1, 2, 3, 5, 8, 13, 21, 34, 55, 89]
```

2. 可迭代对象

能够被迭代的对象称为可迭代对象。可迭代对象可用于 for 循环、各种推导式、元组拆包、序列解包、参数分配等操作。迭代器是一种可迭代对象，但迭代器并不等同于可迭代对象。因为有的对象是可迭代的，但是并没有实现迭代器协议，因此不是迭代器。如例 6-12 中定义的类 TestIter。

【例 6-12】可迭代对象。

```
1  class TestIter:
2      def __init__(self):
3          self.values = [1, 2, 3, 4, 5]
4
5      def __getitem__(self, key):
6          return self.values[key]
```

运行结果：

```
>>> ti = TestIter()
>>> for n in ti:
...     print(n)
...
1
2
3
4
5
```

显然，TestIter 的对象 ti 是可以被迭代的，但是 ti 并不是迭代器。它能够被迭代的原因是实现了 __getitem__ 方法。Python 解释器在对一个对象 obj 进行迭代的时候会自动调用 iter(obj)。iter 函数首先检查 obj 中是否包含 __iter__ 方法，如果包含则调用它并获取一个迭代器。否则，会进一步检查它是否包含 __getitem__ 方法。如果包含，则尝试按整数索引获取 obj 中的元素，并基于这些元素创建出一个可迭代对象。如果 obj 对象中不包含 __getitem__ 方法，则会返回错误，显示 obj 不可迭代。

需要注意的是，每个迭代器只能被迭代一次。经过一次迭代，next 函数已经接收到 StopIteration 异常，迭代器不会自动重置。而可迭代对象则有可能被重复迭代，因为每一次迭代都会重新创建一个新的可迭代对象。

6.2 生 成 器

生成器是一种特殊的可迭代对象，但它的实现原理与普通的迭代器和可迭代对象完全不同。最明显的区别在于生成器使用了 yeild 关键字。利用该关键字，生成器的功能还可以被进一步延伸成为协程，用于并发编程（参见第 10 章）。

6.2.1 生成器的创建

1. yield 与生成器函数

生成器的实现与 yield 关键字密不可分，其作用是在函数中返回一个值，这与 return 语句相似，不同的是 yield 语句之后的代码还有机会被继续执行。

一个函数中一旦使用了 yield 关键字，它就不再是一个普通函数。包含 yield 语句的函数称为**生成器函数**。调用生成器函数并不会立即执行函数中的代码，只会返回一个生成器对象。并且，每次调用生成器函数都会返回一个新的生成器对象。因此，生成器函数也可以看作是生成器工厂。

```
1  def gen_fun():
2      yield 0
3      return 1
```

运行结果：

```
>>> gen_fun()
<generator object gen_fun at 0x108706ba0>
```

生成器对象是可迭代对象，在被迭代的时候才开始执行生成器函数中的代码。可以使用 next 函数对生成器进行一次迭代，并获取 yield 返回的结果。

```
>>> g = gen_fun()
>>> next(g)
0
```

yield 与 return 的重要区别还在于生成器函数中可以多次执行 yield 语句，每次执行 yield 语句都会返回一个值，而 return 语句只能执行一次。

生成器每次执行 yield 语句就会被阻塞，等待下次调用 next 函数激活。从形式上来看，每次调用 next 函数运行的是两个 yield 语句之间的代码片段。当生成器函数中所有的 yield 语句都被执行完时，再次调用 next 函数就会抛出 StopIteration 异常。

```
1  def gen_fun(n):
2      for i in range(n):
```

```
3          print(f'返回{i}')
4          yield i
```

运行结果：

```
>>> g = gen_fun(2)
>>> next(g)
返回0
0
>>> next(g)
返回1
1
>>> next(g)
Traceback (most recent call last):
  File "<stdin>", line 1, in <module>
StopIteration
```

生成器可以像其他可迭代对象一样在 for 循环中遍历：

```
>>> g = gen_fun(2)
>>> for i in g:
...     print(i)
...
返回0
0
返回1
1
```

与普通的迭代器相比，生成器的一个重要特征是惰性计算。生成器中并不持有全部迭代元素，每次执行 next 会实时地生成一个元素返回。

2. 生成器推导式

作为可迭代对象使用时，生成器推导式与生成器函数的作用相同，两者都返回一个生成器对象。

```
>>> g = (i**2 for i in [1, 2])
>>> g
<generator object <genexpr> at 0x1086d8b30>
>>> next(g)
1
>>> next(g)
4
>>> next(g)
Traceback (most recent call last):
  File "<stdin>", line 1, in <module>
StopIteration
```

生成器推导式与生成器函数相比代码更加简洁易读，但是由于语法形式的限制而难以实现复杂的功能。因此，当生成器要实现的功能比较复杂时最好使用生成器函数，而当需要的功能仅用一个表达式就能够实现时选择生成器推导式更合适。

3. yeild from

yield from 语句是 Python 3.3 版本中加入的新语法，它能够在生成器函数中依次返回一个可迭代对象中的元素，从而替代循环语句使得代码更加简洁。下例中，每个 it 对象都是一个列表，yield from 能够依次返回其中的元素。

```python
1  def gen_fun(iters):
2      for it in iters:
3          yield from it
```

运行结果：

```
>>> g = gen_fun([[1, 2, 3], ['a', 'b', 'c']])
>>> list(g)
[1, 2, 3, 'a', 'b', 'c']
```

实际上，yield from 的功能不仅仅是替代循环语句，它还做了很多异常处理的工作，降低了编程的难度和工作量。此外，它更重要的作用是在异步编程[①]中用于在主调函数和子协程之间转移控制权[②]。

6.2.2 生成器与迭代器

迭代器协议中，__iter__的作用是返回一个迭代器。生成器也是一种迭代器，因此，也可以将__iter__定义为一个生成器函数。例 6-13 中，利用这种方式定义了一个迭代器。

【例 6-13】生成器与迭代器。

```python
1  class GenIter:
2      def __init__(self, values):
3          self.values = values
4      def __iter__(self):
5          for v in self.values:
6              yield v
7          # yield from self.values   # 与前两行循环语句等价
```

运行结果：

```
>>> gi = GenIter([1, 2, 3])
>>> iter(gi)
<generator object GenIter.__iter__ at 0x7fb8a6a9b4a0>
>>> for n in gi:
...     print(n)
...
```

[①] https://docs.python.org/3/library/asyncio-task.html
[②] 该功能在 PEP380 中定义（https://www.python.org/dev/peps/pep-0380/），即将被 await 语句取代。

6.3 类装饰器

第 4.6 节中曾介绍过函数装饰器，本节进一步介绍装饰器在类中的应用，包括修饰方法的装饰器和修饰类的装饰器。此外，利用类也可以实现装饰器，并且也可以用于修饰函数、方法和类。

6.3.1 修饰方法的装饰器

Python 中类的方法与普通函数本质上并无区别，因此修饰方法的装饰器与修饰函数的装饰器基本相同。唯一的区别在于方法的参数中可能包含特殊参数，即实例方法中的 self 和类方法中的 cls。定义修饰方法的装饰器的时候需要考虑特殊参数的传递。

在装饰器的定义中，可以通过 self 或 cls 属性来对实例和类进行修改或定制。例 6-14 中定义了一个用于修饰方法的装饰器 add_property，它的作用是为实例添加一个新的属性。被修饰方法中使用了该属性，并且在方法调用之后将新添加的属性删除。与修饰函数的装饰器的区别在于代码的第 2 行和第 5 行，分别需要接收和传入方法的特殊参数 self。

【例 6-14】修饰方法的装饰器。

```
1  def add_property(method):
2      def wrapper(self):              # 方法的特殊参数 self
3          print("添加一个属性")
4          self.new_property = 0        # 添加属性
5          result = method(self)        # 调用被修饰方法，传入特殊参数
6          del self.new_property        # 删除属性
7          print("删除属性")
8          return result
9      return wrapper
10
11 class TestMethodDec:
12     @add_property
13     def method(self):
14         print(self.new_property)
```

运行结果：

```
>>> tm = TestMethodDec()
>>> tm.method()
添加一个属性
0
删除属性
```

与函数装饰器相同，也可以定义带参数的方法装饰器。例 6-15 对例 6-14 进行了改进，利用装饰器参数和特殊属性 `__dict__` 指定添加的属性名和取值。

【例 6-15】带参数的方法装饰器。

```
1   def add_property(prop_name, value):
2       def decorator(method):
3           def wrapper(self, *args, **kwargs):
4               print(f"添加属性{prop_name}")
5               self.__dict__[prop_name] = value
6               result = method(self, *args, **kwargs)
7               del self.__dict__[prop_name]
8               print(f"删除属性{prop_name}")
9               return result
10          return wrapper
11      return decorator
12
13  class TestMethodDec:
14      @add_property('new_property', 100)
15      def method(self):
16          print(self.new_property)
```

运行结果：

```
>>> tm = TestMethodDec()
>>> tm.method()
添加属性new_property
100
删除属性new_property
```

如果装饰器的运行不涉及类或实例，利用可变参数就可以实现既可修饰函数也可修饰方法的装饰器，例如例 4-24 中定义的装饰器 run_time。

6.3.2 修饰类的装饰器

装饰器的本质是将修饰目标替换为一个新的对象。函数（或方法）的装饰器就是利用一个嵌套函数，将被修饰函数替换为嵌套函数的内层函数。修饰类的装饰器原理与函数 (或方法) 装饰器相同，在装饰器中利用一个类替换掉被修饰的类。实现方法有 2 种。

第一种方法比较简单，只用在装饰器中利用 Python 动态语言的特征对被修饰类进行动态改变之后返回即可。如例 6-16 所示，利用装饰器中定义的函数替换掉被修饰类中定义的 method 方法。

【例 6-16】动态改变被修饰类。

```
1   def class_dec1(class_deced):
2       def new_method(self):
3           print("执行装饰器添加的方法")
```

```
4      class_deced.method = new_method
5      return class_deced
6
7  @class_dec1
8  class TestClassDec:
9      def method(self):
10         print("执行被修饰类的方法")
```

运行结果:

```
>>> tc = TestClassDec()
>>> tc.method()
执行装饰器添加的方法
```

第二种方法需要在装饰器函数中定义一个新的类,以被修饰类的对象作为代理属性。通过该代理属性来实现被修饰类的功能。这种方法能够很容易地对被修饰类的功能进行扩展,增加新的方法或者为原有方法增加新功能。例 6-17 的装饰器 class_deced2 中定义了一个新的类,该类的属性 class_obj 是一个代理对象,它是被修饰类的一个实例。被修饰类中定义的方法通过代理对象调用(第 7 行)。

【例 6-17】利用代理对象实现类装饰器。

```
1  def class_dec2(class_deced):
2      class Inner:
3          def __init__(self, *args, **kwargs):
4              self.class_obj = class_deced(*args, **kwargs)  # 代理对象
5          def method(self):
6              print("执行装饰器中类的方法")
7              return self.class_obj.method()
8      return Inner
9
10 @class_dec2
11 class TestClassDec:
12     def method(self):
13         print("执行被修饰类的方法")
```

运行结果:

```
>>> tm = TestClassDec()
>>> tm.method()
执行装饰器中类的方法
执行被修饰类的方法
```

不过,例 6-17 中定义的装饰器可扩展性较差,在新定义的类中要重复实现被修饰类中所有的方法。利用特殊方法 __getattr__ 可以很简单地解决这个问题。如例 6-18 中定义的装饰器 class_dec3,其中 getattr(obj, p_name) 函数的作用是返回 obj 的名为 p_name 的方法或属性。

【例6-18】利用__getattr__实现类装饰器。

```
1  def class_dec3(class_deced):
2      class Inner:
3          def __init__(self, *args, **kwargs):
4              self.class_obj = class_deced(*args, **kwargs)
5          def __getattr__(self, prop_name):
6              return getattr(self.class_obj, prop_name)
7      return Inner
```

6.3.3 基于类的装饰器*

装饰器也可以用类来实现，称为基于类的装饰器或类装饰器。类装饰器同样也能够用于修饰函数、方法或者类。

1. 修饰函数的类装饰器

修饰函数的类装饰器本质上是将被修饰函数替换为一个可调用对象，该可调用对象是装饰器类的一个实例，因此装饰器需要实现__call__方法。

例6-19中利用类实现了与例4-21作用完全相同的类装饰器RunTime。当RunTime修饰一个函数后，该函数被替换为装饰器类的一个实例。这个实例是一个可调用对象，因此能够像函数一样调用。

【例6-19】修饰函数的类装饰器。

```
1   import time
2
3   class RunTime():
4       def __init__(self, fun):
5           self.fun = fun
6
7       def __call__(self):
8           start = time.time()
9           result = self.fun()
10          end = time.time()
11          print(f'函数{self.fun.__name__}的执行时间为{(end-start):.4}秒')
12          return result
13
14  @RunTime
15  def test_fun():
16      time.sleep(1)
```

运行结果：

```
>>> test_fun
<__main__.RunTime object at 0x10ea16fd0>
>>> test_fun()
函数test_fun的执行时间为1.003秒
```

函数被修饰之后元信息丢失。在类装饰器中无法再使用 wraps 装饰器来复制函数元信息。但是可以将 wraps 作为函数来使用，或者使用功能相似的 update_wrapper 函数来实现。如例 6-20 所示。

【例 6-20】类装饰器中的 update_wrapper。

```
1  from functools import update_wrapper
2
3  class ClassDec():
4      def __init__(self, fun):
5          self.fun = fun
6          update_wrapper(self, fun)
7
8      def __call__(self):
9          return self.fun()
10
11 @ClassDec
12 def test_fun():
13     pass
```

运行结果：

```
>>> test_fun.__name__
'test_fun'
```

2. 修饰方法的类装饰器

修饰方法的类装饰器与修饰函数的类装饰器相似，但必须要处理被修饰方法的特殊参数。例 6-20 中的 ClassDec 装饰器不能直接用于修饰方法，原因在于 __call__ 方法在调用被修饰方法时没有传入 self 参数。

```
1  class TestDec:
2      @ClassDec
3      def method(self):
4          pass
```

运行结果：

```
>>> td = TestDec()
>>> td.method()
Traceback (most recent call last):
  File "<stdin>", line 1, in <module>
  File "<stdin>", line 6, in __call__
TypeError: method() missing 1 required positional argument: 'self'
```

要解决这个问题，只需要在 __call__ 中调用被修饰方法时传入 self 参数即可，将例 6-20 第 9 行替换为 self.fun(self)。不过，修饰后的装饰器无法再用于函数之上，因为函数没有特殊参数。

可以综合利用可调用对象和描述器，在装饰器中同时实现 __call__ 方法和 __get__ 方法。在修饰函数时调用的是装饰器类的 __call__ 方法，而修饰方法时调用的是装饰器类的 __get__ 方法，从而使得类装饰器既能修饰方法又能修饰函数，如例 6-21。

【例 6-21】能够修饰函数和方法的装饰器。

```
1  import types
2
3  class ClassDec():
4      def __init__(self, fun):
5          self.fun = fun
6
7      def __call__(self, *args, **kwargs):
8          print('执行__call__')
9          return self.fun(*args, **kwargs)
10
11     def __get__(self, obj, cls):
12         print('执行__get__')
13         print(obj)
14         print(cls)
15         return types.MethodType(self, obj)
16
17 @ClassDec
18 def fun():
19     print('执行被修饰函数')
20
21 class TestDec:
22     @ClassDec
23     def method(self):
24         print('执行被修饰方法')
```

运行结果：

```
>>> fun()
执行__call__
执行被修饰函数
>>> td = TestDec()
>>> td.method()
执行__get__
<__main__.TestDec object at 0x10ea2a0d0>
<class '__main__.TestDec'>
执行__call__
执行被修饰方法
```

实现 __get__ 方法后，装饰器成为一个描述器。TestDec 类中被修饰的 method 方法被替换为一个同名的描述器。在访问 td 对象的 method 方法时，会进一步调用描述器的 __get__ 方法。types.MethodType 的作用是将 self 作为方法绑定在 obj 实例之上。

3. 修饰类的类装饰器

类装饰器用于修饰类时，一种简单的办法是在 `__call__` 方法中创建一个被修饰类的实例并返回。当然，在返回之前可以扩展或者动态改变被修饰类或者其实例的功能。

```python
1  class ClassDec:
2      def __init__(self, dec_cls):
3          self.dec_cls = dec_cls
4
5      def __call__(self, *args, **kwargs):
6          print(f'实例化一个{self.dec_cls}对象')
7          return self.dec_cls(*args, **kwargs)
8
9  @ClassDec
10 class TestDec:
11     def method(self):
12         print('执行方法')
```

运行结果：

```
>>> td = TestDec()
实例化一个<class '__main__.TestDec'>对象
```

6.4 抽象基类*

Python 中的协议是一种非正式的约定，在语言层面不具有强制性。解释器不会检查一个类是否实现了协议中的方法。抽象基类相当于强制性的协议。本节介绍抽象基类的使用和定义。

6.4.1 抽象基类的概念

Python 中抽象基类（abstract base class）的概念类似于其他面向对象编程语言（如 Java、C++）中的抽象类或接口。在面向对象编程中，将包含了抽象方法的类称为抽象类（abstract class）。抽象方法是一种只有声明没有实现的特殊方法。所谓声明，是指在类中仅指定了方法名、参数列表及返回值，但不包含方法体。抽象类不能被实例化，只用于派生新的子类。并且，子类必须实现了抽象类中的所有抽象方法后才能被实例化。接口是一种特殊的抽象类，所有的方法都是抽象方法。

抽象类的主要作用包括：
- 提高软件的灵活性，降低维护成本。抽象类可用于实现面向对象编程中"定义与实现相分离"的原则，降低了代码之间的耦合性，使得软件更易应对不断变化的需求。
- 提高代码规范化程度。抽象类强制实现相同功能的代码使用统一的方法名称定义，避免在大型项目的合作中由于不同开发人员之间随意命名造成的代码混乱。
- 便于软件的设计。大型软件项目往往需要通过顶层规划来为软件设计一个总体的逻辑和流程，便于开发人员之间的合作或不同模块之间的交互，抽象类是顶层设计的重要工具。

- 提供一类实例共性方法的统一实现。

Python 较少被用于构建大型软件项目，抽象基类通常并没有承担太多类似于 Java 中抽象类或接口那样的职责。因此，Python 编程中绝大多数情况下不需要自定义抽象基类，内置的抽象基类就能够满足一般的需求。

6.4.2 抽象基类的使用

1. 继承抽象基类

抽象基类最常见的使用方式是通过继承在派生类中重写抽象基类中定义的抽象方法，使得派生类具有抽象基类中约定的功能。抽象基类中的抽象方法在派生类中的实现是强制性的，并且在派生类中必须实现全部抽象方法才能被实例化。Python 中常用的抽象基类位于 collections.abc 模块之中。

例 6-22 中的类 MSeqAbc 继承自抽象基类 MutableSequence，用于定义一个可变序列类型。本例中数据用列表来存储，实际使用中可使用任意数据结构。MutableSequence 中定义了五个抽象方法，分别是 __getitem__、__setitem__、__delitem__、__len__ 和 insert。MSeqAbc 需要实现全部 5 个方法才能够实例化对象。

【例 6-22】继承抽象基类。

```
1  from collections import abc
2
3  class MSeqAbc(abc.MutableSequence):
4      def __init__(self, values):
5          self._values = list(values)
6      def __len__(self):
7          return len(self._values)
8      def __getitem__(self, index):
9          return self._values[index]
10     def __setitem__(self, index, value):
11         self._values[index] = value
12     def __delitem__(self, index):
13         del self._values[index]
14     def insert(self, index, value):
15         self._values.insert(index, value)
16
17 class MSeqDuck:
18     ... ...
19     # 与MSeqAbc中的方法完全相同，不再重复
```

运行结果：

```
>>> msabc = MSeqAbc([1, 2, 3])
>>> len(msabc)
3
```

由于 Python 语言的鸭子类型特征，例 6-22 中的类 MSeqDuck 实际上即便不继承抽象基类 MutableSequence，只要定义了相同的方法即可实现与 MSeqAbc 完全相同的功能。但是，在团队合作开发或者一些设计模式中，由抽象基类派生而来的类具有如下两个非常有用的特点：

- 抽象基类中的抽象方法是强制性的，如果没有实现则所有的抽象方法就不能实例化：

```
>>> from collections import abc
>>> class TestAbc(abc.MutableSequence):
...     pass
...
>>> TestAbc()
Traceback (most recent call last):
  File "<stdin>", line 1, in <module>
TypeError: Can't instantiate abstract class TestAbc with abstract
                methods __delitem__, __getitem__, __len__,
                __setitem__, insert
```

- 能够使用 isinstance 和 issubclass 进行实例或类型检查：

```
>>> msabc = MSeqAbc([1, 2, 3])
>>> msduck = MSeqDuck([1, 2, 3])
>>> isinstance(msabc, abc.MutableSequence)
True
>>> issubclass(MSeqAbc, abc.MutableSequence)
True
>>> isinstance(msduck, abc.MutableSequence)
False
>>> issubclass(MSeqDuck, abc.MutableSequence)
False
```

不过，有时候即便是没有继承自抽象基类，也能够使用 isinstance 进行实例检查。例如，collections.abc.Sized 抽象类只有一个抽象方法 __len__，例 6-23 中的类 TestSized 并没有继承自 Sized，但是也可以通过 Sized 的实例和类型检查。

【例 6-23】__subclasshook__。

```
1  from collections import abc
2
3  class TestSized:
4      def __init__(self):
5          self.num = 0
6      def __len__(self):
7          return self.num
```

运行结果：

```
>>> issubclass(TestSized, abc.Sized)
True
```

```
>>> ts = TestSized()
>>> isinstance(ts, abc.Sized)
True
```

这其实是 Python 语言的另一个称为"钩子"的特征，抽象基类 Sized 中定义了一个特殊方法__subclasshook__，sinstance 和 issubclass 会自动调用该方法。Sized 中的__subclasshook__定义为：

```
1  @classmethod
2  def __subclasshook__(cls, C):
3      if cls is Sized:
4          if any("__len__" in B.__dict__ for B in C.__mro__):
5              return True
6      return NotImplemented
```

2. 注册虚拟子类

第二种使用抽象基类的方法，是将类注册为抽象基类的虚拟子类。抽象基类中包含了一个 register 方法，它能够将一个类注册为抽象基类的虚拟子类。从而，在不继承抽象基类的情况下，虚拟子类及其实例也能够利用 issubclass 和 isinstance 函数进行类型和实例检查。需要注意的是，在注册虚拟子类时，Python 不会检查抽象方法是否被实现。Python 3.3 以后的版本中，register 也可以作为装饰器使用，如例 6-24 所示。

【例 6-24】注册虚拟子类。

```
1  from collections import abc
2
3  @abc.MutableSequence.register                          # 使用装饰器注册虚拟子类
4  class RegisterAbc:
5      def __init__(self, values):
6          self._values = list(values)
7
8      def __len__(self):
9          return len(self._values)
10
11     def __getitem__(self, index):
12         return self._values[index]
13
14     def __setitem__(self, index, value):
15         self._values[index] = value
16
17     def __delitem__(self, index):
18         del self._values[index]
19
20     def insert(self, index, value):
21         self._values.insert(index, value)
22
```

```
23  # abc.MutableSequence.register(RegisterAbc)  # 使用函数注册虚拟子类
```

运行结果如下:

```
>>> issubclass(RegisterAbc, abc.MutableSequence)
True
>>> ra = RegisterAbc([1, 2, 3])
>>> isinstance(ra, abc.MutableSequence)
True
```

Python 语言中很多内置类型也使用了注册虚拟子类的方法,例如列表(list)就被注册为 MutableSequence 的一个虚拟子类。list 的 __mro__ 属性中并无 MutableSequence 类,但是利用 issubclass 却能够判断它为 MutableSequence 的子类。

```
>>> list.__mro__
(<class 'list'>, <class 'object'>)
>>> issubclass(list, abc.MutableSequence)
True
```

6.4.3 常用内置抽象基类

collections.abc 模块之中定义了常用的内置抽象基类,如表 6-2 所示。需要注意的是,部分抽象基类也混入(Mixin)了来自其他类的一些方法,参见官方文档①。

表 6-2 常用的内置抽象基类

抽象基类	继 承 自	抽象方法
Container		__contains__
Hashable		__hash__
Iterable		__iter__
Iterator	Iterable	__next__
Reversible	Iterable	__reversed__
Generator	Iterator	send, throw
Sized		__len__
Callable		__call__
Collection	Sized, Iterable, Container	__contains__, __iter__, __len__
Sequence	Reversible,Collection	__getitem__, __len__
MutableSequence	Sequence	__getitem__, __setitem__, __delitem__, __len__, insert
ByteString	Sequence	__getitem__, __len__
Set	Collection	__contains__, __iter__,__len__
MutableSet	Set	__contains__, __iter__, __len__, add, discard
Mapping	Collection	__getitem__, __iter__, __len__
MutableMapping	Mapping	__getitem__, __setitem__, __delitem__, __iter__, __len__

① https://docs.python.org/3/library/collections.abc.html

6.4.4 自定义抽象基类

除了使用 Python 内置的抽象基类之外，少数情况下需要自定义抽象基类。自定义抽象基类需要继承 abc.ABC 类[①]，并使用 abc.abstractmethod 装饰器将一个方法声明为抽象方法。abstractmethod 装饰器可以与 staticmethod、classmethod 等装饰器叠加使用。不过 abstractmethod 必须是距离方法名最近的最内层装饰器。

例 6-25 中定义了一个包含两个抽象方法的类 Moto。

【例 6-25】自定义抽象基类。

```
1   import abc
2
3   class Moto(abc.ABC):
4       @abc.abstractmethod
5       def run(self, speed):
6           """行驶"""
7
8       @abc.abstractmethod
9       def refueling(self, litre):
10          """加油"""
```

6.5 元 类*

Python 中类也有自己的"类型"，类的"类型"就是元类，或者说类是元类的实例。元类负责控制类的创建过程，是 Python 中比较底层的一种数据类型。

6.5.1 Python 类的特征

1. 类的一等对象特征

在面向对象编程中，类的作用是实例化产生对象，是描述如何产生对象的代码段。Python 中的类除了创建对象之外，它本身也是对象，而且是一等对象。也就是说，Python 中的类可以被赋值给变量、作为参数传递给函数、作为函数的返回值，并且能够在程序运行期间动态创建，如例 6-26。

【例 6-26】类的一等对象特征。

```
1   class TestClass:
2       pass
3
4   def get_class():
5       class TestClass:
6           pass
7       return TestClass
```

---

① 注意，这里的 abc 模块并非是 collections.abc 模块。

运行结果：

```
>>> Test = TestClass         # 赋值给变量
>>> t = Test()
>>> t
<__main__.TestClass object at 0x10a23a5f8>
>>> lst = []
>>> lst.append(TestClass)    # 放入容器之中
>>> lst[0]()
<__main__.TestClass object at 0x10a23a710>
>>> get_class()()            # 在函数中动态创建类，并返回
<__main__.get_class.<locals>.TestClass object at 0x10a28d710>
```

2. 类的类型

既然 Python 中的类也是对象，那么与其他的对象相同，也需要有一个"类"来描述和创建。这样的"类"就称为元类。Python 中所有的类都是元类的实例，元类是比类更高一级的抽象。

利用 type 函数可以查看对象的类型，类也不例外。例如，tc 是 TestClass 的一个实例，它的类型就是 TestClass，而 TestClass 的类型则是 type。type 就是一个元类。

```
>>> tc = TestClass()
>>> type(tc)
<class '__main__.TestClass'>
>>> type(TestClass)
<class 'type'>
```

那么，元类 type 和"函数" type 是什么关系呢？其实它们是同一个东西，本质上 type 只是一个可调用对象而已，并不是函数。

如果没有指定元类，默认情况下，Python 中所有类的类型，即它们的元类，都是 type。

```
>>> list.__class__
<class 'type'>
>>> dict.__class__
<class 'type'>
>>> tuple.__class__
<class 'type'>
>>> set.__class__
<class 'type'>
```

3. 类的动态创建

例 6-26 中，函数 get_class 内部定义了一个类，每一次调用它都会动态地创建出一个新的类。动态创建类更重要的方式是使用 type，本质上所有的类都是利用这种方式创建的。当用于创建类时，type 有三个参数，分别用 name、bases 和 attrs 表示：

- name：类名字符串，用于指定类的名字。
- bases：基类元组，用于指定基类，空元组表示使用默认基类 object。

- attrs：属性/方法字典，用于指定类的属性和方法，可以为空字典。

下面的例子中，利用 type 动态地创建了一个类 TestClass，它有一个名为 x 的属性和一个名为 method 的方法。

```
>>> def method(self):
...     print('执行"method"方法')
>>> test_class = type('TestClass', (), {'x': 1, 'method': method})
>>> test_class
<class '__main__.TestClass'>
>>> o = test_class()
>>> o
<__main__.TestClass object at 0x7fd0a1acd7b8>
>>> o.method()
执行"method"方法
```

如果需要动态创建的类中包含类方法或静态方法，只需要像普通的类定义中那样使用 classmethod 或 staticmethod 装饰器对函数进行修饰即可。

综上所述，type 在 Python 中具有三种作用。第一，它可以作为函数来判断数据的类型；第二，它是一个元类，并且是所有元类的默认基类，所有的元类都必须派生自 type；第三，可以用于动态创建类。

6.5.2 元类的定义与使用

1. 自定义元类

Python 中所有的元类都必须是 type 的派生类。元类的定义与普通类的定义相似，如果指定基类为 type 或者其他元类，那么这个类就是一个元类。

元类的作用是创建类，因此使用元类的目的就是要改变类默认的创建过程，主要通过定制元类的特殊方法 __new__ 来实现。元类的 __new__ 方法有 metacls、name、bases 和 attrs 四个参数。其中特殊参数 metacls 与普通类中 __new__ 方法中的 cls 相似，它的实参是当前的元类。另外三个参数 name、bases 和 attrs 的作用与 type 用于动态创建类时的三个参数相同，分别表示类的名称字符串、基类元组和属性/方法字典。

例 6-27 中定义了一个元类，用于将类的所有非特殊的属性或方法名称变为小写形式。默认情况下，元类的 __new__ 方法会直接根据传入的参数创建类。而例 6-27 在创建类之前检查 attrs 中的每个属性，将名称不以 __ 开始和结尾的属性名都转为小写（第 4~8 行）。然后，利用新的属性/方法字典创建类。

【例 6-27】自定义元类。

```
1  class LowerAttrs(type):
2      def __new__(metacls, name, bases, attrs):
3          new_attrs = {}
4          for attr in attrs:
5              if attr.startswith('__') and attr.endswith('__'):
6                  new_attrs[attr] = attrs[attr]
```

```
7            else:
8                new_attrs[attr.lower()] = attrs[attr]
9        return super().__new__(metacls, name, bases, new_attrs)
```

2. 使用元类

定义类时，在基类元组中使用 metaclass 关键字可以指定元类。如果没有指定元类，则默认以 type 作为元类。

例 6-28 定义了一个名为 TestMetaclass 的类，并在它的基类元组中指定以例 6-27 中的 LowerAttrs 为元类。TestMetaclass 中定义了一个名为 METHOD 的方法，但是在类创建过程中元类 LowerAttrs 将该方法名转为小写形式。因此，类中没有 METHOD 方法只有 method 方法。

【例 6-28】使用元类。

```
1  class TestMetaclass(metaclass=LowerAttrs):
2      def METHOD(self):
3          print('METHOD')
```

运行结果：

```
>>> tm = TestMetaclass()
>>> tm.METHOD()
Traceback (most recent call last):
  File "<stdin>", line 1, in <module>
AttributeError: 'TestMetaclass' object has no attribute 'METHOD'
>>> tm.method()
METHOD
```

3. 类的创建过程

实际上，Python 中的类都是由 type 创建出来的。在类创建过程中，Python 解释器会解析类的代码并构建类名字符串、基类元组以及属性/方法字典，然后将它们传递给元类的__new__方法。元类__new__方法根据传入的参数调用 type 来创建类。

Python 解释器在创建类时首先使用当前类的元类；如果当前类没有指定元类则进一步遍历检查基类中是否有指定元类；如果基类中也没有指定元类，则以 type 作为元类。

6.5.3 元类的应用实例

元类是 Python 中较为复杂的内容，学习它有助于更深入地理解 Python 面向对象编程的本质。但是，元类运行在非常抽象的层面，它的部分功能也可以使用装饰器或者类的定制来实现，因此在绝大多数的 Python 编程任务中不需要使用元类。元类通常用于较为底层的软件和工具的开发，或者实现比较复杂的设计模式。编程框架的开发是元类比较典型的应用场景，例如 Web 框架、ORM（Object Relational Mapping）框架等。本小节以一个简易的 ORM 框架为例，介绍元类的应用。

大多数应用软件项目的开发中都会用到面向对象编程技术和数据库。其中，使用最广泛的数据库类型是关系数据库。关系数据库的编程范式接近于面向过程编程，这就使得面向对象和数据库之间在编程范式上是不匹配的。ORM 框架就是一种弥补这种差异的工具，它将数据库中的记录映射为具有数据库操作功能的对象，从而能够以面向对象的方式进行数据库编程。Python 中有很多第三方 ORM 工具，比较常用的有 SQLALchemy、peewee 等。

例 6-29 中实现了一个简易的 ORM 框架。其中，Field 对应数据库表的列，例 6-29 中定义了 StrField 和 IntField 两种类型的列。它们的核心功能是生成用于构造 SQL 语句的字符串。Model 对应数据库表中的表或一条记录，定义了访问列和将数据存入数据库的功能（仅输出 SQL 语句）。Model 的基类是 dict，元类是 ModelMetaclass。ModelMetaclass 的作用是解析用户定义的数据库列，创建 Model 的派生类。

【例 6-29】利用元类实现 ORM。

```python
class Field:                                        # 数据库列的基类
    def __init__(self, name, column_type):
        self.name = name
        self.column_type = column_type

    def __str__(self):
        return f'{self.__class__.__name__}:{self.name}'

class StrField(Field):                              # 字符类型的列
    def __init__(self, name):
        super().__init__(name, 'varchar(50)')

class IntField(Field):                              # 整数类型的列
    def __init__(self, name):
        super().__init__(name, 'int')

class ModelMetaclass(type):                         # 数据库表的元类
    def __new__(cls, name, bases, attrs):
        if name == 'Model':
            return type.__new__(cls, name, bases, attrs)
        mappings = dict()
        for k, v in attrs.items():
            if isinstance(v, Field):
                mappings[k] = v
        for k in mappings:
            attrs.pop(k)
        attrs['__mappings__'] = mappings
        attrs['__table__'] = name
        return type.__new__(cls, name, bases, attrs)

class Model(dict, metaclass=ModelMetaclass):        # 数据库表的基类
    def __getattr__(self, key):
```

```
33              return self.get(key, None)
34
35         def __setattr__(self, key, value):
36              self[key] = value
37
38         def save(self):
39              fields = []
40              params = []
41              args = []
42              for k, v in self.__mappings__.items():
43                  fields.append(v.name)
44                  params.append('?')
45                  args.append(getattr(self, k, None))
46              sql = f'insert into {self.__table__} ({",".join(fields)}) values
                                   ({",".join(params)})'
47              print(sql, tuple(args))
```

例 6-29 中实现的 ORM 作用有限，仅输出了操作数据库的 SQL 语句。完整的 ORM 还需要实现表的创新、记录的修改和查询，还要考虑安全性、数据库的并发与事务等。ORM 的实现虽然复杂，但最终目的却是要使得 ORM 用户能够尽可能简单、便捷地访问数据库。例 6-29 中 ORM 的一个简单的应用如例 6-30 所示，只需要继承 Model 类并定义数据库表的列，然后就可以创建对象对数据库进行操作了。

【例 6-30】自定义 ORM 的使用。

```
1    class User(Model):
2        # 定义类的属性到数据库列的映射：
3        id = IntField('id')
4        name = StrField('username')
5        password = StrField('password')
```

运行结果：

```
>>> u1 = User(id=1, name='张三', password='123456')
>>> u1.save()
insert into User (id,username,password) values (?,?,?) (1,'张三','123456')
>>> u2 = User(id=2, name='李四', password='123456')
>>> u2.save()
insert into User (id,username,password) values (?,?,?) (2,'李四','123456')
```

6.6　对象序列化*

对象序列化（serialization）也称为对象持久化，是指将内存中的对象转换为数据流，能够存储在文件之中或者通过网络进行传输。相应地，对象反序列化是指将二进制字节数据流恢复重建为 Python 对象。Python 标准库中提供了多个模块用于实现对象的序列化与反序列化。

6.6.1 pickle

Python 对象序列化最常用的工具是 pickle 模块，它实现对 Python 对象进行二进制序列化和反序列化的功能。pickle 的格式不同于其他的数据存储格式，不能被其他语言识别，仅能用于 Python 之中。此外，pickle 的格式也随着 Python 版本的变化而不断更新，不同 Python 版本中的 pickle 数据可能是不兼容的。

pickle 模块对对象序列化提供了强大的支持，其中最常使用的是如下 4 个函数[1]：

- dump(obj, file, protocol=None)：将对象 obj 序列化为二进制数据，并写入**打开的文件对象** file 之中[2]。
- load(file)：从打开的文件对象 file 中加载序列化对象，反序列化重建对象后将其返回。
- dumps(obj, protocol=None)：将对象 obj 序列化为二进制数据并返回。
- loads(data)：对序列化之后的二进制数据进行反序列化操作，重建对象并返回。

需要注意的是，并非所有 Python 对象都可以被序列化。能够被序列化的对象有 None、布尔类型（True 和 False）、字符串（str）、字节串（byte）、字节数组（bytearray）、全局函数和类、某些对象（__dict__属性或__getstate__函数返回值可被序列化的对象），以及元素都为可序列化对象的列表、元组、集合和字典。不过，不必过于关注对象能否被序列化，因为实际应用的对象基本都能够满足序列化要求。

protocol 参数用于指定序列化操作采用的 pickle 协议版本，可选的取值为 0 到 5 的整数，分别表示 v0 到 v5 版本的 pickle 协议。协议版本越高，反序列化所依赖的 Python 环境版本也越高。其中，v5 版本是 Python 3.8 中新加入的。

另外，pickle 序列化本质上是不可靠的。pickle 序列化实际上是一个描述如何构建原始 Python 对象的程序，这就使得序列化产生的数据中很容易被加入恶意信息，在反序列化时这些恶意信息会被释放出来。因此，序列化数据仅适用于在可信任的程序之间传递。在反序列化来源未知的数据时，为安全起见要使用加密签名对数据进行验证。

1. 一般数据类型的序列化

一般数据类型是指各种数值类型、字符串、字节串、列表、元素、集合、字典等常见数据类型，它们的序列化很简单。例 6-31 利用 pickle 模块对这些数据类型进行序列化和反序列化。其中，待序列化的数据 data 为一个字典，它有三个元素，分别为列表、元组和集合。

【例 6-31】pickle 序列化与反序列化。

```
1  import pickle
2
3  # 待序列化数据
4  data = {
5      'list': [1, 2.0, 3, 4+5j],
6      'tuple': ("字符串数据", b"byte string"),
```

---

[1] 仅介绍最常用的参数，详细内容参见官方文档：https://docs.python.org/3/library/pickle.html#module-interface
[2] 文件读写操作参见第 8.1 节。

```
7        'set': {None, True, False}
8  }
9
10 # 序列化
11 with open('data.pickle', 'wb') as f:
12     pickle.dump(data, f)
13
14 # 反序列化
15 with open('data.pickle', 'rb') as f:
16     data = pickle.load(f)
```

2. 函数、类和实例的序列化

函数、类和实例的序列化与普通类据类型不同。在序列化时，只有函数名和类名被序列化，而函数体及类体（包括类数据）不会被序列化。

例 6-32 定义了一个函数 test_fun 和一个类 TestClass 并进行序列化和反序列化操作。在删除函数和类的定义之后，再次尝试反序列化会抛出 AttributeError 错误，显示找不到 test_fun 和 TestClass。说明函数体和类体其实并没有被序列化。因此，在对函数和类进行反序列化的时候，它们的定义必须是可见的。

【例 6-32】函数和类的序列化。

```
1  import pickle
2
3  def test_fun():
4      return 'Hello Pickle'
5
6  class TestClass:
7      pass
```

运行结果：

```
>>> fun_pkl = pickle.dumps(test_fun)         # 函数序列化
>>> class_pkl = pickle.dumps(TestClass)      # 类序列化
>>> fun = pickle.loads(fun_pkl)              # 函数反序列化
>>> fun()
'Hello Pickle'
>>> test_class = pickle.loads(class_pkl)     # 类反序列化
>>> obj = test_class()
>>> del test_fun                             # 删除函数定义
>>> del TestClass                            # 函数类定义
>>> fun = pickle.loads(fun_pkl)              # 再次反序列化函数
Traceback (most recent call last):
  File "<stdin>", line 1, in <module>
AttributeError: Can't get attribute 'test_fun' on <module '__main__'>
>>> test_class = pickle.loads(class_pkl)     # 再次反序列化类
Traceback (most recent call last):
```

```
    File "<stdin>", line 1, in <module>
AttributeError: Can't get attribute 'TestClass' on <module '__main__'>
```

类的实例在序列化的时候，只会保存实例中的属性数据，实例所属的类同样不会被序列化。在反序列化时，类必须也是可见的。在对实例进行反序列化时，首先利用类创建一个未初始化的实例，然后利用序列化数据中保存的数据还原属性取值。在这个过程中，不会调用 __init__ 方法。如例 6-33 所示。

【例 6-33】实例的序列化。

```
1   import pickle
2
3   class TestClass:
4       attr_cls = 1
5       def __init__(self):
6           self.attr_obj = 2
7
8   obj = TestClass()
9   obj.attr_obj = 3
10  obj_pkl = pickle.dumps(obj)      # 实例序列化
11
12  del obj
13  obj = pickle.loads(obj_pkl)      # 实例反序列化
14
15  print(obj.attr_cls)
16  print(obj.attr_obj)
```

输出结果为：

```
1
3
```

6.6.2 copyreg

copyreg 的作用是注册能够在序列化和反序列化过程中被调用的函数，用于控制序列化和反序列化的过程，从而能够为序列化和反序列化定制特殊的功能。copyreg 模块的关键在于 pickle 函数：

```
pickle(type, function, constructor=None)
```

其中，`type` 为需要被序列化的对象的类型。copyreg 注册的函数仅对 `type` 类型的对象有效。`function` 被注册为在序列化之前被调用的函数，它有两个返回值，分别为重构函数以及传递给重构函数的参数元组。`constructor` 为重构函数，用于反序列化重建对象。由于 `function` 返回值中已给出重构函数，因此 `constructor` 参数可以省去。

在实际应用中往往会遇到软件升级的情况。升级之后，加载数据时可能会遇到旧版软件的反序列化数据，可能会出现不兼容的情况。例如，例 6-34 中定义了两个版本的 User

类（第 4 行和第 24 行），新的 User 中增加了属性 email（第 25 行）。user_pkl 为旧的 User 类对象的序列化数据（第 20 行），反序列化重建对象使用的是新的 User 类（第 30 行）。

由第 6.6.1 小节可知，在反序列化过程中重建实例时不会调用 __init__ 方法。因此，尽管能够使用新的 User 类反序列化，但是重建的对象中不会有 email 属性。

为了解决这个问题，例 6-34 中定义了函数 unpickle_fun 和 pickle_fun，并利用 copyreg 进行注册。在重构函数 pickle_fun 中调用了新的 User 类的 __init__ 方法。因此，反序列化得到的对象 user_recover 中包含了 email 属性。

【例 6-34】copyreg。

```python
import pickle
import copyreg

class User:                                           # 旧版User类
    def __init__(self, name, age):
        self.name = name
        self.age = age

def unpickle_fun(obj_data):                           # 重建被序列化的对象
    print('reconstructing')
    return User(**obj_data)

def pickle_fun(obj):                                  # 在序列化之前调用
    print('before pickling')
    return unpickle_fun, (obj.__dict__,)

copyreg.pickle(User, pickle_fun, unpickle_fun)        # 注册归约函数和重构函数

user = User('张三', 20)
user_pkl = pickle.dumps(user)                         # 序列化旧版User的对象

del User

class User:                                           # 新版User类
    def __init__(self, name, age, email='common@test.email'):
        self.name = name
        self.age = age
        self.email = email

user_recover = pickle.loads(user_pkl)                 # 重构为新版User对象
print(user_recover.email)
```

输出结果为：

```
before pickling
reconstructing
```

```
common@test.email
```

6.6.3 shelve

标准库中的 shelve 模块是对 pickle 模块的封装,提供了更加便捷的序列化和反序列化功能。shelve 模块中的 open 函数会打开序列化数据文件并返回一个特殊的字典,该字典中包含了保存在文件中的序列化数据。它的键为字符串,值是任意能够被 pickle 序列化的对象。

如果是以可写入的方式(writeback=True,默认取值)打开序列化数据文件,则将新的对象放入该字典中即可实现序列化。与普通文件读写相似,操作完毕之后需要调用 close 方法关闭文件 (参见 8.1 节)。另外,该字典也是一个上下文管理器,因此可以使用 with 语句块 (参见 8.2 节) 更加安全地实现序列化和反序列化。如例 6-35 所示。

【例 6-35】利用 shelve 实现序列化与反序列化。

```
1   import shelve
2
3   class Test:
4       pass
5
6   d1 = [1, 2.0, 3, 4+5j]
7   d2 = ("字符串数据", b"byte string")
8   d3 = {None, True, False}
9   d4 = Test()
10
11  # 序列化,以可写入方式打开文件
12  with shelve.open('shelve.data') as shelve_file:
13      shelve_file['list'] = d1
14      shelve_file['tuple'] = d2
15      shelve_file['set'] = d3
16      shelve_file['obj'] = d4
17
18  # 反序列化,以不可写入方式打开文件
19  with shelve.open('shelve.data', writeback=False) as shelve_file:
20      for key, value in shelve_file.items():
21          print(f'{key}: \t{value}')
```

输出结果为:

```
list:    [1, 2.0, 3, (4+5j)]
tuple:   ('字符串数据', b'byte string')
set:     {False, True, None}
obj:     <__main__.Test object at 0x7fbe7135cd90>
```

6.7 小　　结

本章介绍了 Python 面向对象编程中重要的高级特征，包括类的定制、生成器、类装饰器、抽象基类及元类等。其中，类的定制是较为基础和重要的部分，利用 Python 类的特殊方法使得类具有一些特殊的功能。生成器是 Python 中的一种较为特殊的类型，它既是一种特殊的可迭代对象又是一种延迟计算的方法，而且还与并发编程相关（在后续章节中介绍）。类装饰器部分介绍了用于修饰类或类方法的函数装饰器以及基于类实现的装饰器。抽象基类的作用类似于其他面向对象编程语言中的抽象类或接口。Python 语言中一切皆对象，类也不例外。所有的对象都有类型，元类就是类的类型。元类是 Python 面向对象机制中比较底层的部分。

6.8　思考与练习

1. Python 类定义中常见的魔法方法有哪些？它们分别具有什么样的特殊功能？
2. 什么是可调用对象？如何定义可调用对象？
3. 什么是迭代器？什么是可迭代对象？
4. 容器是否是迭代器？
5. 生成器函数与普通函数有什么区别？
*6. 是否可以用函数来实现能够修饰类的装饰器？
*7. 修饰函数的装饰器能否用于修饰方法？
*8. 什么是抽象方法？它与普通方法有什么不同之处？
*9. 在 Python 中，有哪些方法能够动态创建类？
10. 定义一个表示矩阵的类 Matrix，它能够利用 +、-、*、/运算符进行矩阵的加、减、乘、除运算。

第 7 章 调试与测试

在程序开发过程中可能会遇到各种各样的错误,这些错误可分为 2 种类型:语法错误和逻辑错误。语法错误会导致代码无法运行,因而很容易发现和定位。含有逻辑错误的代码能够顺利执行,但是却会得到错误的结果。逻辑错误通常难以定位,往往需要经过调试才能找出来。此外,调试也是学习编程的一种很好的工具。在调试中增加断点暂停程序的执行,观察变量的取值和状态,通过这种方式可以更直观地理解和学习已有代码。

测试是在程序开发完成后进一步查找程序漏洞、提高软件质量的过程。测试可分为功能测试、性能测试等类型。在敏捷开发领域,还有所谓"测试驱动开发"的概念,在实现软件功能之前先编写测试代码,然后再编写能够通过测试的功能代码,通过测试来推动整个软件开发的进程。关于测试,本章简要介绍 Python 中常用的单元测试和文档测试方法。

7.1 调试方法

本节从最简单的 print 语句在调试中的应用开始,依次介绍 logging 模块、pdb 调试器等常用调试工具的基本使用方法,以帮助读者理解代码调试的原理和思想。

除了这几种工具,常用的 Python 开发工具或 IDE 环境,如 PyCharm、Spyder、PyDev、VSCode 等,都有强大的调试功能,在掌握了调试的基本方法之后非常容易上手。因此,这里不再赘述,建议读者自行尝试。

7.1.1 利用 print 调试程序

最简单的调试工具是 print 语句。当程序输出结果与预期不一致时,在可能出错的位置利用 print 语句输出关键的变量,查看其取值与预期是否一致。如果不一致,再进一步改变 print 的位置或者输出的变量,直到确定程序的错误原因。

例 7-1 以一个称为"可变默认参数陷阱"的问题为例介绍代码的调试方法。该例子中定义了一个函数,它有一个可选参数 lst,默认取值为一个元组。该函数的作用是将 values 中的参数添加至 lst 中并返回。

【例 7-1】可变默认参数陷阱。

```
1  def fun(values, lst=[]):
2      lst.extend(values)
3      return lst
```

当该函数被多次调用时，结果为：

```
>>> fun([1, 2, 3])
[1, 2, 3]
>>> fun([1, 2, 3])
[1, 2, 3, 1, 2, 3]
```

两次调用的参数完全相同，但输出是不一致的。这个函数的逻辑非常简单，values 参数也不太可能出问题，所以有理由怀疑问题出在 lst 参数上。于是，可以在代码中输出 lst 的值来查看它与预期是否一致。

```
1  def fun(values, lst=[]):
2      print('lst:', lst)        # 输出lst的值
3      lst.extend(values)
4      return lst
```

运行结果：

```
>>> fun([1, 2, 3])
lst: []
[1, 2, 3]
>>> fun([1, 2, 3])
lst: [1, 2, 3]
[1, 2, 3, 1, 2, 3]
```

可以发现，第二次调用 fun 函数时，lst 的值变成了 [1, 2, 3]！这正是程序的问题所在。参数的默认值也是一个变量，而且多次调用函数中使用的是同一个默认参数变量。一旦改变了它的取值，后续的函数调用就会受到影响。因此，在函数定义中使用可变数据类型作为可选参数的默认值是不安全的。

通过这个例子，可以清楚地观察到如何使用 print 输出程序运行中变量的取值来定位逻辑错误。这种方式简单有效且不依赖任何工具，适用于复杂度较小的代码的调试。

7.1.2 利用 logging 调试程序

利用 print 调试完程序时，需要将用于调试的 print 语句删除或注释掉，当代码比较复杂时容易出现遗漏，并且调试信息与其他输出信息混杂在一块也会影响对输出结果的判断。利用 Python 内置的日志处理模块 logging 输出调试信息可以有效避免 print 的这些缺点。

logging 模块是 Python 内置的标准模块，主要用于输出运行日志，能够设置输出日志的等级、日志保存路径、日志文件回滚等。相比 print 语句，logging 具备如下优点：

- 可以通过设置不同的日志等级来对输出信息进行控制；

- 可以定制输出信息的格式；
- 可以方便地将不同类型的信息输出到不同的位置，例如文件。

logging 模块的功能是通过 Logger 对象实现的。Logger 对象不用直接实例化，它以单例模式运行，调用 getLogger 函数即可获得 Logger 对象。getLogger 函数有一个参数 name，用于指定 Logger 对象的名称。相同的 name 会返回同一个 Logger 对象，即便是在不同的脚本文件中也是如此。Logger 对象可以使用 fatal、critical、error、warn、info、debug 等方法来输出日志信息。

logging 模块的 basicConfig 函数用于对 Loger 对象进行配置。主要的配置信息包括日志消息的输出等级（level 参数）和输出格式（format 参数）。只有比输出等级高的日志信息才会被输出，日志信息的等级从高到低依次包括：

- FATAL：致命错误。
- CRITICAL：特别严重的错误，如内存耗尽、磁盘空间为空等，一般很少使用。
- ERROR：一般的错误，如输入输出操作失败。
- WARNING：发生很重要的事件，但是并不是错误时，如用户登录密码错误。
- INFO：处理请求或者状态变化等日常事务。
- DEBUG：调试过程中使用的 DEBUG 等级。

format 参数是一个用于定制日志输出信息的格式化字符串，该字符串可以利用如表 7-1 所示的配置格式进行配置。

表 7-1　logging 输出格式配置

属性名称	格　式	说　　明
name	%(name)	Logger 对象名
asctime	%(asctime)s	精确到毫秒的日志事件时间
filename	%(filename)s	日志文件名
pathname	%(pathname)s	日志文件的全路径名称
funcName	%(funcName)s	日志输出所在的函数
levelname	%(levelname)s	日志的等级
levelno	%(levelno)s	日志等级信息
lineno	%(lineno)d	日志输出所在代码中的行号
module	%(module)s	日志输出所在的模块名

利用 logging 来对"可变默认参数陷阱"问题进行调试，如例 7-2 所示。

【例 7-2】利用 logging 调试可变默认参数陷阱。

```
1  import logging
2  logging.basicConfig(level=logging.DEBUG,
3      format='%(levelname)s \t %(message)s - line: %(lineno)d')
4  logger = logging.getLogger()
5
6  def fun(values, lst=[]):
7      logger.debug(lst)
8      lst.extend(values)
```

```
 9        return lst
10
11 logger.info(fun([1, 2]))
12 logger.info(fun([1, 2]))
```

输出结果为：

```
DEBUG     [] - line: 6
INFO      [1, 2] - line: 10
DEBUG     [1, 2] - line: 6
INFO      [1, 2, 1, 2] - line: 11
```

若将第 2 行的日志信息输出级别配置改为 level=logging.INFO，则输出结果为：

```
INFO      [1, 2] - line: 10
INFO      [1, 2, 1, 2] - line: 11
```

7.1.3 pdb 调试器

1. pdb 的运行

pdb 是 Python 内置的交互式调试器，它支持在源代码行级别设置断点、单步执行、列出源代码、查看变量值等功能。

假设需要调试的 Python 脚本文件名为 source_code.py，进入 pdb 调试器环境的方法有 3 种：

- 命令方式：在命令行中执行 python -m pdb source_code.py 即可进入 pdb 调试环境。这种方式的优点是不需对代码做任何变动。
- pdb.set_trace()：首先在脚本代码中导入 pdb 模块，然后在需要设置断点的位置插入一行代码，内容为 pdb.set_trace()。然后执行代码 python source_code.py，程序运行至断点位置会暂停并进入 pdb 调试环境。这种方式的优点是调试程序与执行程序方式一致，并且能够提前设置断点。
- breakpoint()：breakpoint 函数是 Python 3.7 中引入的一种新的进入调试环境的方法，使用方法与 pdb.set_trace 相似。区别在于 breakpoint 是一个内置函数，不必导入 pdb 模块。

2. pdb 常用命令

pdb 环境中可输入各种命令来调试程序，包括单步执行、设置断点、输出变量值等。常用命令如表 7-2 所示。

3. pdb 调试实例

下面仍旧以"可变默认参数陷阱"问题为例介绍 pdb 调试器的使用方法。首先，将例 7-3 所示的代码保存为名为 debug.py 的文件。然后，运行命令 python -m pdb debug.py 进入 gdb 调试环境。

【例 7-3】利用 pdb 调试可变默认参数陷阱。

```
1  # debug.py
2  def fun(values, lst=[]):
3      lst.extend(values)
4      return lst
5
6  fun([1, 2, 3])
7  fun([1, 2, 3])
```

表 7-2　pdb 常用命令

命　　令	命令简写	功　　能
list	l	列出代码
next	n	单步执行，不进入函数内部
step	s	单步执行，进入函数内部
where	w	查看所在的位置
print	p	输出变量值
args	a	打印当前函数的参数
continue	c	继续运行，直到遇到断点或者程序结束
return	r	一直运行到函数返回
jump	j	跳转到指定行数运行
break	b	添加断点/列出断点
clear	cl	清除断点
disable	d	禁用断点
enable	--	启用断点
break	--	设置临时断点（断点处只中断一次）
condition	--	条件断点
help	h	帮助
quit	q	退出 pdb

进入 pdb 环境：

```
$ python -m pdb debug.py
> /path/of/codes/debug.py(2)<module>()
-> def fun(values, lst=[]):
(Pdb)
```

输入命令 l（list）查看程序代码：

```
(Pdb) l
  1     # debug.py
  2  -> def fun(values, lst=[]):
  3         lst.extend(values)
  4         return lst
  5
  6     fun([1, 2, 3])
  7     fun([1, 2, 3])
[EOF]
```

在第 3 行添加断点，并查看断点：

```
(Pdb) b 3
Breakpoint 1 at /path/of/codes/debug.py:3
(Pdb) b
Num Type         Disp Enb    Where
1   breakpoint   keep yes    at /path/of/codes/debug.py:3
```

运行至程序断点处：

```
(Pdb) c
> /path/of/codes/debug.py(3)fun()
-> lst.extend(values))
```

查看变量 lst 的取值：

```
(Pdb) p lst
[]
```

再次运行至断点，并查看 lst 的取值，从而确定错误原因：

```
(Pdb) c
> /path/of/codes/debug.py(3)fun()
-> lst.extend(values)
(Pdb) p lst
[1, 2, 3]
```

退出调试环境：

```
(Pdb) q
$
```

7.2 异常处理

程序在运行过程中有可能会出现各种各样的错误，这些错误也称为异常。一旦发生异常，程序就会终止运行。这样的程序是不健壮的，软件用户的体验会非常差。为了提高程序的健壮性，需要在代码中捕获并处理这些异常，使得程序运行回到正确的逻辑上来。

7.2.1 异常的原因

导致异常的原因有很多，例如数据类型不匹配、文件不存在、网络连接错误、除运算中分母为 0、下标越界等。当 Python 解释器检测到错误时程序就无法再继续执行下去，这时候就出现了异常。异常发生后如果能够得到及时有效的处理，程序就可以继续执行；如果得不到处理，就会导致程序崩溃终止运行。

除运算中分母为 0 是一种典型的运算异常。在交互式环境中执行算术运算代码 1/0，就会出现 ZeroDivisionError 异常，在显示异常信息后程序终止。

```
>>> 1/0
Traceback (most recent call last):
  File "<stdin>", line 1, in <module>
ZeroDivisionError: division by zero
```

Python 解释器在检测到异常之后，会根据异常的类型及异常信息将其包装成一个异常对象，并显示其中的错误信息。这个过程称为抛出异常。

异常不仅可以由 Python 解释器抛出，也可以在代码中主动抛出异常。例如，当函数的参数不满足需要时，就可以主动抛出异常终止程序执行，或者在主调函数中捕获并处理异常。主动抛出异常使用 raise 语句，它以一个异常类或异常类对象作为参数。

```
>>> raise Exception
Traceback (most recent call last):
  File "<stdin>", line 1, in <module>
Exception
```

其中 Exception 是一个通用的异常类，可以表示 Python 中所有的异常。也可以实例化一个异常类，创建异常对象并抛出。

```
>>> raise Exception('程序出现错误！')
Traceback (most recent call last):
  File "<stdin>", line 1, in <module>
Exception: 程序出现错误！
```

7.2.2 断言

Python 中将 assert 语句称为断言，用于判断一个逻辑表达式是否为真，也是一种主动抛出异常的方法。当表达式值为 True 时，断言对程序的执行没有影响；当表达式值为 False 时，就会触发 AssertionError 异常。程序中使用断言可以在条件不满足程序运行要求的情况下提前抛出错误，从而能够将异常限制在更加可控的范围之内。

断言的语法形式为：

```
assert 表达式 [, 异常信息]
```

其中，异常信息是可选参数。

本质上来说，断言的执行过程相当于：

```
if not expression:
    raise AssertionError
```

其中，expression 是逻辑表达式。

例 7-4 中使用断言来判断函数参数类型是否满足要求，若不满足则触发异常。

【例 7-4】断言的应用。

```
1  def fun(param):
2      assert isinstance(param, str), '参数必须为字符串'
```

运行结果：

```
>>> fun('abc')
>>> fun(1)
Traceback (most recent call last):
  File "<stdin>", line 1, in <module>
  File "<stdin>", line 2, in fun
AssertionError: 参数必须为字符串
```

7.2.3 异常处理

1. 异常处理的过程

异常处理是指在代码中捕获程序运行中解释器抛出的异常对象并加以处理，以使得代码的执行恢复到正确的逻辑之上。Python 使用 try…except…语句来捕获异常，其基本语法形式为：

```
try:
    语句块1
except 异常类型:
    语句块2
```

捕获异常的过程为：
- 首先执行"语句块 1"中的语句。
  - 若没有发生异常则跳过 except 子句，执行后续代码。
  - 若发生异常，则跳过"语句块 1"的其余代码，执行 except 子句。
- except 子句判断"语句块 1"中发生异常的类型与"异常类型"是否一致。
  - 若不一致则继续抛出异常，程序崩溃退出。
  - 若一致，则执行"语句块 2"。"语句块 2"中往往会输出错误信息，若有必要会中断程序运行，或者转而执行跳转语句（break、continue、return 或函数调用）以改变代码的运行逻辑。
- 当 except 子句执行完之后，继续执行后续代码。

例 7-5 中函数 division 的功能为计算两个数的除法，当除数等于 0 的时候代码也能够正常执行并返回 0 作为计算结果。

【例 7-5】异常处理的使用。

```
1  def division(x, y):
2      try:
3          return x/y
4      except ZeroDivisionError:
5          print("除数为0")
6      return 0
```

运行结果：

```
>>> division(1, 2)
0.5
>>> division(1, 0)
除数为0
0
```

2. 获取异常实例

在 except 子句中使用 as 可以获取异常类的实例。

```
1  def division(x, y):
2      try:
3          return x/y
4      except ZeroDivisionError as e:
5          print(e,'\n',"除数为0")
6      return 0
```

运行结果：

```
>>> division(1, 0)
division by zero
 除数为0
0
```

3. 捕获多种异常

同一个语句块的运行过程中可能会出现多种异常，健壮的异常处理逻辑需要能够捕获所有的异常。例如下面的代码中，函数 division 中可能会触发 ZeroDivisionError 异常和 AssertionError 异常。

```
1  def division(x, y):
2      assert y != 1
3      return x/y
```

有 3 种方法可以捕获多种类型的异常。

一是使用更高级别的异常类。

Python 内置的异常类型之间存在着继承关系。例如，异常类型 ZeroDivisionError 是 ArithmeticError 的子类，而 ArithmeticError 是 Exception 的子类；AssertionError 也是 Exception 的子类。例 7-6 的方式可同时捕获 ZeroDivisionError 和 AssertionError 异常。

【例 7-6】使用更高级别的异常类捕获多种异常。

```
1  def division(x, y):
2      try:
3          assert y != 1, '分母为1'
4          return x/y
5      except Exception as e:
6          print(e)
```

运行结果：

```
>>> division(1, 1)
分母为1
>>> division(1, 0)
division by zero
```

不过，这种方法往往也会捕获到预期之外的异常，可能会影响异常处理的逻辑，甚至会抛出新的异常。通常不建议使用这种方式。

二是使用异常元组。

在 except 子句中，可以将多个异常构成一个元组。语句块中发生异常时，会将其与元组中的每个异常相比对，从而捕获多个异常。

【例 7-7】使用异常元组捕获多种异常。

```
1  def division(x, y):
2      try:
3          assert y != 1, '分母为1'
4          return x/y
5      except (AssertionError, Exception) as e:
6          print(e)
```

三是使用多个 except 子句。

异常捕获语句可以包含多个 except 子句，每个子句捕获一种异常。这种方法是实际应用最为常见的形式。

【例 7-8】使用多个 except 子句捕获多种异常。

```
1   def division(x, y):
2       try:
3           assert y != 1, '分母为1'
4           return x/y
5       except AssertionError as e:
6           print(e)
7           return x
8       except Exception as e:
9           print(e)
10          return 0
```

4. else 子句

包含 else 子句的异常捕获语法形式为：

```
try:
    语句块1
except 异常类型:
    语句块2
else:
    语句块3
```

当"语句块 1"中没有发生异常时，会执行 else 子句中的"语句块 3"。else 子句在发生异常的语句块需要重复执行时非常有用。例 7-9 中，只有输入正确的数字程序才会从循环中退出。

【例 7-9】else 子句。

```
1    while True:
2        try:
3            value = input("请输入一个数字: ")
4            value = float(value)
5        except Exception as e:
6            print("输入错误，请再次尝试！")
7        else:
8            print("输入正确！")
9            break
```

5. finally 子句

包含 finally 子句的异常捕获语法形式为：

```
try:
    语句块1
except 异常类型:
    语句块2
finally:
    语句块4
```

无论"语句块 1"是否出现异常，finally 子句中的"代码块 4"都会被执行。finally 子句常用于在发生异常时执行一些清理工作，例如关闭文件、数据库连接或网络连接等。

7.2.4 异常的类型

1. 内置异常类型

Python 内置的异常类型是一棵以 BaseException 为根的树，常用的异常类型结构如图 7-1 所示，更多内置异常类的信息参见官方文档①。

2. 自定义异常

虽然 Python 内置了非常丰富的异常类型，但是在某些情况下需要定义自己的异常类。例如，利用 Python 的异常处理机制来调试程序或者判断程序问题所在的情况。自定义异常类通常派生自 Exception 类，利用 raise 语句在满足一定条件的情况下主动触发。

大多数自定义异常类都仅用于确定程序错误的原因并显示异常信息，最重要的作用在于将其与其他异常类型相区分。异常处理的关键在于触发异常的时机而不在于异常类自身，因而自定义异常类中往往不需要定义复杂的功能。例 7-10 中的 ParameterException 就是最简单也是最常见的自定义异常类形式。

---
① https://docs.python.org/3/library/exceptions.html

```
BaseException                                          # 所有异常类的基类
    +--  SystemExit
    +--  KeyboardInterrupt
    +--  GeneratorExit
    +--  Exception                                     # 常规异常的基类
         +--  StopIteration                            # 可迭代对象终止
         +--  StopAsyncIteration
         +--  ArithmeticError
         |    +--  FloatingPointError                  # 浮点运算异常
         |    +--  OverflowError
         |    +--  ZeroDivisionError                   # 除数为0异常
         +--  AssertionError
         +--  AttributeError                           # 对象属性异常
         +--  BufferError
         +--  EOFError                                 # 文件访问终止
         +--  ImportError                              # 模块导入异常
         |    +--  ModuleNotFoundError
         +--  MemoryError
         +--  NameError                                # 对象未声明/初始化
         |    +--  UnboundLocalError
         +--  OSError
         |    +--  BlockingIOError
         |    +--  ChildProcessError
         |    +--  FileNotFoundError                   # 文件不存在
         |    +--  PermissionError
         |    +--  TimeoutError
         +--  RuntimeError
         |    +--  NotImplementedError
         |    +--  RecursionError
         +--  SystemError
         +--  TypeError
```

图 7-1　常用内置异常类

【例 7-10】自定义异常。

```
1  class ParameterException(Exception):
2      pass
3
4  def greeting(info):
5      if not isinstance(info, str):
6          raise ParameterException("参数必须为字符串！")
7      print(info)
```

运行结果：

```
>>> greeting("Hello Python")
```

```
Hello Python
>>> greeting(1)
Traceback (most recent call last):
  File "<stdin>", line 1, in <module>
  File "<stdin>", line 3, in greeting
__main__.ParameterException: 参数必须为字符串!
```

7.3 单元测试*

本节介绍软件测试中的一种重要的测试类型——单元测试（unit testing）。首先介绍单元测试的概念，然后以标准库中内置的单元测试框架 unittest 为例介绍单元测试的方法。

7.3.1 单元测试的概念及工具

单元测试是软件开发中常用的一种重要的自动化测试方法，也是测试驱动开发的基础。在单元测试中，每个测试单元仅关注一个较小的、独立的功能，测试的目的除了要确定该单元是否正确无误、运行是否健壮之外，还要对代码的设计进行重新思考，进一步提升软件质量。在面向过程编程中，测试单元可以是一个程序、函数或者过程；在面向对象编程中，常以方法作为测试单元。

大型软件的测试单元数量通常都比较多，而且每个测试单元需要经过多种测试，从而导致编写测试代码的工作量巨大。单元测试自身的特征使得不同测试单元的测试过程高度相似，这就使得自动化的测试工具成为可能。有了测试工具，只需要完成和业务高度相关的测试用例设计即可，大大减轻了测试代码编写的难度和工作量。

Python 语言中自动化单元测试的工具有很多，最常使用的有如下 3 种：

- unittest: unittest 是 Python 标准库中自带的单元测试框架。受到了 Java 程序的单元测试工具 JUnit 的启发，因而也叫作 PyUnit。unittest 支持自动化测试、测试用例的聚合等功能，它最重要的特征之一就是通过类的方式来组织测试用例。下面是一个简单的 unittest 应用示例，测试的对象是字符串的大小写转换功能：

```
1  import unittest
2
3  class TestStringMethods(unittest.TestCase):
4      def test_upper(self):
5          self.assertEqual('abc'.upper(), 'ABC')
6
7      def test_lower(self):
8          self.assertEqual('ABC'.lower(), 'abc')
9
10 if __name__ == '__main__':
11     unittest.main()      # 运行当前模块所有用例
```

- nose: nose 是一种第三方测试框架，可使用 pip 来安装，安装命令为 pip install nose, 它对 unittest 进行了扩展，使得单元测试更加简单。nose 能够自动发现并执行测试代码，而且提供了大量的插件用于拓展功能。nose 的测试用例并不限于类，任何函数和类只要其名称满足一定的条件，都会被自动识别为测试用例。此外，nose 还兼容 unittest，所有基于 unittest 编写的测试用例也会被 nose 自动识别。简单的 nose 单元测试示例如下：

```
1  import nose
2
3  def test_upper():
4      assert 'abc'.upper() == 'ABC'
5
6  def test_lower():
7      assert 'ABC'.lower() == 'abc'
8
9  if __name__ == '__main__':
10     nose.runmodule()  # 运行当前模块所有用例
```

- py.test：py.test 是另一个常用的第三方单元测试库，运行 pip install pytest 进行安装。py.test 的目的是让单元测试变得更容易。简单的 py.test 单元测试示例如下：

```
1  import pytest
2
3  def test_upper():
4      assert 'abc'.upper() == 'ABC'
5
6  def test_lower():
7    assert 'ABC'.lower() == 'abc'
8
9  if __name__ == '__main__':
10     pytest.main([__file__])  # 运行当前模块所有用例
```

7.3.2 unittest 基础

unittest 是 Python 内置的单元测试框架，具备编写用例、组织用例、执行用例、输出测试报告等自动化测试功能。unittest 以面向对象的方式定义了五个与测试相关的概念：

- 测试用例（Test Case）：测试用例是独立的测试流程。在测试用例中，向测试目标输入特定的数据，通过检查返回结果与预期是否一致来验证程序的正确性。
- 测试设施（Test Fixture）：测试设施用于搭建和清理测试环境。测试用例中不同的测试方法可能会需要一些共用的资源，例如文件、数据库连接、输入数据等。测试设施在测试方法执行之前准备这些资源，并在测试方法运行结束后进行清理。
- 测试套件（Test Suite）：是一组测试用例或者其他测试套件的集合。
- 测试加载器（Test Loader）：用于从类和模型中创建测试套件。
- 测试运行器（Test Runner）：负责执行测试并控制测试结果输出。

unittest 模块提供了丰富的定义测试用例、加载测试用例、构建测试环境等的工具，在单元测试中常用的类或函数包括：

- unittest.TestCase：所有测试用例类的基类。
- unittest.main()：该函数可以将一个单元测试模块变为可直接运行的测试脚本，它使用 TestLoader 类来搜索所有包含在该模块中命名以 test 开头的测试方法并自动执行他们。执行的默认顺序是根据方法名的 ASCII 码顺序。
- unittest.TestSuite：测试套件类。
- unittest.TextTestRunner：该类中的 run 方法运行测试套件中的测试用例。
- unittest.defaultTestLoader：该类中的 discover 方法根据匹配条件自动搜索测试目录中的测试用例文件，并将查找到的测试用例组装为测试套件。
- unittest.skip：装饰器，用于屏蔽测试用例中的暂时不需执行的测试方法。

7.3.3 创建测试用例

通过继承 unittest.TestCase 类可创建一个测试用例，每个测试用例针对测试对象的一个功能单元进行测试。一个测试用例中包含多个测试方法，从不同角度对功能单元进行测试。

在单元测试中，根据测试单元的输出与预期是否一致来判断测试对象是否成功通过测试。unittest.TestCase 类中定义了一系列的断言方法来完成一致性判断。常用的断言方法如表 7-3 所示。

表 7-3　unittest.TestCase 中的断言方法

断言方法	功　　能
assertEqual(a, b)	a == b
assertNotEqual(a, b)	a != b
assertTrue(x)	bool(x) is True
assertFalse(x)	bool(x) is False
assertIs(a, b)	a is b
assertIsNot(a, b)	a is not b
assertIsNone(x)	x is None
assertIsNotNone(x)	x is not None
assertIn(a, b)	a in b
assertNotIn(a, b)	a not in b
assertIsInstance(a, b)	isinstance(a, b)
assertNotIsInstance(a, b)	not isinstance(a, b)
assertRaises(exc, fun, *args, **kwds)	fun(*args, **kwds) 抛出异常 exc
assertGreater(a, b)	a > b
assertGreaterEqual(a, b)	a >= b
assertLess(a, b)	a < b
assertLessEqual(a, b)	a <= b
assertListEqual(a, b)	列表 a 与 b 相等
assertTupleEqual(a, b)	元组 a 与 b 相等
assertSetEqual(a, b)	集合 a 与 b 相等
assertDictEqual(a, b)	字典 a 与 b 相等

下面以一个简单的例子来介绍测试用例的定义方法。假设测试对象为例 7-11 所示的代码，将其保存为文件 math_methods.py。

【例 7-11】测试目标实例。

```
1  # 文件 math_methods.py
2  class MathMethods():
3      def add(self, a, b):
4          return a + b
5      def sub(self, a, b):
6          return a - b
```

它的测试用例如例 7-12 所示。该测试用例仅针对 MathMethods 的 add 方法。在每个测试方法中首先创建一个 MathMethods 对象，然后调用它的 add 方法并输出参数。最后，调用自 TestCase 继承而来的 assertEqual 方法判断 add 方法的输出与预期是否一致。将该测试用例保存为名为 test_case.py 的测试脚本文件以供后续使用。

【例 7-12】测试用例实例。

```
1   # 文件 test_case.py
2   import unittest
3   from math_methods import MathMethods
4
5   class TestMathMethods(unittest.TestCase):
6       def test_add_two_zero(self):
7           res = MathMethods().add(0, 0)
8           print('两个0相加', res)
9           self.assertEqual(0, res)
10
11      def test_add_two_positive(self):
12          res = MathMethods().add(1, 8)
13          print('两个正数相加', res)
14          self.assertEqual(9, res)
15
16      def test_add_two_negative(self):
17          res = MathMethods().add(-1, -4)
18          print('两个负数相加', res)
19          self.assertEqual(-5, res)
```

7.3.4 运行测试用例

运行一个测试用例常用的方法有模块内运行和命令行运行 2 种。

- 模块内执行：在测试用例所在的脚本文件中添加如下代码，当执行该脚本文件时，unittest 会自动检测当前模块中定义的测试用例，并执行所有测试方法。

```
1   if __name__ == '__main__':
2       unittest.main()
```

- 命令行运行：在终端运行输入如下代码也可以执行名为 test_module.py 的测试脚本中的测试用例。命令中的脚本文件扩展名 .py 不是必需的，并且可以同时运行多个测试脚本。

```
$ python -m unittest test_module
```

也可以仅运行测试脚本中指定的测试用例：

```
$ python -m unittest test_module.TestCaseClass
```

7.3.5 测试套件的创建与执行

测试套件可以对测试过程进行更好的控制。例 7-13 中利用 unittest.TestLoader 加载测试用例创建为测试套件，并将测试结果输出至文件。

【例 7-13】创建并执行测试套件。

```
1  import unittest
2  from test_case import TestMathMethods
3
4  suite = unittest.TestSuite()           # 测试套件
5  loader = unittest.TestLoader()         # 测试加载器
6  suite.addTest(loader.loadTestsFromTestCase(TestMathMethods))
7
8  file = open('test_result.txt', 'w+')
9  # verbosity用于控制测试报告的详细程度
10 runner = unittest.TextTestRunner(stream=file, verbosity=2)
11 runner.run(suite)
```

测试结果保存在文件 test_result.txt 之中，内容如下：

```
test_add_two_negative (unit_test.TestMathMethods) ... ok
test_add_two_positive (unit_test.TestMathMethods) ... ok
test_add_two_zero (unit_test.TestMathMethods) ... ok

----------------------------------------------------------------
Ran 3 tests in 0.002s

OK
```

测试用例中测试方法的执行默认是按方法名的 ASCII 码顺序执行的。利用测试套件可以控制测试方法的执行顺序。例 7-14 中利用列表 tests 来保存测试方法，测试时依照列表元素的顺序执行这些测试方法。

【例 7-14】测试方法的执行顺序。

```
1  import unittest
2  from unit_test import TestMathMethods
3
```

```
 4  suite = unittest.TestSuite()
 5  tests = [
 6      TestMathMethods('test_add_two_zero'),
 7      TestMathMethods('test_add_two_negative'),
 8      TestMathMethods('test_add_two_positive')
 9  ]
10
11  suite.addTests(tests)
12
13  runner = unittest.TextTestRunner(verbosity=2)
14  runner.run(suite)
```

7.3.6 测试设施

unittest 中测试用例的测试设施通过方法 setUp 和 tearDown 实现,它们在每个测试用例中仅执行一次。其中,setUp 方法在所有测试方法执行之前运行,用于准备所有测试方法共同的资源;tearDown 方法在所有测试方法执行完毕后执行,用于做一些清理工作。

例 7-15 利用测试设施重新定义了例 7-12 中的测试用例 TestMathMethods。在例 7-12 中,每个测试方法中都创建一个 MathMethods 对象,这是没有必要的。而例 7-15 中所有的测试方法共用一个测试对象,该测试对象在 setUp 方法中定义,并且在 tearDown 方法中销毁。

【例 7-15】测试设施示例。

```
 1  import unittest
 2  from math_methods import MathMethods
 3
 4  class TestMathMethods(unittest.TestCase):
 5      def setUp(self):
 6          self.unit = MathMethods()
 7
 8      def tearDown(self):
 9          del self.unit
10
11      def test_add_two_zero(self):
12          res = self.unit.add(0, 0)
13          print('两个0相加', res)
14          self.assertEqual(0, res)
15
16      def test_add_two_positive(self):
17          res = self.unit.add(1, 8)
18          print('两个正数相加', res)
19          self.assertEqual(9, res)
20
21      def test_add_two_negative(self):
```

```
22          res = self.unit.add(-1, -4)
23          print('两个负数相加', res)
24          self.assertEqual(-5, res)
```

7.4 文 档 测 试*

文档测试是单元测试的一种形式，测试用例定义在测试对象的文档字符串之中，既可以作为文档中的示例又能被测试工具执行。

7.4.1 文档测试用例

doctest 是 Python 标准库自带的一种测试工具，可以用于简单的文档测试。其工作原理是在函数或类的文档字符串中寻找测试用例并执行，比较输出结果与期望值是否相匹配。测试用例的定义形式与交互模式中执行程序的过程相同。

例 7-16 中，函数 division 的文档字符串中就包含了一个测试用例。"＞＞＞"符号之后为待执行的测试代码，紧接着为测试代码的预期输出。

【例 7-16】文档测试示例。

```
1   def division(x, y):
2       '''
3       除法运算
4       Args:
5           x：数值1
6           y：数值2
7
8       Example:
9       >>> division(1, 1)
10      1.0
11      >>> division(1, 0)
12      除数为0
13      0
14      >>> division(2, 1)
15      2.0
16      '''
17      try:
18          return x/y
19      except ZeroDivisionError:
20          print("除数为0")
21      return 0
```

7.4.2 运行文档测试

文档测试代码的运行方式也有模块内运行和命令行运行 2 种。
- 模块内运行：在模块中添加如下代码，即可运行文档测试。

```
1  if __name__ == '__main__':
2      import doctest
3      doctest.testmod()
```

- 命令行运行：命令行运行文档测试代码与单元测试的方式相同，模块的扩展名.py 也不是必需的。

```
$ python -m unittest doc_test_module.py
----------------------------------------------------------
Ran 0 tests in 0.000s

OK
```

7.5 小　　结

本章主要介绍了 Python 程序的调试、异常处理与单元测试。关于调试，依次介绍了最简单的利用 print 函数和 logging 调试程序，以及 pdb 调试器。代码调试是编程实践中不可或缺的步骤，既可用于定位程序逻辑错误，也可用于代码学习。异常处理是程序调试的补充，也是保证程序健壮性的重要工具。此外，本章还分别以 unitest 和 doctest 为例介绍了单元测试和文档测试的方法和工具。

7.6 思考与练习

1. 调试的作用是什么？Python 中常用的调试方法有哪些？
2. 异常处理中如何捕获代码段中可能出现的多种异常？
3. try…except…语句的 else 子句和 finally 子句有什么不同之处？
*4. 什么是单元测试，它的作用是什么？
*5. 调试和测试分别在什么情况下使用？它们能否相互替代？

第 8 章 数据处理与分析基础

数据处理与分析是 Python 的重要应用领域之一，本章内容按照数据读写、数据提取、数据分析的顺序进行组织。数据读写部分包括文件与数据库的读写，并且简要介绍相关的上下文管理的概念；数据提取部分介绍正则表达式字符串处理的强大工具；数据分析部分主要介绍几个最为常用的工具包的基本使用方法，包括用于数值计算的 Numpy 和 Scipy、用于数据可视化的 Matplotlib、结构化数据处理与分析工具 Pandas，以及机器学习领域应用最为广泛的 Scikit-learn。

8.1 文件读写

本节介绍 Python 文件读写的关键技术以及常见文件类型的读写方法，包括文本文件、二进制文件等。

8.1.1 文件的打开和关闭

在所有的操作系统和编程语言中，文件访问的过程都分为打开文件、访问（读/写）文件、关闭文件这几个步骤，Python 也不例外。打开文件是指将访问文件所需要的属性信息从外存读取至内存之中，每次文件访问都会利用这些信息来对文件进行读、写操作，从而避免频繁的文件检索，提升文件访问的效率。文件访问任务完成之后，需要关闭文件以释放这些文件信息，同时将文件属性信息的变化写入磁盘文件之中。文件内容有更新时还会刷新文件缓冲区，将文件内容的变化存入磁盘。

Python 语言使用 open 函数来打开文件并返回一个文件对象。open 函数有以下两个重要的参数。

- file: 取值为一个类路径对象（path-like object），可以是一个表示路径的字符串，或者是一个实现了 os.PathLike 协议的对象。
- mode: 模式字符串，用于指定文件的打开模式，可用的取值如表 8-1 所示。这些模式字符常常组合使用，例如 code 的默认取值为 rt 表示以文本文件读取模式打开。其他常用的组合包括：rb 表示以二进制文件读取模式打开，wb 表示以二进制文件写入模式打开，

a+ 表示以文本文件读取和追加模式打开，ab+ 表示以二进制文件读取和追加模式打开，w+ 表示以文本文件读写模式打开（若文件已存在则删除原有内容，若不存在则创建文件），等等。

表 8-1　文件打开模式

模式字符	含　义
'r'	读取模式（默认）
'w'	写入模式，如果文件存在则将其覆盖
'a'	写入模式，如果文件存在则将写入内容追加至尾部
'x'	排它性创建模式，如果文件已存在则打开失败
'b'	二进制模式
't'	文本模式（默认）
'+'	更新模式（可读可写）

成功执行 open 函数返回一个文件对象，它内置了多种文件访问的方法用于读写操作。访问结束之后，调用该文件对象的 close 方法关闭文件。关闭操作会做一些清理工作，例如释放文件占有的内存空间、刷新缓冲区等。建议文件访问结束之后一定要关闭文件，否则可能会造成内存泄漏或者数据丢失等异常。调用 close 之后，不能再对文件进行读写操作，否则会抛出 ValueError 异常。文件访问的过程如下所示：

```
>>> f = open('/path/to/file', 'rt')
...
# 文件读写操作
...
>>> f.close()
```

8.1.2　路径管理

Python 标准库中的 os 模块和 os.path 子模块提供了丰富的路径管理功能。Python 3.4 中新增加的 pathlib 模块对路径管理功能进行了优化，能够更加方便地构造类路径对象。Python 内置的路径管理功能屏蔽了操作系统的差异，使得代码的跨平台通用性更加良好，常用的路径管理函数如表 8-2 所示。部分函数的应用示例如下（首先需要在计算机桌面上创建文件 file.txt，然后打开命令行终端并进入用户主目录）：

```
>>> from os.path import *
>>> path = join('./Desktop/', 'file.txt')
>>> abs_path = abspath(path)
>>> abs_path
'/Users/username/Desktop/file.txt'
>>> isabs(abs_path)
True
>>> isfile(abs_path)
True
>>> isdir(abs_path)
```

```
False
>>> basename(abs_path)
'file.txt'
>>> dirname(abs_path)
'/Users/username/Desktop'
>>> split(abs_path)
('/Users/username/Desktop', 'file.txt')
```

需要注意的是,由于路径表示方式不同,Windows 系统中的输出结果与其他操作系统有所差异。

表 8-2　常用文件与路径管理函数

函　数	功　能
os.listdir(path)	返回 path 文件夹中的文件名构成的列表
os.path.exists(path)	路径 path 是否存在
os.path.isabs(path)	path 是否为绝对路径
os.path.isdir(path)	path 是否为目录
os.path.isfile(path)	path 是否为文件
os.path.abspath(path)	获取 path 的绝对路径
os.path.basename(path)	获取 path 的最后一项(文件名或最底层文件夹)
os.path.dirname(path)	获取 path 中 basename 的所在路径
os.path.split(path)	将 path 切分为 dirname 和 basename 两部分
os.path.getsize(path)	获取文件的大小(字节)
os.path.getatime(path)	获取文件或路径的最后访问时间(秒)
os.path.getmtime(path)	获取文件或路径的最后修改时间(秒)
os.path.join(path1, path2, ...)	将多个路径片段拼接为一个合法的路径

pathlib 模块对路径管理功能进行了封装,该模块的关键组成部分是三个类,即 Path、WindowsPath 和 PosixPath。其中 WindowsPath 和 PosixPath 分别用于处理 Windows 风格的路径及 Posix(Linux、macOS 等)风格的路径。Path 则会根据操作系统的不同创建两种风格的路径对象,由于通用性良好因而应用最为广泛。

Path 常见的使用方法如下所示:

```
>>> from pathlib import Path
>>> path = Path('./Desktop')              # 创建Path对象
>>> path = path / 'file.txt'              # 路径拼接
>>> path
PosixPath('Desktop/file.txt')
>>> path = path.absolute()                # 获取绝对路径
>>> path
PosixPath('/Users/username/Desktop/file.txt')
>>> path.exists()                         # 判断文件或文件夹是否存在
True
>>> path.is_file()                        # 判断指定路径是否是文件
True
```

```
>>> path.is_dir()                      # 判断指定路径是否是文件夹
False
>>> path.name                          # 获取文件名
'file.txt'
>>> path.parent
PosixPath('/Users/username/Desktop')
>>> path_iter = path.parent.iterdir()  # 获取父目录的迭代器
>>> list(path_iter)                    # 获取父目录中的文件列表
[PosixPath('/Users/username/Desktop/file.txt'), ... ]
```

在 Windows 系统中，上述输出结果中的 PosixPath 变为 WindowsPath。此外，由于 Path 实现了 os.PathLike 协议，因而也可以直接作为 os.path 中函数或者 open 函数的参数。

```
>>> getatime(path)
1603522666.5259986
>>> getsize(path)
0
>>> f = open(path)                     # 作为open函数的参数
>>> f.close()
```

8.1.3 文本文件读写

1. 常用文本文件访问方法

文件对象提供了如下几个常用的文本文件读写方法：
- read()：读入文本文件全部内容作为字符串返回；
- readline()：读入文本文件中的一行并将文件指针的位置后移一行；
- readlines()：读入文本文件全部内容，返回一个字符串列表，列表中的每个元素是文本文件的一行内容；
- write(text_str)：将 text_str 表示的字符串写入文本文件；
- writelines(str_iter)：将可迭代对象 str_iter 写入文本文件，str_iter 中的每个字符串作为文件的一行。

```
>>> f = open('./Desktop/file.txt', 'w')        # 以写入模式打开文件
>>> f.write('line1\nline2\nline3\n')           # 写入第1到3行内容
18
>>> f.writelines(['line4\n', 'line5\n'])       # 写入第4、5行内容
>>> f.close()                                  # 关闭文件
>>> f = open('./Desktop/file.txt')             # 以读取模式打开文件
>>> f.read()                                   # 读取文件全部内容
'line1\nline2\nline3\nline4\nline5\n'
>>> f.seek(0)                                  # 移动文件指针至起始位置
0
>>> f.readlines()                              # 按行读取文件全部内容
['line1\n', 'line2\n', 'line3\n', 'line4\n', 'line5\n']
```

```
>>> f.close()
>>> f = open('./Desktop/file.txt', 'a')        # 以追加模式打开文件
>>> f.write('line6\nline7\n')                   # 追加写入第6、7行内容
12
>>> f.close()
>>> f = open('./Desktop/file.txt')
>>> f.read()
'line1\nline2\nline3\nline4\nline5\nline6\nline7\n'
>>> f.close()
```

2. 大文件的读取

当文本文件比较小时，上述文件读取方式都没有问题。但是在数据分析领域，数据文件的大小常常达到数百 MB、数 GB 乃至数十 GB。这类较大的文本文件在读取时非常耗时，更严重的是常常会由于内存不足而使得程序无法运行。文件对象的 read 方法和 readlines 方法会读入整个文件，因此用于读取大文件时很容易出现这种问题。

一种可行的方式是使用 readline 方法，它不会尝试读入整个文件而是每次读入一行数据，从而避免了内存不足的问题，使用方式如例 8-1 所示。

【例 8-1】使用 readline 方法读取大文件。

```
1  f = open('/path/to/file.txt')
2  while True:
3      line = f.readline()
4      if not line:
5          break
6      # 对文本行line进行处理
7  f.close()
```

更加有效的方式是直接对文件对象进行迭代。文件对象本身也是一个可迭代对象，它的每个元素是文本文件中的一行。文件对象不会读入整个文件，并且能够自动处理缓冲区管理和内存优化等工作，从而使得大文件的读取既简单又高效，如例 8-2 所示。

【例 8-2】迭代文件对象。

```
1  f = open('/path/to/file.txt')
2  for line in f:
3      pass
4      # 对文本行line进行处理
5  f.close()
```

大文件的处理速度不仅限于文件的读取过程，而且由于数据量巨大，还受到数据处理速度的影响。因此，在处理大规模数据集时，往往需要与性能优化技术和并发编程技术相结合。选择正确的技术，能够使得数据处理速度得到成百上千倍的提升。

8.1.4 二进制文件读写*

音频、视频、图像、数据库文件等很多类型的文件都是以二进制的形式存储的。使用 open 函数以 'rb' 和 'wb' 模式打开文件，即可对二进制文件进行读写操作。

二进制数据通常基于某种编码方式存储,例如图像的 bmp、jpeg、png,视频的 mp4、mpeg、mov,字符串的 ASCII、utf-8、GB2312 等。不过,不论哪种格式的数据,其二进制形式在 Python 中的数据类型都为字节串(bytes)或字节数组(bytearray),参见第 3.7 节。

二进制文件的读写主要使用文件对象的 read 方法和 write 方法。read 方法默认读取整个文件,也可以传入一个整数参数用于指定每次读取的字节数;write 方法的参数为需要写入文件的字节串或字节数组。二进制文件的读写如例 8-3 所示。

【例 8-3】二进制文件的读写操作。

```
1  f = open('/path/to/binfile.bin', 'wb')    # 以二进制写入模式打开文件
2  f.write('二进制字节串'.encode('utf-8'))    # 字符串编码为字节串,并写入文件
3  f.close()
4
5  f = open('/path/to/binfile.bin', 'rb')    # 以二进制读取模式打开文件
6  content = f.read()
7  f.close()
8  print("解码前: ", content)
9  content = content.decode('utf-8')          # 对字节串进行解码
10 print("解码后: ", content)
```

输出结果为:

```
解码前:   b'\xe4\xba\x8c\xe8\xbf\x9b\xe5\x88\xb6\xe5\xad\x97\xe8\x8a\x82\xe4\
              xb8\xb2'
解码后:   二进制字节串
```

8.2 上下文管理

上下文是指程序运行的环境,某些操作只有在相应的环境或上下文之中才能正确地运行。例如,文件的读写操作必须在文件已经被打开的上下文之中,数据库的访问必须在成功建立数据库连接的上下文之中,等等。在这些操作的执行过程中,往往还需要进行异常处理以捕获可能发生的运行异常或错误。操作完成之后,需要对上下文环境进行清理工作,例如关闭文件或者数据库链接。

在代码中直接实现上下文环境构建、操作过程中的异常处理、上下文环境的清理等,会破坏代码的逻辑性和可读性。如果遗漏清理工作,有可能会造成程序错误。Python 将构建和清理上下文环境的过程独立出来,称为上下文管理,并且将上下文管理的实现由数据类型的使用者转移至开发者。这样就提高了代码的简洁性,同时降低了代码出错的概率。具有上下文管理功能的对象,称为上下文管理器。

8.2.1 with 语句块

with 语句块会调用上下文管理器的相关方法来构建上下文环境。上一节中 open 函数返回的文件对象就是上下文管理器。

利用 with 语句块，文件的读写过程可以通过如下的形式实现：

```
1  # 写入文件
2  with open('/path/to/filename.txt', 'w') as f:
3      f.write('file contents')
4
5  # 读取文件
6  with open('/path/to/filename.txt', 'r') as f:
7      print(f.read())
```

with 语句块内部可以看作文件访问的上下文环境，所有的文件读写操作都在 with 语句块内部实现。使用 with 语句块，不必再调用文件对象的 close 方法关闭文件。如果没有必要，也可以不进行异常处理，这些工作都由文件对象自动实现。

利用 with 语句块，可将例 8-1 改写为例 8-4 的形式。

【例 8-4】with 语句块的使用。

```
1  with open('/path/to/file.txt') as f:
2      while True:
3          line = f.readline()
4          if not line:
5              break
6          # 对文本行 line 进行处理
```

with 语句块首先调用 open 函数打开文件，并将文件对象赋值给变量 f。在 with 语句块中，可以利用 f 访问文件。访问结束之后，在退出语句块时会自动调用 f.close() 方法关闭文件。

8.2.2 上下文管理协议*

上下文管理功能由上下文管理协议约定，上下文管理器就是实现了上下文管理协议的类的实例。上下文管理协议共有两个方法：

- __enter__(self)：进入 with 语句块时调用该方法，返回上下文管理器自身或者相关的对象，若有 as 子句则返回对象会被赋值给 as 子句中的变量。
- __exit__(self, exc_type, exc_val, exc_tb)：离开 with 语句块时调用该方法，如果 with 语句块中的代码在执行过程中抛出异常，则异常类型、异常值和异常追踪信息分别被传递至三个参数 exc_type、exc_val 和 exc_tb。如果没有异常发生，则传入的三个值都是 None。该方法的返回值为一个布尔值，True 表示不再向上抛出捕获的异常，False 表示继续抛出异常。

例 8-5 中自定义了一个上下文管理器 File。它对文件对象进行了包装，__enter__ 方法返回一个文件对象；在进入或离开 with 语句块时显示提示信息，并且输出捕获到的异常信息。

【例 8-5】自定义上下文管理器。

```
1  class File:
```

```
2      def __init__(self, path, mode):
3          self.path = path
4          self.mode = mode
5
6      def __enter__(self):
7          print("进入上下文环境...")
8          self.file = open(self.path, self.mode)
9          return self.file
10
11     def __exit__(self, exc_type, exc_val, exc_tb):
12         print("离开上下文环境...")
13         self.file.close()
14         print('异常类型: ', exc_type)
15         print('异常值: ', exc_val)
16         print('异常跟踪: ', exc_tb)
17         return True              # 不再抛出with语句块中的异常
18         # return False           # 抛出with语句块中的异常
```

下面的代码中使用了上下文管理器 File：

```
1  with File('test_file', 'w') as f:
2      f.write('file contents')
3      raise Exception('程序运行发生异常')
```

当 __exit__ 返回值为 True 时（第 17 行），输出结果为：

```
进入上下文环境...
离开上下文环境...
异常类型: <class 'Exception'>
异常值: 程序运行发生异常
异常跟踪: <traceback object at 0x7fb226b170c0>
```

此时捕获到 with 语句块中发生的异常，但没有继续抛出，程序正常执行。当 __exit__ 返回值为 False 时（第 18 行），输出结果为：

```
进入上下文环境...
离开上下文环境...
异常类型: <class 'Exception'>
异常值: 程序运行发生异常
异常跟踪: <traceback object at 0x7fdc0ab17100>
Traceback (most recent call last):
  File "/path/to/test_code.py", line xx, in <module>
    raise Exception('程序运行发生异常')
Exception: 程序运行发生异常
```

此时抛出了 with 语句块中的异常信息，程序中止运行。

在第 4 章的例 4-21 和例 4-31 中，利用函数装饰器实现了计算并输出函数运行时间的功能。但是函数装饰器无法用于计算代码块的运行时间，例 8-6 定义了能够输出代码块运行时间的上下文管理器。

【例 8-6】利用上下文管理器计算代码块的运行时间。

```
1   import time
2   class CodeRunTime:
3       def __enter__(self):
4           self.start = time.perf_counter()
5   
6       def __exit__(self, exc_type, exc_val, exc_tb):
7           print(f'代码块运行时间：{time.perf_counter() - self.start}')
8           return False
```

运行结果：

```
>>> with CodeRunTime():
...     lst = []
...     for i in range(1000000):
...         lst.append(i)
...
代码块运行时间：0.19393848800064006
```

8.3 数据库编程

数据库是存储和使用数据最为重要的方式之一，是各类应用程序不可或缺的组成部分，在 Python 开发中使用也非常普遍。本节介绍 Python 数据库编程的基本知识。首先介绍 Python 的数据库应用编程接口，然后以 Python 内置的 SQLite 为例介绍嵌入式编程方法。

8.3.1 数据库应用编程接口

关系数据库是最为重要的一种数据库类型。关系数据库种类繁多，常见的商用数据库有 DB2、Oracle、SQL Server 等，免费开源的数据库有 MySQL、PostgreSQL、Mariadb、SQLite 等。基本上所有的关系数据库都不同程度地遵循了结构化查询语言（SQL）标准，因此它们在应用程序中访问的方法都具有较高的相似度。

Python 语言中数据库的访问过程如图 8-1 所示。一般而言，在 Python 代码中访问数据库有两种方式，分别如图中的①和②所示。其中，方式①表示直接在 Python 代码中嵌入 SQL 代码调用数据库适配器来访问数据库，称为嵌入式 SQL 编程；方式②表示利用对象关系映射（ORM）工具，在 Python 中以面向对象的方式访问数据库。这种方式不用在 Python 代码中嵌入 SQL 代码，但依赖 ORM 工具包。Python 中常用的 ORM 工具包有 SQLAlchemy、SQLObject、Peewee 等。

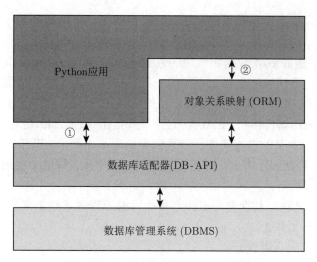

图 8-1　Python 数据库访问过程

表 8-3　数据库应用编程接口（PEP 249）

类　型	名　　称		功　　能
全局属性	apilevel		字符串，兼容的 DB-API 版本（1.0 或 2.0）
	threadsafety		线程安全级别（0 至 5）
	paramstyle		SQL 语句中占位符的风格（5 种类型）
函数	connect		建立并返回数据库连接（Connection）对象
类/方法	Connection	.close	关闭数据库连接
		.commit	提交事务或操作
		.rollback	回滚事务
		.cursor	获取游标（Cursor）对象
	Cursor	.description	游标状态描述信息（属性）
		.rowcount	最近一次操作的影响行数（属性）
		.callproc	调用数据库存储过程
		.close	关闭游标
		.execute	执行 SQL 语句
		.executemany	利用一组参数多次执行同一 SQL 语句
		.fetchone	获取查询结果中的下一条记录
		.fetchmany	获取查询结果中指定数量的记录
		.fetchall	获取查询结果中剩余的全部记录
异常类	InterfaceError		数据库接口错误
	DataError		数据处理错误
	OperationalError		数据库操作执行错误
	IntegrityError		数据库完整性错误
	InternalError		数据库内部错误
	ProgrammingError		SQL 错误
	NotSupportedError		操作不被支持错误

数据库适配器是数据库管理系统在 Python 中的驱动应用程序，作为客户端与数据库服务器进行通信。每种数据库管理系统都有自己的数据库适配器工具包（可能不只一种），例如 mysql-python 是 Mysql 数据库常用的数据库适配器，psycopg2 是 PostgreSQL 常用的数据库适配器等。不同的适配器由不同的开发者实现，为了统一适配器的调用方法，使得 Python 应用能够在不同的数据库之间方便地切换，Python 官方给出了适配器开发的统一规范，即数据库应用编程接口（DB-API），该规范由 PEP 249 定义[①]。

PEP 249 规范中定义的重要属性、函数和类如表 8-3 所示。其中，paramstyle 用于指定 SQL 语句中占位符的表示方式，可选取值如表 8-4 所示。规范中要求 connect 函数有如下 5 个参数：

- dsn：数据源名称，其含义与形式由具体数据库管理系统定义。
- user：用户名（可选）。
- password：密码（可选）。
- host：数据库服务器主机（可选）。
- database：数据库名称（可选）。

表 8-4　DB-API 的 paramstyle 属性

取值	SQL 参数风格示例
'qmark'	...WHERE name=?
'numeric'	...WHERE name=:1
'named'	...WHERE name=:name
'format'	...WHERE name=%s
'pyformat'	...WHERE name=%(name)s

PEP 249 定义了一组特殊的数据类型，使得 Python 数据类型和数据库管理系统的数据类型能够正确地相互转换。这组数据类型主要针对日期、时间和二进制数据（Date、Time、Timestamp、DateFromTicks、TimeFromTicks、TimestampFromTicks、Binary）。PEP 249 还定义了一组常量，用于描述数据库表中列的类型（STRING、BINARY、NUMBER、DATETIME、ROWID）。它们的含义参见 PEP 249 规范文档[②]。

需要注意的是，PEP 249 规范是一种官方建议的数据库适配器工具包开发规范，不具有强制性。实际的数据库适配器对 PEP 249 规范的遵循程度不一致，例如一些适配器的 Connection 对象也具有 Cursor 对象的部分功能，不同适配器对数据类型的支持程度也不一样。具体的使用方法还需要查阅相应数据库适配器工具包的文档。

8.3.2　嵌入式数据库编程

嵌入式数据库编程是指直接在应用程序开发语言中嵌入 SQL 代码来对数据库进行读写等操作。这种方式易于理解和上手，适用于数据库编程的入门学习或者小型应用程序的开发。

---

① https://www.python.org/dev/peps/pep-0249/
② https://www.python.org/dev/peps/pep-0249/#type-objects-and-constructors

由于关系数据库都遵循 SQL 规范，而且绝大多数数据库适配器的开发也都基于 DB-API，因此不同的数据库在 Python 中的使用方法大同小异。SQLite[①]是一个轻量级的单机数据库。它对 SQL 的支持相当良好，在移动开发等领域有着非常广泛的应用。Python 3.x 中内置了 SQLite 数据库及其适配器。本小节以 SQLite 为例，介绍 Python 嵌入式 SQL 编程方法。

嵌入式数据库编程的一般步骤如下：
- 建立数据库连接；
- 获取游标；
- 执行 SQL 语句；
- 提交事务或操作；
- 关闭游标和数据库连接。

例 8-7 创建了一个名为 test.db 的 SQLite 数据库文件，并在其中创建了一个数据库表 users。users 有三列数据，即 id、name 和 email，SQL 数据类型分别为 int、varchar 和 varchar。其中，id 为主键。

【例 8-7】创建 SQLite 数据库和表。

```
1   import sqlite3
2   conn = sqlite3.connect('test.db')              # 建立数据库连接
3   cur = conn.cursor()                            # 获取游标
4   sql = 'create table users(id int primary key, name varchar, email varchar)'
5   cur.execute(sql)                               # 执行SQL语句
6   cur.close()                                    # 关闭游标
7   conn.close()                                   # 关闭数据库连接
```

例 8-8 中给出了嵌入式数据库编程的添加、修改和删除数据库记录的示例。

【例 8-8】数据的添加、修改和删除操作。

```
1   import sqlite3
2   conn = sqlite3.connect("test.db")   # 建立数据库连接
3   cur = conn.cursor()                 # 获取游标
4
5   sql = "insert into users values(1, '张三', 'zhangsan@test.com')"
6   cur.execute(sql)                    # 添加一条数据
7
8   sql = "insert into users values(?,?,?)"
9   data = [(2, '李四', 'lisi@test.com'),
10         (3, '王五', 'wangwu@test.com'),
11         (4, '赵六', 'zhaoliu@test.com')]
12  cur.executemany(sql, data)          # 添加多条数据
13
14  sql = "update users set email='lisi_new@test.com' where id=2"
15  cur.execute(sql)                    # 修改数据
```

[①] www.sqlite.org

```
16
17  sql = "delete from users where id=3"
18  cur.execute(sql)                        # 删除数据
19  conn.commit()                           # 提交操作
20  cur.close()
21  conn.close()
```

数据库连接（Connection）对象与文件对象一样，也实现了上下文管理器，因此利用 with 语句块能够进一步简化数据库编程。例 8-9 中利用 with 语句块实现了数据库的查询操作。

【例 8-9】数据查询操作。

```
1  import sqlite3
2
3  sql = 'select * from users'
4  with sqlite3.connect("test.db") as conn:
5      cur = conn.cursor()
6      cur.execute(sql)                    # 执行查询语句
7      records = cur.fetchall()            # 获取查询结果
8      for row in records:
9          print(row)
```

输出结果为：

```
(1, '张三', 'zhangsan@test.com')
(2, '李四', 'lisi_new@test.com')
(4, '赵六', 'zhaoliu@test.com')
```

8.4 正则表达式*

尽管 Python 的字符串处理功能已经非常丰富了，但还不足以应对一些复杂的字符串处理任务。例如，判断一个邮箱地址、手机号码是否合法，或者提取出一个复杂的 HTML 文档中所有需要的数据。

正则表达式是一种用于匹配字符串的强有力的工具。其设计思想是利用一种描述性语言定义规则，然后利用该规则来匹配字符串或字符串文档，找出所有满足规则的部分。很多编程语言都提供了正则表达式功能，它们的规则设计和使用方法都大同小异。Python 标准库中的 re 模块提供了正则表达式的支持。Python 中编辑正则表达式规则时常使用原始字符串，即字符串前以 r 为前缀。

本节首先介绍正则表达式匹配规则的编写，然后介绍 Python 正则表达式的几种应用场景，最后介绍正则表达式的编译。

8.4.1 正则表达式匹配规则

匹配规则的编制是使用正则表达式最关键的部分。可将所有的匹配规则划分为 4 种类型：字符匹配、边界匹配、重复限制，以及分组和后向引用。将这 4 类规则灵活地组合，可以编制出功能强大的正则表达式规则。

1. 字符匹配

字符匹配是最简单的一类匹配规则，用于匹配一个或一组连续的字符。字符匹配分为精确匹配和模糊匹配。精确匹配是指匹配唯一的指定字符或字符串，在规则中直接给出要匹配的字符就可以实现精确匹配。大多数精确匹配使用字符串操作方法也可以很好地完成。

模糊匹配是利用特殊的符号来匹配字符集合，从而实现较为复杂的规则。正则表达式强大的功能主要是利用模糊匹配实现的。常用模糊字符匹配的符号如表 8-5 所示。

表 8-5　字符匹配

符号	功能	规则示例	匹配示例
.	匹配\n 之外任一字符	r'.'	'A'
\d	匹配一个数字	r'\d'	'9'
\D	匹配一个非数字	r'\D'	'A'
\w	匹配一个字母、数字或下画线	r'\w'	'_'
\W	匹配一个\w 之外的字符	r'\W'	'\t'
\s	匹配任何空白字符	r'\s'	'\n'
\S	匹配任何非空白字符	r'\S'	'A'
x|y	匹配 x 或 y	r'a|b|c'	'a'
[xyz]	匹配 xyz 中的任一字符	r'[abc]'	'a'
[x-z]	匹配 x 到 z 之间的任一字符	r[X-Z]	'Y'
[^xyz]	匹配 xyz 之外的任一字符	r[^1-9]	'A'

2. 边界匹配

边界匹配用于限定匹配对象是否与某种边界相邻。常用边界匹配符号如表 8-6 所示。

表 8-6　边界匹配

符号	功能	规则示例	匹配示例	不匹配示例
^	行头	r'^Py'	'the\nPython'	'the Python'
$	行尾	r'the$'	'the\nPython'	'the Python'
\b	单词边界	r'\bPy'	'the Python'	'the-Python'
\B	不是单词边界	r'\BPy'	'the-Python'	'the Python'
\A	字符串头	r'\A'Py	'Python coding'	'the\nPython'
\Z	字符串尾	r'on\Z'	'the Python'	'Python coding'

3. 重复限制

重复限制符号放置在目标符号或分组之后，用于限制符号或分组的重复次数。常用的重复限制符号如表 8-7 所示。

使用重复限制后，正则表达式规则在匹配文本时会出现匹配内容长度不能确定的问题。例如，规则 r'\w{3,5}' 在匹配字符串'abcde'时，它的三个子串'abc'、'abcd' 和'abcde'都符合规则，那么它匹配到的究竟是哪个子串呢？Python 正则表达式默认情况下匹配到的是最长的子串，这种方式称为**贪婪匹配**。与贪婪匹配对应的是**懒惰匹配**。在重复限制符号后添加?即表示重复部分为懒惰匹配，如表 8-8 所示。

表 8-7　重复限制符号

符号	功能	规则示例	匹配示例	不匹配示例
*	重复零次或多次	r'\d*'	'123abc'	
+	重复一次或多次	r'\d+'	'123abc'	'abc'
?	重复零次或一次	r'\d?'	'1abc'	
{n}	重复 n 次	r'\d{3}'	'123abc'	'12abc'
{n,m}	重复最少 n 次最多 m 次	r'\d{2,3}'	'123abc'	'1abc'
{n,}	最少重复 n 次	r'\d{2,}'	'12abc'	'1abc'
{,m}	最多重复 m 次	r'\d{,2}'	'12abc'	'123abc'

表 8-8　懒惰匹配

符号	功能
*?	重复零次或多次，但次数尽可能少
+?	重复一次或多次，但次数尽可能少
??	重复零次或一次，但次数尽可能少
{n}?	重复 n 次，但次数尽可能少
{n,m}?	重复最少 n 次最多 m 次，但次数尽可能少

4. 分组与后向引用

当匹配规则需要针对连续多个符号时，可以将这些符号作为一个分组进行处理。正则表达式中使用"()"将多个符号作为一个分组。利用分组能够显著降低正则表达式的长度和复杂度。例如，用于匹配 IP 地址的规则 r'\d{1,3}\.\d{1,3}\.\d{1,3}\.\d{1,3}' 使用分组进行改写后表示为 r'(\d{1,3}\.){3}\d{1,3}'。其中，(\d{1,3}\.) 为一个分组，它必须重复 3 次。

正则表达式中使用分组之后，表达式引擎会为该分组匹配到的文本内容编号并保存在缓存之中。编号方式为："\1"表示匹配到的第 1 个内容，"\2"表示匹配到的第 2 个内容，以此类推。缓存中的这些数据非常有用，可用于实现文本内容的提取，也可以被正则表达式后续部分引用，称为**后向引用**。

也可以指定让表达式引擎不存储分组匹配的内容。在分组前部添加"?:"即表示不缓存该分组匹配到的内容。例如 r(?:\d{1,3}) 表示定义的分组不用缓存。

另外，还可以对分组进行命名，后向引用中使用分组名来引用分组。命名分组的方式为 (?P<group_name>)，group_name 为分组名。例如 r'(?P<three_numbers> \d{3})' 中将分组命名为 three_numbers。后向引用中使用分组名的方式为 (?P=group_name)。

利用分组还可以实现正则表达式**前置条件**或**后置条件**的功能，如表 8-9 所示。

表 8-9　前置条件和后置条件

符号	功能	规则示例	匹配示例	不匹配示例
r'(?=sub_rules)'	后置条件	r'abc(?=[de])'	'abcd'或'abce'	'abcf'
r'(?!sub_rules)'	后置非条件	r'abc(?![de])'	'abcf'	'abcd'或'abce'
r'(?<=sub_rules)'	前置条件	r'(?<=[ab])cde'	'acde'或'bcde'	'fcde'
r'(?<!sub_rules)'	前置非条件	r'(?<![ab])cde'	'fcde'	'acde'或'bcde'

8.4.2 正则表达式的应用

1. 匹配性检查

利用正则表达式进行字符串的匹配性检查可使用 re 模块中的 match 函数或 search 函数。两者功能和使用方法类似，如果匹配成功则返回一个 Match 对象，否则返回 None。Match 对象中包含了匹配结果的相关信息。

下面的例子定义了一个用于匹配邮箱地址的规则，该规则可以匹配 com、cn 或 net 结尾的邮箱。规则中还定义了一个名为 suffix 的分组。

```
>>> from re import match
>>> rule = r'^\w{3,}@\w+\.(?P<suffix>com|cn|net)'
>>> result = match(rule, 'test@mail.com')
>>> result
<re.Match object; span=(0, 13), match='test@mail.com'>
>>> result.start()        # 匹配结果起始位置
0
>>> result.end()          # 匹配结果结束位置
13
>>> result.span()         # 匹配结果的起始和结束位置构成的元组
(0, 13)
>>> result.group(0, 1)    # 返回一个或多个分组（0号和1号分组）
('test@mail.com', 'com')
>>> result.groups()       # 返回所有在规则中指定的分组
('com',)
>>> result.groupdict()    # 返回命名分组构成的字典
{'suffix': 'com'}
```

match 和 search 都只匹配一次，即使字符串中有多个部分能够与规则相匹配，也仅返回匹配到的第一个结果。二者的区别在于，当字符串包含多行时 match 只会搜索第一行，而 search 则会搜索整个字符串。

```
>>> rule = r'\w{3,}@\w+\.(com|cn|net)'
>>> text = 'my email is :\n test@mail.com'    # 多行字符串
>>> match(rule, text) is None
True
>>> search(rule, text)
<re.Match object; span=(15, 28), match='test@mail.com'>
```

2. 文本提取

利用正则表达式提取文本信息可使用 re 模块中的 findall 函数或 finditer 函数。它们的使用方法类似，findall 会搜索字符串文本，并返回所有与规则相匹配的内容构成的列表；而 finditer 则返回一个生成器。

下面的例子提取文本中所有的邮箱地址。由于需要提取完整的邮箱地址，因此要将整个邮箱的规则作为一个分组。

```
>>> from re import findall
>>> rule = r'(\w{3,}@\w+\.(com|cn|net))'
>>> text = ''' I have two emails. They are test1@mail1.com
...                                  and test2@mail2.net.'''
>>> findall(rule, text)
[('test1@mail1.com', 'com'), ('test2@mail2.net', 'net')]
```

表达式引擎会将所有分组的内容都放入缓存之中，上例中最后一项的邮箱后缀'net'不是需要提取的内容，所以不必保存该分组。将规则改为 r'(\w{3,}@\w+\.(?:com|cn|net))'，则提取得到的结果为：

```
['test1@mail1.com', 'test2@mail2.net']
```

3. 切分字符串

re 模块中的 split 函数可用于根据正则表达式规则来切分字符串。下面的例子中，同时根据多个符号对一个字符串进行切分。由于"；""."和空格都是正则表达式的特殊符号，因此要进行转义。

```
>>> from re import split
>>> text = 'a,b;c.d e|f-g'
>>> rule = r'[,\;\.\ |-]'
>>> split(rule, text)
['a', 'b', 'c', 'd', 'e', 'f', 'g']
```

4. 字符串替换

字符串的 replace 方法也可以用于字符串替换，但是仅用于简单的替换。使用正则表达式能够识别更为复杂的模式，从而实现更复杂的字符串替换。re 模块中的 sub 函数和 subn 函数用于字符串替换。两者功能和使用方法相似，区别在于 sub 函数返回替换后的字符串，而 subn 则返回由替换后的字符串和替换次数组成的元组。

下面的例子中，使用 sub 函数将字符串中所有的邮箱的账户名替换为 ***。表达式规则中使用了后置条件来确定邮箱账户的位置。

```
>>> from re import sub
>>> text='我有两个邮箱，test1@mail1.com 和 test2@mail2.net.'
>>> rule = r'(\w{3,})(?=@\w+\.(com|cn|net))'
>>> sub(rule, '***', text)
'我有两个邮箱，***@mail1.com 和 ***@mail2.net.'
```

8.4.3 正则表达式的编译

在使用正则表达式时，re 模块首先会编译正则表达式，然后使用编译后的正则表达式去匹配字符串。正则表达式的每次调用都会重新被编译一次。如果一个正则表达式被频繁调用，为了提高程序的运行效率可以手动编译正则表达式，保存编译好的规则用于后续的重复调用。

编译正则表达式使用 re 模块中的 compile 函数，返回一个正则表达式对象。正则表达式对象中拥有匹配性检查、文本提取、切分与替换字符串等的同名方法，可以方便地完成相应的任务。下例中使用编译的方式实现字符串的替换。

```
>>> from re import compile
>>> text = 'I have two emials.They are test1@mail1.com and test2@mail2.net.'
>>> regex = compile(r'(\w{3,})(?=@\w+\.(com|cn|net))')
>>> regex.sub('***', text)
'I have two emials. They are ***@mail1.com and ***@mail2.net.'
```

8.5 数据分析中的数据结构*

Python 语言标准库中包含了丰富的适用于数据分析的数据结构。不过要处理大规模的数据或者进行特殊的计算时，往往要用到一些专用的高效数据结构或工具。本节从数据结构的角度简要介绍 NumPy 和 SciPy 两种数据分析中常用的工具。

8.5.1 NumPy

NumPy 是一种高效的矩阵/高维数组计算工具包，提供了大量高效的数组、矩阵的操作和运算函数库，是 Python 中数据处理最重要的工具包之一。目前，几乎所有的数据分析和处理工具都依赖或支持 NumPy。

1. ndarray

NumPy 中最核心的数据类型是 ndarray，它是由同型元素构成的多维数组。ndarray 针对数值计算进行了良好的优化，运行效率非常高。ndarray 中保存的数据分为两部分：实际数据和元数据。元数据中保存的是对实际数据的描述信息。

创建 ndarray 常常使用 NumPy 中的 array 函数：

```
>>> import numpy as np
>>> nda = np.array([[1, 4, 2],[8, 5, 7]])
>>> type(nda)
<class 'numpy.ndarray'>
>>> nda
array([[1, 4, 2],
       [8, 5, 7]])
```

NumPy 中还有其他一些内置函数用于创建特殊的 ndarray，如表 8-10 所示。

表 8-10 创建特殊结构的 ndarray

函数	功能描述
zeros	创建全 0 的多维数组
ones	创建全 1 的多维数组
eye	创建对角线元素为 1 的二维数组
random.rand	以随机生成的数据创建多维数组

```
>>> import numpy as np
>>> np.zeros(shape=[3,3])        # 3行3列元素为0的多维数组
array([[0., 0., 0.],
       [0., 0., 0.],
       [0., 0., 0.]])
>>> np.ones(shape=[3,3])         # 3行3列元素为1的多维数组
array([[1., 1., 1.],
       [1., 1., 1.],
       [1., 1., 1.]])
>>> np.eye(3)                    # 3阶单位矩阵
array([[1., 0., 0.],
       [0., 1., 0.],
       [0., 0., 1.]])
>>> np.random.rand(3,3)          # 3行3列由随机数字组成的多维数组
array([[0.59597593, 0.98059061, 0.44650702],
       [0.34722804, 0.03510708, 0.72402316],
       [0.55144237, 0.0854209 , 0.87049169]])
```

2. 多维数组的操作

NumPy 多维数组也提供了与列表类似的切片操作，但功能更加强大，能够一次访问多个不连续的元素，还可使用逻辑表达式对元素进行过滤：

```
>>> import numpy as np
>>> nda = np.random.rand(5)
>>> nda
array([0.10492553, 0.26560384, 0.38395328, 0.86058531, 0.33604607])
>>> nda[[0, 2, 4]]        # 获取索引为0、2、4的三个元素
array([0.10492553, 0.38395328, 0.33604607])
>>> nda[nda>0.3]          # 获取大于0.3的元素
array([0.38395328, 0.86058531, 0.33604607])
```

NumPy 还提供了大量对多维数组进行操作的函数，例如改变数组的形状、维度转换、以及大量能够对数组进行批量高效运算的数学运算函数和统计函数，参见官方文档[①]。

```
>>> import numpy as np
>>> nda = np.array([[11, 12],[21, 22], [31, 32]])
>>> nda
array([[11, 12],
       [21, 22],
       [31, 32]])
>>> nda.reshape(2, 3)     # 转换为2行3列
array([[11, 12, 21],
       [22, 31, 32]])
>>> nda.transpose(1, 0)   # 转置
array([[11, 21, 31],
```

---

① https://numpy.org/doc/

```
         [12, 22, 32]])
>>> np.sin(nda)              # 每个元素求正弦值
array([[-0.99999021, -0.53657292],
       [ 0.83665564, -0.00885131],
       [-0.40403765,  0.55142668]])
>>> np.average(nda)          # 均值
21.5
```

3. 矩阵运算

NumPy 最重要的功能在于其强大的矩阵运算能力，而矩阵运算法是数据分析的基础。正因为如此，几乎所有的 Python 数据分析工具都依赖 NumPy。

```
>>> import numpy as np
>>> A = np.array([[1, 2],
...               [3, 4]])
>>> B = np.array([[1, 1],
...               [1, 1]])
>>> A + B                    # 矩阵求和
array([[2, 3],
       [4, 5]])
>>> A.dot(B)                 # 矩阵运算
array([[3, 3],
       [7, 7]])
>>> As = np.array([[[1, 2],
...                 [3, 4]],
...                [[1, 2],
...                 [3, 4]],
...               ])
>>> Bs = np.array([[[1, 1],
...                 [1, 1]],
...                [[1, 1],
...                 [1, 1]],
...               ])
>>> np.matmul(As, Bs)        # 批量矩阵运算
array([[[3, 3],
        [7, 7]],
       [[3, 3],
        [7, 7]]])
```

4. 广播

数学中的矩阵运算要求两个矩阵的形状必须相匹配，但在数据分析中这个条件显得过于苛刻，很多时候会带来不必要的计算量和存储空间，尤其是在高维矩阵（或称为张量）运算中。广播（Broadcast）是 NumPy 中的一种特有的运算机制，目的就是放松矩阵运算中必须要求形状相匹配的条件，提升运算效率。

例如，下面例子中矩阵 *As* 和 *B* 在形状不相匹配的情况下，也能正确地进行求和与相乘运算：

```
>>> import numpy as np
>>> As = np.array([[[1, 2],           # As为3维数组
...                 [3, 4]],
...                [[1, 2],
...                 [3, 4],
...                ])
>>> B = np.array([[1, 1], [1, 1]])    # B为2维数组
>>> As + B
array([[[2, 3],
        [4, 5]],
       [[2, 3],
        [4, 5]]])
>>> As.dot(B)
array([[[3, 3],
        [7, 7]],
       [[3, 3],
        [7, 7]]])
```

NumPy 多维数组运算中，一旦发生形状不匹配的情况就会自动触发广播。广播的逻辑本质，是在特定维度上复制数组使得其形状相匹配。广播只是放松了矩阵运算的条件，但并不是任意两个矩阵都能计算，如果广播失败依旧会抛出运算错误。

要了解广播的机制，首先需要了解几个基本概念。NumPy 多维数组中的一个维度称为一个**轴**（Axes），该维度上数据元素的数量称为维度的**轴长**。NumPy 中的各个维度是有序的，正如在由 x、y 和 z 三个坐标轴构成的三维空间中，任一个点都由有序的三个数字表示。**后尾维度**（Trailing Dimension）是指一个高维数组的最后一个或多个连续的维度（轴）。

上面的例子中，矩阵 *As* 有 3 个轴，分别用 0、1、2 表示，这 3 个轴的长度都为 2。矩阵 *B* 有两个轴，轴长也都为 2。当 *As* 和 *B* 进行运算时，后尾维度就是 *As* 的最后两个轴和 *B* 的全部两个轴。*As* 后尾维度的形状为 (2, 2)，*B* 的后尾维度形状也是 (2, 2)。

```
>>> As.shape     # As的形状是由其3个有序的轴的长度构成的元组
(2, 2, 2)
>>> B.shape      # B的形状
(2, 2)
```

参与运算的两个数组只有在满足如下两条规则之一的条件下才能够正确地广播：
- 当数组维度不同时，后尾维度的轴长（或形状）相符；
- 当数组维度相同时，其中之一拥有至少一个轴长为 1 的维度。

由此可知，上述例子中 *As* 和 *B* 能够正确计算的原因是满足了第一条规则。下面的例子中 *B1* 的维度是 3，但是 0 号维度的轴长为 1，因此也能够与 *As* 成功地实现广播计算。

```
>>> B = np.array([[[1, 1], [1, 1]]])
>>> As + B
```

```
array([[[2, 3],
        [4, 5]],
       [[2, 3],
        [4, 5]]])
>>> As.dot(B)
array([[[[3, 3]],
        [[7, 7]]],
       [[[3, 3]],
        [[7, 7]]]])
```

8.5.2 SciPy

SciPy 是一个常用于数学、科学、工程领域的工具包，可用于解决数值计算、积分、优化、图像处理、常微分方程求解、信号处理等问题。SciPy 依赖于 NumPy。本小节以矩阵分析中常用的特征值和特征向量求解、奇异值分解为例，介绍 SciPy 的应用。另外还介绍 SciPy 中的重要数据结构——稀疏矩阵。

1. 特征值与特征向量求解

矩阵 A 的特征值和特征向量分别是满足下式的向量 v 和标量 λ：

$$Av = \lambda v$$

可利用 scipy.linalg 中的 eig 函数来求特征值与特征向量。

```
>>> from scipy import linalg
>>> A = np.array([[6, 2, 4],
...               [2, 3, 2],
...               [4, 2, 6]])
>>> lmds, vs = linalg.eig(A)
>>> lmds          # 特征值
array([ 2.+0.j, 11.+0.j,  2.+0.j])
>>> vs            # 每一列是一个特征向量
array([[-0.74535599,  0.66666667, -0.34869867],
       [ 0.2981424 ,  0.33333333, -0.65103258],
       [ 0.59628479,  0.66666667,  0.67421496]])
```

2. 奇异值分解

奇异值分解是将形如 $m \times n$ 的矩阵 A 分解为如下形式：

$$A = U\Sigma V$$

其中 U 和 V 为分别为 $m \times m$ 和 $n \times n$ 的正交矩阵（$UU^T = I$，$VV^T = I$，分别称为左奇异矩阵和右奇异矩阵；Σ 为仅主对角线元素有非零值的 $m \times n$ 矩阵，这些非零值称为奇异值。

奇异值分解在数据降维和压缩、信息推荐、数据去噪等领域有重要的应用价值。可利用 scipy.linalg 中的 svd 函数来对矩阵进行奇异值分解。

```
>>> from scipy import linalg
>>> A = np.array([[ 1,  5,  7,  6,  1],
                  [ 2,  1, 10,  4,  4],
                  [ 3,  6,  7,  5,  2]])
>>> U, Sigma, V = linalg.svd(A)
>>> U           # 左奇异矩阵
array([[-0.55572489,  0.40548161, -0.72577856],
       [-0.59283199, -0.80531618,  0.00401031],
       [-0.58285511,  0.43249337,  0.68791671]])
>>> Sigma       # 奇异值
array([18.53581747,  5.0056557 ,  1.83490648])
>>> V           # 右奇异矩阵
array([[-0.18828164, -0.37055755, -0.74981208, -0.46504304, -0.22080294],
       [ 0.01844501,  0.76254787, -0.4369731 ,  0.27450785, -0.38971845],
       [ 0.73354812,  0.27392013, -0.12258381, -0.48996859,  0.36301365],
       [ 0.36052404, -0.34595041, -0.43411102,  0.6833004 ,  0.30820273],
       [-0.5441869 ,  0.2940985 , -0.20822387, -0.0375734 ,  0.7567019 ]])
```

3. 稀疏矩阵

在实际应用中往往会遇到非常大的矩阵，很多时候它们所需要的存储空间甚至超出计算机内存，要进行矩阵的运算难度就更大了。幸运的是，现实中这样的矩阵大都是稀疏的。矩阵中绝大多数元素是 0 或者是接近 0 的数字，它们会白白占用大量的计算机内存空间和计算资源。使用稀疏矩阵处理这种类型的数据能够在显著降低存储空间的同时提高运算效率。SciPy 的 sparse 模块提供了稀疏矩阵的处理和计算功能。

稀疏矩阵的存储方式有很多种，它们都有各自的优缺点和适用场景。SciPy 的 sparse 模块中提供了 7 种类型的稀疏矩阵（如表 8-11 所示），不同的类型之间可以相互转换。这 7 种类型在创建速度、运算效率、切片效率等方面不尽相同，在实际应用中往往需要先进行类型转换，然后再进行运算或操作。

表 8-11 SciPy 稀疏矩阵的类型及特点

类型	结构特点	优点	缺点
coo_matrix	采用(行,列,数据)三元组形式存储数据	创建方便，结构转换快	不支持运算和切片操作
dok_matrix	基于字典存储数据	创建方便，结构转换快	运算效率低，不支持切片操作
csr_matrix	按行压缩存储数据	运算效率高，行切片效率高	列切片效率低，结构转换慢
csc_matrix	按列压缩存储数据	运算效率高，列切片效率高	行切片效率低，结构转换慢
bsr_matrix	采用分块方式存储数据	运算效率高，适用于有密集子矩阵的稀疏矩阵	切片效率低，结构转换慢
lil_matrix	采用嵌套列表存储数据	行切片效率高，结构转换快	运算效率低，列切片效率低
dia_matrix	按对角线存储数据	运算效率高，对角性良好时存储效率高	对角性不好时存储效率低，不支持切片操作

下面以 coo_matrix 和 csr_matrix 两种比较典型的稀疏矩阵为例，介绍 SciPy 稀疏矩

阵的构建及应用方法，更详细的内容参见官方文档[①]。

创建稀疏矩阵首选的类型就是 coo_matrix，它的存储结构是以（行，列，数据）构成的三元组。在创建时要将行索引、列索引和数据分别构造，以三个列表或者 NumPy 数组的形式给出。也可以基于密度矩阵直接创建 coo_matrix，使用这种方式时将 NumPy 数组传递给 coo_matrix 即可。

```
>>> from scipy import sparse
>>> row_index = [0, 1, 1, 2, 3, 4]
>>> col_index = [1, 2, 4, 2, 3, 2]
>>> data = [1, 2, 3, 4, 5, 6]
>>> m_coo = sparse.coo_matrix((data, (row_index, col_index)), dtype=float)
>>> type(m_coo)
<class 'scipy.sparse.coo.coo_matrix'>
>>> print(m_coo)                    # 显示矩阵元素
  (0, 1)    1.0
  (1, 2)    2.0
  (1, 4)    3.0
  (2, 2)    4.0
  (3, 3)    5.0
  (4, 2)    6.0
>>> m_coo.todense()                 # 转密度矩阵
matrix([[0., 1., 0., 0., 0.],
        [0., 0., 2., 0., 3.],
        [0., 0., 4., 0., 0.],
        [0., 0., 0., 5., 0.],
        [0., 0., 6., 0., 0.]])
```

创建 csr_matrix 的方式同 coo_matrix 相似，不过有了 coo_matrix 之后可以很方便地转换为 csr_matrix。

稀疏矩阵的运算与普通矩阵相似，可以直接调用稀疏矩阵对象的相关方法，也可以使用 scipy.sparse.linalg 模块中提供的稀疏矩阵运算函数。

```
>>> from scipy.sparse import linalg
>>> m_csr = m_coo.tocsr()           # 将 coo_matrix 转为 csr_matrix
>>> type(m_csr)
<class 'scipy.sparse.csr.csr_matrix'>
>>> m_trans = m_csr.transpose()     # 稀疏矩阵转置
>>> mm = m_csr.dot(m_trans)         # 稀疏矩阵相乘
>>> mm.todense()                    # 将稀疏矩阵转为密度矩阵
matrix([[ 1.,  0.,  0.,  0.,  0.],
        [ 0., 13.,  8.,  0., 12.],
        [ 0.,  8., 16.,  0., 24.],
        [ 0.,  0.,  0., 25.,  0.],
        [ 0., 12., 24.,  0., 36.]])
```

---

① https://docs.scipy.org/doc/scipy/reference/sparse.html

8.6 数据可视化*

Matplotlib 是 Python 中著名的绘图库。它最初是对 Matlab 绘图命令的模仿，目前是 Python 绘图领域影响最为广泛的工具，已经成为 Python 数据可视化事实上的标准工具，也是绝大多数基于 Python 的可视化工具的基础。本节介绍 Matplotlib 数据可视化的基本方法。

8.6.1 简单绘图

Matplotlib 中最常用的是 pyplot 模块，其中定义了大量函数用于绘制、配置或修改图像。pyplot 模块最重要的特征是图像的状态会被保留下来，不会随着函数运行结束而消失。因而不同函数共享当前图像的信息，能够不断对图像进行修改，直到将图像显示出来。Matplotlib 不依赖 NumPy，但是支持 NumPy 多维数组，在数据量较大的情况下使用 NumPy 能够显著提升程序的运行效率。

pyplot 模块中常用的绘图函数如表 8-12 所示，例 8-10 中给出了这些常用绘图函数的应用示例，结果如图 8-2 所示。

表 8-12　pyplot 中的常用绘图函数

函数	功能
plot	折线图
scatter	散点图
bar	柱状图
pie	饼图
hist	直方图
imshow	热力图

【例 8-10】pyplot 常用绘图函数示例。

```
1  import matplotlib.pyplot as plt
2  #（a）折线图
3  x = range(10)
4  y = [i**2 for i in x]
5  plt.plot(x, y)
6  plt.show()
7  #（b）散点图
8  x = range(10)
9  y = [i**2 for i in x]
10 plt.scatter(x, y)
11 plt.show()
12 #（c）柱状图
13 x = range(10)
14 y = [i**2 for i in x]
15 plt.bar(x, y)
```

```
16  plt.show()
17  #(d)饼图
18  numbers = [0.1, 0.4, 0.3, 0.2]
19  plt.pie(numbers)
20  plt.show()
21  #(e)直方图
22  x = [1, 1, 2, 2, 2, 2, 3, 3]
23  plt.hist(x)
24  plt.show()
25  #(f)热力图
26  X = [[1, 2, 3], [4, 5, 6], [7, 8, 9]]
27  plt.imshow(X)
28  plt.show()
```

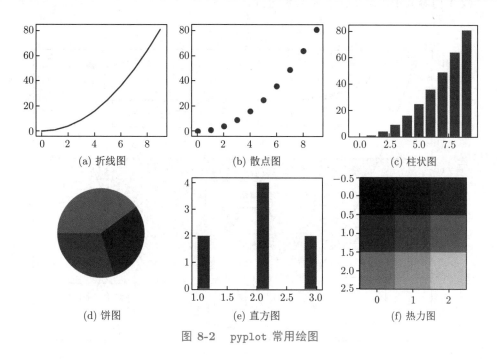

图 8-2　pyplot 常用绘图

需要注意的是，pyplot 中的 show 函数用于将图像显示出来，并且会阻塞程序。因此例 8-10 中的代码在执行时只有关掉前一幅图像窗口，后一幅图像才能显示出来。

8.6.2　图像的配置与修饰

1. 图像的组成

Matplotlib 图像由多个部分组成，每个部分都可以精确地配置。如图 8-3 所示，图像的主要组成部分包括：

- 图像：这里的图像是指一个 Matplotlib 图像整体，它是一个 Figure 对象。常用的属性包括图像的大小（figsize）、分辨率（dpi）等，还可以调整图像的边距，每幅图像可以包含一个或多个坐标轴。

- 坐标轴：坐标轴是图像的子图，它是一个 AxesSubplot 对象。常用属性有标题（title）等，每个坐标轴由 x 轴（xaxis）和 y 轴（yaxis）组成，每个轴都可以配置自己的标识（xlabel 或 ylabel）、刻度、刻度范围、刻度标识等。
- 绘图：每个绘图是一个具体的图形对象，可以是折线图、散点图等（如表 8-12 所示）。不同的图形类别在属性上有较大的差异。以最常见的折线图为例，常用的属性有线形、宽度、颜色、修饰符（marker）及其形状和颜色等。
- 填充：Matplotlib 允许在折线图与坐标轴之间（坐标轴的 fill 方法）或者不同的折线之间（坐标轴的 fill_between 方法）填充颜色。
- 图例：根据绘图的线形、颜色、修饰符等自动生成图例。
- 标注：为图像添加标注信息可使用坐标轴的 annotate 方法或 text 方法。前者能够方便地添加指向标注对象的箭头。Matplotlib 支持标注内容（包括图像其他部分的文本内容）中出现 Latex 符号和公式。

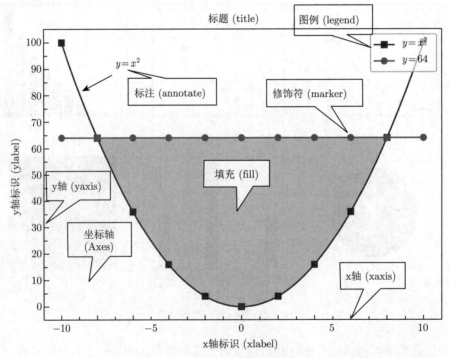

图 8-3　Matplotlib 图像的组成

2. 图像配置与修饰方法

绘制图 8-3 的代码如例 8-11 所示，更详细的信息参见 Matplotlib 官方文档和示例[①]。

【例 8-11】图像配置与修饰。

```
1  import numpy as np
2  import matplotlib.pyplot as plt
3  from matplotlib.ticker import MultipleLocator
```

① https://matplotlib.org/tutorials/index.html

```python
 4
 5  font = {'family': 'simhei', 'size':12}    # 中文字体和字号
 6  # 图像大小和分辨率
 7  plt.figure(figsize=[8, 6], dpi=100)
 8
 9  # 折线图
10  x = np.arange(-10, 10.1, 0.1)
11  y1 = x ** 2
12  y2 = np.array([64] * len(x))
13  plt.plot(x, y1, label='$y=x^2$', marker='s', markevery=20)
14  plt.plot(x, y2, label='$y=64$', marker='o', markevery=20)
15
16  # 区域填充
17  x_fill = np.arange(-8, 8, 0.1)
18  y1_fill = x_fill ** 2
19  y2_fill = np.array([64]*len(x_fill))
20  plt.fill_between(x_fill, y1_fill, y2_fill, alpha=.2)
21
22  # 坐标轴配置
23  plt.xlim(-11, 11)          # x轴刻度区间
24  plt.ylim(-5, 105)          # y轴刻度区间
25  ax = plt.gca()             # 获取坐标轴对象
26  # ax.set_xticks(range(-10, 11, 5))     # 设置x轴刻度
27  # ax.set_yticks(range(-0, 101, 10))    # 设置y轴刻度
28  ax.xaxis.set_major_locator(MultipleLocator(5))    # x轴主刻度
29  ax.xaxis.set_minor_locator(MultipleLocator(1))    # x轴副刻度
30  ax.yaxis.set_major_locator(MultipleLocator(10))   # y轴主刻度
31  ax.yaxis.set_minor_locator(MultipleLocator(5))    # y轴副刻度
32
33  plt.annotate('$y=x^2$', xy=(-9, 81), xytext=(-7, 90),    # 标注
34              arrowprops={'arrowstyle': "->"})
35  plt.xlabel('x轴标识（xlabel）', fontdict=font)        # x轴标识
36  plt.ylabel('y轴标识（ylabel）', fontdict=font)        # y轴标识
37  plt.title("标题（title）", fontdict={'family': 'simhei'})  # 图像标题
38  plt.legend(loc='upper right')                      # 图例
39  plt.show()                                         # 显示图像
```

3. 示例

例 8-12 的代码绘制了中国和美国 2020 年 1 月至 12 月新冠病毒确诊数量的变化情况，如图 8-4 所示（数据来源分别为中国国家卫健委和国际卫生组织）。图中的中文字体设置为宋体，x 轴的刻度标签设置为相应月份并旋转 45 度显示。y 轴坐标为对数刻度。

【例 8-12】图像配置示例：中美新冠病毒确诊数量对比。

```python
1  import matplotlib.pyplot as plt
2  import matplotlib
```

```
3   matplotlib.rc('font', family='simsun')              # 设置字体
4   china = [11791, 79824, 81554, 82874, 83017, 83534, 84337,
5            85058, 85414, 85997, 86542, 87071]
6   usa = [11, 66, 140640, 1003974, 1734040, 2537636, 4388566,
7          5899504, 7077015, 8852730, 13082877, 19346790]
8   mothons = ['1月', '2月', '3月', '4月', '5月', '6月',
9              '7月', '8月', '9月', '10月', '11月', '12月']
10  plt.plot(china, label='中国', marker='o')
11  plt.plot(usa, label='美国', marker='s')
12  plt.legend()
13  plt.xticks(range(0, 12), mothons, rotation=45)       # 设置x轴坐标标签
14  plt.yscale('log')                                    # 设置y轴为对数坐标
15  plt.title('中美新冠病毒确诊数量对比', fontdict={'size': 16})
16  plt.show()
```

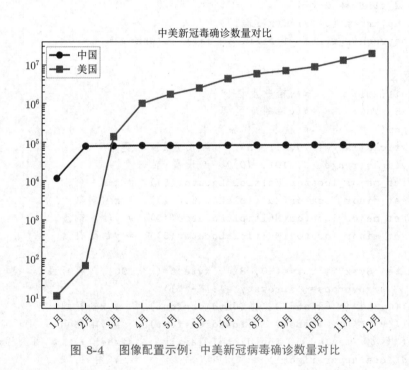

图 8-4　图像配置示例：中美新冠病毒确诊数量对比

8.6.3　多子图图像的绘制

Matplotlib 的一幅图像中可以包含多个子图像，一个子图像就是一个坐标轴对象。每个子图像的绘制及配置与单个图像的绘制（第 8.6.2 节）基本一致，区别在于绘制子图像前需要利用 pyplot 模块中的 subplot 函数指定当前子图像及其在整个图像中的位置。

subplot 函数指定子图像的位置有多种方式，其中最简单的一种方式是指定整个图像中子图的行数和列数，以及当前子图的序号。例如：

```
plt.subplot(2, 2, 3)
```

表示整个图像中的子图分布为 2 行 2 列（4 幅子图），当前子图为第 3 幅子图像（左下）。例 8-13 的代码生成了 2 行 2 列的子图像布局，如图 8-5 所示。

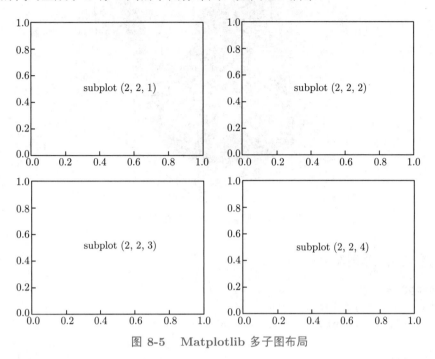

图 8-5　Matplotlib 多子图布局

【例 8-13】多子图图像布局。

```
1  import matplotlib.pyplot as plt
2  plt.subplot(2, 2, 1)   # 2行2列第 1 幅子图像
3  plt.text(0.5, 0.5, 'subplot(2,2,1)', ha='center', va='center', size=15)
4  plt.subplot(2, 2, 2)   # 2行2列第 2 幅子图像
5  plt.text(0.5, 0.5, 'subplot(2,2,2)', ha='center', va='center', size=15)
6  plt.subplot(2, 2, 3)   # 2行2列第 3 幅子图像
7  plt.text(0.5, 0.5, 'subplot(2,2,3)', ha='center', va='center', size=15)
8  plt.subplot(2, 2, 4)   # 2行2列第 4 幅子图像
9  plt.text(0.5, 0.5, 'subplot(2,2,4)', ha='center', va='center', size=15)
10 plt.subplots_adjust(left=0.08, bottom=0.08, right=0.96, top=0.96,
11                     wspace=0.3, hspace=0.3)   # 调整图像的边距和间距
12 plt.show()
```

实际上，图 8-2 就是使用多子图布局的方式绘制出来的，读者可尝试修改例 8-10 中的代码，实现图 8-2 的效果。

8.6.4　三维图像的绘制

Matplotlib 的 mpl_toolkits 辅助模块中提供了各种三维图像的绘制功能[①]。例 8-14 所示的代码绘制函数 $Z = \sin(\sqrt{X^2 + Y^2})$ 的三维图像，如图 8-6 所示。

[①] https://matplotlib.org/mpl_toolkits/mplot3d/index.html

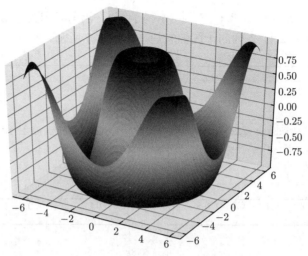

图 8-6　Matplotlib 三维图像

【例 8-14】绘制三维图像。

```
1  import numpy as np
2  import matplotlib.pyplot as plt
3  from mpl_toolkits.mplot3d import Axes3D
4
5  fig = plt.figure()
6  ax = Axes3D(fig)
7
8  X = np.arange(-6, 6, 0.1)
9  Y = np.arange(-6, 6, 0.1)
10 X, Y = np.meshgrid(X, Y)
11 Z = np.sin(np.sqrt(X**2 + Y**2))
12
13 ax.plot_surface(X, Y, Z, rstride=1, cstride=1, cmap='coolwarm')
14 plt.show()
```

8.7　Pandas 基础*

　　Pandas 是 Python 数据分析与处理领域非常知名的工具之一，常用于结构化数据分析任务，例如数据分析、数据挖掘和数据清洗等。Pandas 功能强大，几乎涉及数据分析的所有领域，从功能上来说可以粗略地认为它是电子表格和结构化查询语言（SQL）相结合的 Python 实现。本节对 Pandas 的常用功能做简要介绍。对于 Pandas 更加强大的数据处理、可视化等内容，请参考官方教程和文档[①]。

[①] https://pandas.pydata.org/docs/

8.7.1 数据结构

Pandas 中常用的数据结构有 2 种：系列（Series）和数据框（DataFrame）。它们分别用于存储与处理一维和高维结构的数据。早期的 Pandas 版本中还有一种称为面板（Panel）的数据结构，用于存储和处理三维数据结构。在较新的版本中，Panel 已被具有层次索引（Hierarchical Indexing）的数据框[①]所取代。本节仅对系列和二维的数据框的创建方法做简要介绍。

1. 系列

系列本质上是带有索引的一维数组。数组的元素可以是整数、浮点数、字符串，以及其他 Python 对象。可以基于列表、字典或者 NumPy 数组来创建一个系列。

系列默认情况下具有与列表相似的整数索引，此外还可以使用 index 参数指定额外的索引，称为标签索引。当从字典创建系列时，则以字典的键作为索引。系列的数据类型由 dtype 参数指定。

```
>>> import pandas as pd
>>> import numpy as np
>>> lst = [1, 4, 2]
>>> s1 = pd.Series(lst)                         # 由列表创建系列
>>> s1
0    1
1    4
2    2
dtype: int64
>>> s2 = pd.Series(np.array(lst))               # 由NumPy数组创建系列
>>> s3 = pd.Series(lst, index=['a', 'b', 'c'])  # 系列的标签索引
>>> s3
a    1
b    4
c    2
dtype: int64
>>> dic = {'a': 1, 'b': 2, 'c': 3}              # 由字典创建系列
>>> s4 = pd.Series(dic, dtype=float)            # 指定数据类型
>>> s4
a    1.0
b    2.0
c    3.0
dtype: float64
```

2. 数据框

数据框是最常使用的 Pandas 数据结构，普通的数据框从逻辑上来说是一种二维表格。数据框的创建方式与系列类似，只不过数据是二维结构的。可以基于二维列表或二维 NumPy 数组创建数据框，也可以基于系列来创建数据框。index 参数用于指定行的标签索引，columns 参数用于指定列名。也可以向已有的数据框中添加新的行或列。

---

① https://pandas.pydata.org/pandas-docs/stable/user_guide/advanced.html#multiindex-advanced-indexing

```
>>> lst = [[1, 8],[4, 5],[2, 7]]
>>> df1 = pd.DataFrame(lst, index=['a', 'b', 'c'])   # 由列表创建数据框
>>> df1
   0  1
a  1  8
b  4  5
c  2  7
>>> df2 = pd.DataFrame(np.array(lst),                # 由NumPy数组创建数据框,
... columns=['s1', 's2'])                            # 并指定列名
>>> df2
   s1  s2
0   1   8
1   4   5
2   2   7
>>> s1 = pd.Series([1, 4, 2])
>>> s2 = pd.Series([8, 5, 7])
>>> df3 = pd.DataFrame({'s1': s1, 's2': s2})         # 由系列创建数据框
>>> df3
   s1  s2
0   1   8
1   4   5
2   2   7
>>> df3 = df3.append({'s1': 0, 's2':0}, ignore_index=True)   # 添加行
>>> df3
   s1  s2
0   1   8
1   4   5
2   2   7
3   0   0
>>> df3['new'] = df3.s1 + df3.s2                     # 添加列
>>> df3
   s1  s2  new
0   1   8    9
1   4   5    9
2   2   7    9
3   0   0   09
```

在实际应用中,更常见的方式是直接从数据文件中读入数据并创建数据框。Pandas 支持多种格式数据的读入和写出,常用的格式包括 Excel、CSV、JSON、SQL、HDF、STATA、SAS、SPSS 等。

```
>>> df3.to_csv('test.csv', index=False)     # 保存为CSV格式(不保存索引)
>>> df4 = pd.read_csv('test.csv')           # 读入CSV格式创建数据框
>>> df4
   s1  s2
```

```
0    1    8
1    4    5
2    2    7
```

8.7.2 数据访问

1. 索引访问

系列与列表或 NumPy 数组一样，具有整数位置索引，可用于访问单个元素，也可以利用切片访问多个元素。系列创建时若给定了 index 参数或者基于字典创建系列，则这种索引也可用于访问系列元素，与字典元素的访问方式相似。也可以同时指定多个索引值访问多个不同的元素。

```
>>> s4[1]
2.0
>>> s4[0:2]
a    1.0
b    2.0
dtype: float64
>>> s4['a']
1.0
>>> s4[[0, 2]]
a    1.0
c    3.0
dtype: float64
>>> s4[['a', 'c']]
a    1.0
c    3.0
dtype: float64
```

数据框的访问方式更加灵活，可以使用整数索引、标签索引以及列名来访问行或列，也可以切片访问数据框元素。数据框的索引访问常用到三个属性：

- loc：使用标签索引来访问一行或多行；
- iloc：使用整数索引来访问一行或多行；
- iat：通过指定行和列来访问数据框元素。

```
>>> lst = [[1, 8],[4, 5],[2, 7]]
>>> df = pd.DataFrame(lst, index=['a', 'b', 'c'], columns=['c1', 'c2'])
>>> df
   c1   c2
a   1    8
b   4    5
c   2    7
>>> df.c1                    # 访问c1列，等同于df['c1']
a   1
b   4
```

```
c    2
Name: c1, dtype: int64
>>> df.loc[['a', 'b']]          # 访问a和b两行
   c1  c2
a   1   8
b   4   5
>>> df.loc[['a', 'b'], 'c1']    # 访问a和b两行的c1列
a   1
b   4
>>> df.iloc[0:3:2]              # 行切片，等价于df[0:3:2]
   c1  c2
a   1   8
c   2   7
>>> df.iloc[0:2, 0]             # 访问0到1行第0列
a   1
b   4
Name: c1, dtype: int64
>>> df.iat[0, 1]                # 访问位于第0行第1列的元素
8
```

2. 条件选择

条件选择是指根据指定的条件对系列或数据框的值进行过滤。

```
>>> lst = [[1, 8],[4, 5],[2, 7]]
>>> df = pd.DataFrame(lst, index=['a', 'b', 'c'], columns=['c1', 'c2'])
>>> df[df.c1>1]                    # c1列大于1的行
   c1  c2
b   4   5
c   2   7
>>> df[(df.c1>1) & (df.c2>5)]      # c1列大于1且c2列大于5的行
   c1  c2
c   2   7
>>> df[(df.c1>2) | (df.c2>7)]      # c1列大于2或c2列大于7的行
   c1  c2
a   1   8
b   4   5
```

3. 迭代

Pandas 的系列和数据框都是可迭代对象，可以使用 for 循环或推导式对其元素进行迭代。数据框可以生成多种类型的迭代器，能够对行进行不同形式的迭代遍历。

```
>>> lst = [[1, 8],[4, 5],[2, 7]]
>>> df = pd.DataFrame(lst, index=['a', 'b', 'c'], columns=['c1', 'c2'])
>>> for v in df.c1:                # 遍历系列
...     print(v)
...
```

```
1
4
2
>>> for i, r in df.iterrows():        # 遍历数据框的行
...     print(i, r[0], r[1])
...
a 1 8
b 4 5
c 2 7
>>> for r in df.itertuples():         # 遍历数据框的行
...     print(r)
...
Pandas(Index='a', c1=1, c2=8)
Pandas(Index='b', c1=4, c2=5)
Pandas(Index='c', c1=2, c2=7)
```

8.7.3 统计分析

统计分析主要针对系列数据，常用的统计方法如表 8-13 所示。此外，利用数据框对象的 describe 方法可给出所有列的描述性统计结果。

```
>>> lst = [[1, 8],[4, 5],[2, 7]]
>>> df = pd.DataFrame(lst, index=['a', 'b', 'c'], columns=['c1', 'c2'])
>>> df.describe()
              c1        c2
count   3.000000  3.000000
mean    2.333333  6.666667
std     1.527525  1.527525
min     1.000000  5.000000
25%     1.500000  6.000000
50%     2.000000  7.000000
75%     3.000000  7.500000
max     4.000000  8.000000
```

表 8-13　系列常用统计方法

函　　数	功　　能
count	数据量
sum	求和
mean	均值
median	中位数
std	标准差
min	最小值
max	最大值
value_counts	频次统计

Pandas 还提供了计算系列之间的协方差或相关系数的功能，以及计算数据框中各列的协方差矩阵或相关矩阵的功能。

```
>>> data = np.random.randn(100, 2)
>>> df = pd.DataFrame(data, columns=['c1', 'c2'])
>>> df.c1.cov(df.c2)              # c1列与c2列的协方差
-0.09924835570293003
>>> df.cov()                      # df中各列的协方差矩阵
          c1        c2
c1  0.877509 -0.099248
c2 -0.099248  0.945884
>>> df.c1.corr(df.c2)             # c1列与c2列的相关系数
-0.10893778036750715
>>> df.corr(method='pearson')     # df中各列的相关矩阵
          c1        c2
c1  1.000000 -0.108938
c2 -0.108938  1.000000
```

其中，corr 方法的 method 参数用于指定计算相关系数时所使用的方法，它的取值可以是 'pearson'、'spearman' 或 'kendall'，分别用于计算皮尔逊相关系数、斯皮尔曼相关系数和肯德尔相关系数，默认取值为 'pearson'。

8.8 Scikit-learn 基础*

Python 语言能够取得巨大成功最重要的原因之一，是其强大的数据处理和分析能力能够很好地满足机器学习、人工智能、大数据分析等领域的要求。Scikit-learn 就是机器学习领域最重要的工具之一。本节对 Scikit-learn 进行简要介绍，并利用分类和聚类两个典型的机器学习问题介绍其应用的基本流程。

8.8.1 Scikit-learn 简介

Scikit-learn[①]是一种通用的机器学习工具包，它依赖 NumPy、SciPy 和 Matplotlib 以实现高效的数值过算、优化和可视化。Scikit-learn 是开放源代码的，它使用了 BSD 许可协议，用户可以自由地使用、修改源代码甚至用于商业目的。Scikit-learn 的结果可信度非常高，再加上其简单、高效的使用方式，在理论研究和实践方面都得到了非常广泛的使用，并且影响了很多其他的数据挖掘和分析工具。

Scikit-learn 对整个机器学习流程提供了完整的支持，例如数据集读取、数据处理与转换、模型及学习方法、模型的评价与选择等。它的核心功能可划分为如表 8-14 所示的多个组成部分。

Scikit-learn 将大多数机器学习功能封装为类并基于相同或相似的接口实现，因而它们的使用方法基本相同，主要可分为如下三种：

[①] https://scikit-learn.org/stable/

- Estimator：即估计器，各种机器学习模型都被封装为估计器。绝大多数估计器都有如下 3 个方法：
  - fit(x, y)：根据数据 x 及标签 y 对模型进行训练。
  - score(x, y)：根据数据 x 及标签 y 对训练好的模型进行评价。
  - predict(x)：利用训练好的模型预测数据 x 的标签。
- Transformer：即转换器，对数据进行转换操作，如标准化、降维、特征选择等。大多数转换器都有如下 3 个方法：
  - fit(x, y)：根据数据 x 和标签 y 确定数据转换方式。
  - transform(x)：根据确定的转换方式，对数据 x 进行转换。
  - fit_transform(x, y)：确定数据转换方式，并且对数据进行转换。
- Pipline：将数据处理、转换到模型学习等多个步骤组装为一个完整的过程以便于模型的训练和使用，通常会包含多个转换器和一个估计器。Pipline 对象也有 fit、score、predict、fit_transform 等方法。

表 8-14 Scikit-learn 核心功能

功能	描述
有监督学习模型	分类模型、回归模型、集成学习模型、有监督神经网络模型、半监督学习模型，以及特征选择工具
无监督学习模型	聚类模型、双向聚类模型、高斯混合模型、流形学习、矩阵分解、变分估计、异常检测、密度估计
模型选择与评价	交叉验证、调参工具、性能评价指标、模型保存、偏差/方差分析
模型解释	部分依赖图（PDP）、排列特征重要性（Permutation feature importance）
可视化	数据可视化、学习过程可视化、模型评价/选择可视化等
数据转换工具	特征提取、数据预处理、缺失值处理、数据降维、标签处理、核方法
数据集工具	内置数据集、数据集生成工具、数据集加载工具
高性能计算工具	大数据集处理、并行计算、资源管理与配置

8.8.2 分类问题

分类问题是一种典型的有监督学习问题，给定一组类别已知的样本数据集（有监督数据），确定一个分类函数用于对类别未知的数据的所属类别进行预测。本小节以 Scikit-learn 内置的机器学习经典数据集——鸢尾花数据集（Iris）为例，利用 k 最近邻分类模型介绍 Scikit-learn 在数据分类问题上的使用方法。

k 最近邻模型是最简单的分类模型之一，其核心思想是：如果一个样本数据距离最近的 k 个样本中的大多数属于某一个类别，则这个样本很有可能也属于该类别。k 最近邻算法如下：

```
step1：确定 k 值以及样本距离的定义方式。
step2：对于数据集中的样本s，计算它与其他样本数据的距离。
step3：确定距离最近的k个样本以及它们所属的类别c。
step4：将s的类别标记为c。
```

鸢尾花数据集是常用于机器学习和数据挖掘中作为示例使用的一个经典数据集。该数据集非常简单，它的每个样本对应着一朵鸢尾花样本，记录着花萼长度、花萼宽度、花瓣长度、花瓣宽度四个特征，以及这朵花所属的鸢尾花的类别。数据集中共包含三个类别（iris-setosa、iris-versicolour 和 iris-virginica）的鸢尾花样本，每个类别共有 50 个样本数据。

训练一个用于鸢尾花分类的机器学习模型，首先要选择一种分类模型，利用数据集确定模型的最佳参数；然后，利用训练好的模型预测新的鸢尾花样本所属的类别。为了对模型的性能进行评价，通常要将数据集分为两部分。一部分用于训练，称为训练集；另一部分用于对模型性能进行评价，称为测试集[①]。

例 8-15 中首先加载鸢尾花数据集（首次运行会自动下载数据集）。然后随机打乱顺序，将 80% 的数据作为训练集，20% 的数据作为测试集。接下来，构建 k 最近邻分类模型估计器。其中 metric 参数用于指定距离的计算方法，minkowski 指闵可夫斯基距离，p 为距离的乘方。当 $p = 2$ 时闵可夫斯基距离就是欧氏距离。模型训练完成之后，利用测试集对模型预测的正确率进行评价。最后，就可以拿训练好的模型对类别未知的数据进行预测了。本例中以数据集中的第 10 个样本数据为例进行预测。

【例 8-15】鸢尾花分类的 k 最近邻模型。

```
1   from sklearn import neighbors, datasets
2   from sklearn.utils import shuffle
3
4   iris = datasets.load_iris()                              # 加载数据集
5
6   X, y = shuffle(iris.data, iris.target)                  # 随机打乱数据
7   X_train, X_test = X[:120], X[120:]                      # 训练集与测试集特征
8   y_train, y_test = y[:120], y[120:]                      # 训练集与测试集标签
9
10  knn = neighbors.KNeighborsClassifier(n_neighbors=10,    # K最近邻估计器
11                                       metric='minkowski', p=2)
12  knn.fit(X_train, y_train)                               # 训练
13
14  accuracy = knn.score(X_test, y_test)                    # 模型评价
15  print("测试集正确率：", accuracy)
16
17  d_id = 10
18  data_x = iris.data[d_id]
19  data_y = iris.target[d_id]
20  result = knn.predict([data_x])                          # 预测
21
22  print('预测样本：', data_x)
23  print('预测类别：', iris.target_names[result[0]])
24  print('真实类别：', iris.target_names[data_y])
```

[①] 更为严谨的做法是将数据集划分为训练集、验证集和测试集三部分，分别用于模型训练、训练过程控制以及最终模型的性能评价。

运行结果：

```
测试集正确率： 0.9666666666666667
预测样本： [5.4 3.7 1.5 0.2]
预测类别： setosa
真实类别： setosa
```

8.8.3 聚类问题

聚类是一种典型的无监督学习问题。其主要思路是给定一组样本数据，根据相似度，将它们划分入不同的类别，使得类内数据之间的距离尽可能小，类与类之间的距离尽可能大。本小节以动态生成的数据集以及 k 均值聚类模型为例，介绍 Scikit-learn 在数据聚类问题上的使用方法。

k 均值模型是最简单的聚类模型之一，主要包括两个步骤：第一，计算数据与聚类中心之间的距离，并将其划分入距离最近的中心表示的类别之中；第二，根据新的数据类别划分结果，更新类别中心的位置。k 均值算法重复这两个步骤，直到达到最大迭代次数或者类别中心的位置不再发生变化为止。

例 8-16 首先利用 make_blobs 方法生成具有三个类别中心的数据集（如图 8-7(a) 所示）。然后构建 KMeans 估计器，并对数据集进行聚类。聚类结果如图 8-7(b) 所示。

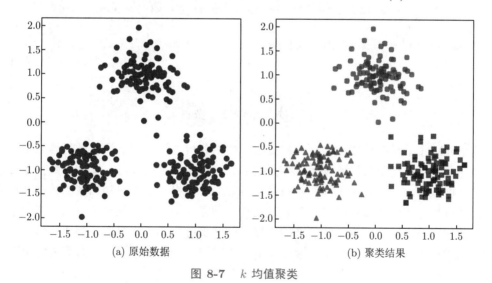

(a) 原始数据　　(b) 聚类结果

图 8-7　k 均值聚类

【例 8-16】k 均值模型实例。

```
1  import matplotlib.pyplot as plt
2  from sklearn.cluster import KMeans
3  from sklearn.datasets import make_blobs
4
5  font = {'family': 'simsun', 'size': 12}
6  plt.figure(figsize=[10, 5])
```

```
7
8    centers = [[0, 1], [-1, -1], [1, -1]]
9    X, labels_true = make_blobs(n_samples=300,              # 生成数据集
10                               centers=centers, cluster_std=0.3)
11
12   # 画出原始数据
13   plt.subplot(1, 2, 1)
14   plt.scatter(X[:, 0], X[:, 1])
15   plt.xlabel('(a) 原始数据', fontdict=font)
16
17   k_means = KMeans(n_clusters=3)                          # K均值估计器
18   k_means.fit(X)                                          # 聚类
19
20   # 画出聚类结果
21   plt.subplot(1, 2, 2)
22   marker_list = ['o', 's', '^']
23   color_list = ['r', 'b', 'g']
24   for i in range(3):
25       c_data = X[k_means.labels_ == i]    # 获取一个类别的数据
26       plt.scatter(c_data[:, 0], c_data[:, 1],             # 画出一个类别
27                   c=color_list[i], marker=marker_list[i], alpha=0.6)
28
29   plt.xlabel('(b) 聚类结果', fontdict=font)
30   plt.show()
```

8.9 小　　结

本章介绍了常见的数据读写、数据提取和数据分析方法。需要注意的是这三个部分的内容之间并无直接逻辑关系，读者可根据需要选读。关于数据读写，文件和数据库是最为常见的数据来源，但实际中不同的领域会有特有的文件格式或者更加高效的数据库访问方式，读者可自行查阅相关资料。正则表达式是一种强大的字符串处理工具，主要用于实现较为复杂的字符串匹配，或者从复杂的文档（如网页源代码）中提取所需要的信息。不过正则表达式规则的编写比较复杂，读者在学习的时候可先做基本了解，等需要时再查询相关内容。本章第5~8节中介绍了当前 Python 数据分析与机器学习领域最为常用的几个工具包，通过简单的例子来了解它们的功能和基本使用方法。不过对于数据分析和机器学习来说它们只是工具而已，要想做出真正有用的模型和有价值的结果，还需要对相关理论进行深入学习。

8.10 思考与练习

1. 编写一个函数，给定一个路径及一组文件扩展名，列出该路径（包括子路径）中所有满足类型要求的文件名。

*2. with 语句块的作用是什么？其运行的流程是怎样的？
*3. 试编写一个正则表达式，用于验证一个字符串是否是合法的 Python 标识符。
*4. NumPy 数组与列表相比有什么优势？
*5. 尝试收集一组利用成年人的身高和体重来预测性别的数据集，选择 Scikit-learn 中的一个分类模型进行训练，并进一步对性别未知的样本数据进行预测。

第 9 章 性能优化技术*

相对于静态类型的语言如 C/C++、Java 等，Python 语言的一个明显的缺点就是运行效率较低。尽管运行效率不是 Python 所追求的目标，但提升程序的运行效率在任何时候都是有意义的。Python 语言中有多种方法来解决程序运行效率的问题，本章主要介绍其中比较重要的两种，分别是即时编译技术和混合编程技术。即时编译是在编译器层面从二进制代码重用的角度提升程序的性能。混合编程技术则是把计算密集型任务用 C/C++ 来实现，然后在 Python 中调用，从而实现两种类型编程语言优势互补。

9.1 程序性能分析

当程序性能不能满足需要时，性能优化首先要做的是确定程序运行效率低的原因。只有确定代码运行的瓶颈所在，才能对症下药选用最恰当的性能优化技术。这就是程序性能分析所要解决的问题。本节介绍 Python 标准库中的 time、timeit 和 profile 等工具在程序性能分析中的应用。

9.1.1 time 与 timeit

time 模块和 timeit 模块都可以用于衡量程序片段的运行时间。两者的思路相似，但是 time 是一个通用的时间运算与管理工具模块，而 timeit 则是专用于衡量程序运行时间的模块。

1. time

使用 time 模块来获取程序片段运行时间的思路很简单，分别记下程序片段执行前后的时间，将二者之间的间隔作为程序片段的运行时间。time 模块获取当前的时间主要有 3 个函数：

- time.time：获取系统当前时间的时间戳。
- time.perf_counter：获取当前程序的高精度 CPU 运行时间。
- time.process_time：获取当前程序的有效进程时间。

其中 time.time 函数常用于日期时间的处理，虽然也可以用于获取程序的运行时间但是精度不够。time.perf_counter 能够获取高精度的程序运行时间，因此适用于测试程序运行所耗费的时间。不过，程序的运行时间还受到操作系统的负载和程序调度的影响,仅以程序运行的开始和结束时间衡量其执行时间可能是不准确的。time.process_time 会将程序的休眠时间排除,获取更加准确的进程 CPU 执行时间。例 9-1 比较了这两个函数的差异。

【例 9-1】获取程序片段的运行时间。

```
1  import time
2
3  def fun():
4      sum_value = 0
5      for i in range(1000000):
6          sum_value += i
7
8  # 使用 perf_counter 函数
9  start = time.perf_counter()
10 fun()
11 time.sleep(1)
12 end = time.perf_counter()
13 print('perf_counter:', end - start)
14
15 # 使用 process_time 函数
16 start = time.process_time()
17 fun()
18 time.sleep(1)
19 end = time.process_time()
20 print('process_time:', end - start)
```

运行结果为(具体取值与当前环境有关):

```
perf_counter: 1.061098745
process_time: 0.066369
```

可见,process_time 获取的运行时间不包含 time.sleep(1) 造成的程序休眠时间。

2. timeit

timeit 常用于测试较小的代码片段的执行时间,使用更加方便并且能够避免测量程序执行时间过程中常见的陷阱。timeit 可以在命令行中运行,也可以在交互式环境或脚本代码中通过调用 timeit 提供的函数来运行。

- 命令行方式:下面的例子中,代码片段"-".join(str(n) for n in range(100)) 被执行 1000 次,并且重复该过程 5 次,平均执行时间为 23.5 毫秒。

```
$ python -m timeit '"-".join(str(n) for n in range(100))'
10000 loops, best of 5: 23.5 usec per loop
```

在命令行中也可以指定代码片段的执行次数、重复次数。下面的例子中,将上述代码片段执行 2000 次,并重复 10 次,平均执行时间为 23.5 毫秒。

```
$ python -m timeit -n 2000 -r 10 '"-".join(str(n) for n in range(100))'
2000 loops, best of 10: 23.5 usec per loop
```

timeite 常用的命令行参数如表 9-1 所示。

表 9-1 timeit 常用命令行参数

参　　数	缩　　写	功　　能
--number	-n	代码片段执行次数
--repeat	-r	重复次数
--setup	-s	准备运行环境，通常包含 import 语句或变量定义语句
--process	-p	测量进程时间
--unit	-u	时间单位，可以取值 nsec、usec、msec 或 sec

- 函数调用方式：在交互式环境或脚本代码中利用 timeit 模块测试程序的执行时间主要用到两个函数：timeit.timeit 和 timeit.repeat。前者用于循环执行一个程序片段若干次，返回平均执行时间；后者会将循环过程重复指定次数，返回每次循环的平均执行时间。

```
>>> import timeit
>>> timeit.timeit('"-".join(str(n) for n in range(100))', number=10000)
0.25237739199999965
>>> timeit.repeat('"-".join(str(n) for n in range(100))',
                  number=10000, repeat=5)
[0.24850980100000086, 0.23751488099999918, 0.23551595500000033,
                0.23462837800000003, 0.23601312300000643]
```

例 9-2 在脚本代码中分别使用 timeit.timeit 和 timeit.repeat 来测试冒泡排序函数的执行时间。其中使用了 setup 参数用于构建被测试代码的运行环境。

【例 9-2】在脚本代码中测试函数执行时间。

```
1  import timeit
2  def bubble_sort(lst):
3      """冒泡排序"""
4      for i in range(len(lst)-1, 0, -1):
5          for j in range(0, i):
6              if lst[j] > lst[j + 1]:
7                  lst[j], lst[j+1] = lst[j+1], lst[j]
8      return lst
9
10 setup_code = """
11 from __main__ import bubble_sort
12 import random; lst = list(range(1000))
13 random.shuffle(lst)
14 """
15
16 t1 = timeit.timeit('bubble_sort(lst)', setup=setup_code, number=10)
17 t2 = timeit.repeat('bubble_sort(lst)', setup=setup_code, number=10,
18                    repeat=3)
19 print(t1)
```

```
20  print(t2)
```

运行结果为：

```
0.606320492
[0.70108894, 0.8865939179999998, 0.5983871359999999]
```

9.1.2 profile

  time 或 timeit 只能检测程序或代码片段总的运行时间，要想确定程序运行的瓶颈所在比较困难。Python 内置的 profile 模块提供了一组用于收集和分析 Python 程序执行过程的工具，能够检测程序运行过程中每个函数调用所耗费的时间，并给出详细统计数据。

  Python 提供了 profile 同一分析接口的 2 种实现方式：profile 和 cProfile。profile 是 Python 内置标准库中的模块，而 cProfile 是 profile 的 C 扩展插件。cProfile 自身运行开销较小，适合于分析长时间运行的程序；profile 会显著增加程序的运行开销，适用于需要对分析功能进行扩展的场景。

1. cProfile

  在命令行中使用 cProfile 来分析程序性能非常简单。以例 9-3 所示的代码为例，首先将其保存为名为 test_profile.py 的文件。然后，在命令行终端运行 python -m cProfile test_profile.py。

【例 9-3】profile 示例。

```
1   # 文件 test_profile.py
2   def fabnacci(n):
3       if n == 0:
4           return 0
5       elif n == 1:
6           return 1
7       else:
8           return fabnacci(n - 1) + fabnacci(n - 2)
9
10  def fabnacci_list(n):
11      lst = []
12      if n > 0:
13          lst.extend(fabnacci_list(n - 1))
14      lst.append(fabnacci(n))
15      return lst
16
17  if __name__ == '__main__':
18      fabnacci_list(30)
```

分析结果如下（部分内容以省略号代替）：

```
$ python -m cProfile test_profile.py
         7049218 function calls (96 primitive calls) in 1.936 seconds
```

```
Ordered by: standard name

ncalls  tottime  percall  cumtime  percall filename:lineno(function)
     1    0.000    0.000    1.936    1.936 test_profile.py:1(<module>)
7049123/31  1.936  0.000    1.936    0.062 test_profile.py:1(fabnacci)
  31/1    0.000    0.000    1.936    1.936 test_profile.py:9(fabnacci_list)
     1    0.000    0.000    1.936    1.936 {built-in method builtins.exec}
    31    0.000    0.000    0.000    0.000 {method 'append' of 'list' ...}
     1    0.000    0.000    0.000    0.000 {method 'disable' of ...}
    30    0.000    0.000    0.000    0.000 {method 'extend' of 'list' ...}
```

从分析结果可知，一共检测到 7049218 次函数调用，其中 96 次是原始调用（非递归调用）。函数 fabnacci 的递归调用次数为 7049123，原始调用次数为 31，耗费总时间是 1.936 秒（实际时间取决于计算机环境）。从分析结果中可以很清楚地找出调用次数最多、耗费时间最长的函数，这往往就是程序运行的瓶颈所在。对于例 9-3 来说，要提高程序的运行效率，最为有效的方案是提高函数 fabnacci 的执行效率或者减少其调用次数。

分析结果中各列数值的含义如表 9-2 所示。

表 9-2   cProfile 分析结果

列 名	含 义
ncalls	调用次数（存在递归调用时分别显示递归调用次数和原始调用次数）
tottime	函数调用总时间（不包括调用子函数的时间）
percall	平均调用时间（tottime 除以 ncalls）
cumtime	函数及其所有子函数消耗的累积时间（对于递归函数来说是准确的）
percall	函数运行一次的平均时间（cumtime 除以原始调用次数）
filename:lineno(function)	函数所在的文件、行数及函数名

命令行的方式只能对整个模块或脚本文件的性能进行分析，在 Python 脚本中使用 cProfile.run 函数可以对一条语句的运行过程进行分析。例如，将例 9-3 中 test_profile.py 的最后部分改为：

```
1  if __name__ == '__main__':
2      import cProfile
3      cProfile.run('fabnacci_list(30)')
```

执行结果与命令行相同，但是这种方式针对函数 fabnacci_list 的调用进行测试，而命令行方式则测试的是整个脚本。

此外，还可以使用 Profile 对象的 enable 方法和 disable 方法设定分析的开始位置和结束位置，分析目标为 enable 和 disable 之间的代码片段。分析结束后使用 print_stats 方法输出分析结果。例如，将例 9-3 中 test_profile.py 的最后部分替换为如下代码。运行结果基本一致，但这种方式更加灵活，能够实现任意代码片段的性能检测。

```
1  if __name__ == '__main__':
2      import cProfile
```

```
3    p = cProfile.Profile()
4    p.enable()
5    fabnacci_list(30)
6    p.disable()
7    p.print_stats(sort='tottime')
```

profile 与 cProfile 的功能一致，是同一接口的不同实现，因此在命令行中的使用方法也基本相同。

2. pstats

cProfile 或 profile 的分析结果可以保存为二进制文件。pstats 用于对该文件中的分析结果进行进一步的统计分析。

cProfile 或 profile 将分析结果保存为文件有 2 种方式：
- 在命令行中：python -m cProfile -o result.out test_profile.py。
- 在代码中：cProfile.run('fib_list(30)', filename='result.out')。

pstats 模块中常用的函数有：
- strip_dirs：去掉无关的路径信息。
- sort_stats：对分析结果进行排序。
- print_stats：输出分析结果，可以指定输出行数。

下面的示例中使用 pstats 来分析 profile 与 cProfile 的分析结果。在分析过程中，每次调用 print_stats 方法都会输出分析结果，建议读者在交互式环境中自行尝试。

```
1    import pstats
2    p = pstats.Stats('result.out')
3    p.strip_dirs().sort_stats('name').print_stats()
4    p.sort_stats('cumulative').print_stats()
5    p.sort_stats('time').print_stats()
```

9.2 即时编译技术

即时（just in time, JIT）编译是一种能够有效提升程序运行效率的动态编译方法。本节首先对即时编译的基本概念做简要介绍，然后介绍 Python 语言中 2 种不同的利用即时编译提高程序运行效率的方法。

9.2.1 即时编译的概念

计算机程序常见的执行方式有 2 种：编译执行和解释执行。编译执行是指代码在运行之前全部利用编译器转换为 CPU 指令，在执行过程中连续执行这些指令。解释执行是在程序运行过程中利用解释器将代码一行一行地转换为 CPU 指令并执行。编译执行的优点是编译一次可多次执行，运行速度快但许多有用的动态特性无法实现。解释执行是针对每条语句进行的，容易实现语言的动态特性。缺点是每次执行语句都需要重新编译，相当一部分 CPU 时间花在了解释器的运行之上，因而速度要比编译执行慢得多。

即时编译是兼具编译执行和解释执行特点的程序执行方式，既具有编译执行运行速度快的优势，又能够实现编程语言的动态特性。源代码在执行之前，首先被编译为字节码文件（.pyc 文件）以提高程序重复执行时的加载速度。即时编译器会对字节码文件进行分析，检测那些会被重复执行的代码（称为热点代码），将其编译为机器码并缓存起来。需要被重复执行的代码的执行方式与编译执行相似，无须重复执行的代码则依旧交由解释器解释执行。即时编译的过程如图 9-1 所示。

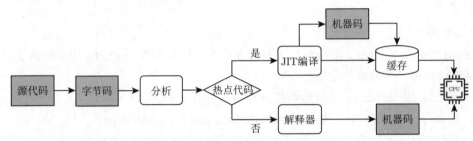

图 9-1　JIT 编译器的工作过程

重复执行的热点代码可以是文件、函数甚至是任意代码片段，这些代码在即将执行时进行编译（因此称为"即时"）并缓存起来。由于在后续执行中无需重新编译，因而能够显著提升程序运行效率。相比之下，解释执行时需要逐行重复解释字节码，因而性能要低得多。有些解释器甚至不需要首先编译成字节码就可以解释源代码，运行效率会更差。即时编译的另一个重要的优势是能够利用动态编译更好地理解重复执行的代码，从而进行进一步优化。在一些特殊的情况下，即时编译甚至能够实现比静态编译还要高的运行效率。

使用即时编译技术来提升 Python 的运行效率有多种方案，PyPy 和 Numba 是其中比较典型的 2 种。

9.2.2　PyPy

第 1 章曾介绍过 PyPy 是一种使用 Python 实现的 Python 解释器。但实际上，PyPy 是使用 RPython 实现的。RPython 是 CPython 的子集，它具有静态类型特征。PyPy 最重要的特点是使用了即时编译技术，其运行速度在大多数情况下比 CPython 快得多。不过，Python 是一种动态程度非常高的语言，部分特性难以实现即时编译，因而 PyPy 并不能完全兼容 CPython。

PyPy 对常见的操作系统如 Windows、macOS、Linux 等都提供了支持，安装也比较便捷[①]。这里仅给出一个简单的例子来对 PyPy 和 Python 的运行效率进行对比。

首先，将例 9-4 中的代码保存为文件 pypy_test.py。

【例 9-4】PyPy 应用示例。

```
1  # 文件 pypy_test.py
2  import timeit
3  
4  def bubble_sort(lst):
```

---

① https://www.pypy.org

```
 5      """冒泡排序"""
 6      for i in range(len(lst)-1, 0, -1):
 7          for j in range(0, i):
 8              if lst[j] > lst[j + 1]:
 9                  lst[j], lst[j+1] = lst[j+1], lst[j]
10      return lst
11
12  setup_code = """
13  from __main__ import bubble_sort
14  import random
15  lst = list(range(1000))
16  random.shuffle(lst)
17  """
18  t = timeit.timeit('bubble_sort(lst)', setup=setup_code, number=10)
19  print(t)
```

使用 CPython 执行的结果为:

```
$ python pypy_test.py
0.571357171
```

使用 PyPy 执行的结果为:

```
$ pypy3 pypy_test.py
0.022235398006159812
```

可见，使用了即时编译技术的 PyPy 运行速度要远高于 CPython。需要注意的是，PyPy 能够对 CPython 的部分版本提供较好的支持，但是对第三方工具包的支持比较差，与 CPython 并不能完全通用。PyPy 有独立的包管理器，在 PyPy 中安装第三方包也很简单，如下代码在 PyPy 中安装 NumPy。

```
$ pypy3 -m ensurepip
$ pypy3 -m pip install numpy
```

PyPy 在 Web 开发领域使用较多，能够显著提高程序的运行效率。由于 PyPy 不能很好地支持一些常见的数据分析工具，因而在数据分析领域使用较少。此外，PyPy 对 C/C++ 扩展的支持也比较差。

9.2.3 Numba

Numba 是一种以 Python 第三方工具包的形式实现的即时编译器。它在 Python 中引入即时编译技术的方式与 PyPy 完全不同，最常使用的方式是利用装饰器修饰函数或类。在程序执行的过程中相应的代码片段不再使用 Python 解释器执行，而是使用 Numba 的即时编译器执行，从而提高被修饰函数的运行效率。Numba 的安装与其他第三方工具相同，可使用 pip install numba 命令安装。

需要注意的是，Numba 的使用是有条件的，并非对所有函数都有效，仅适用于那些包含了 NumPy 数组、函数和循环的函数。一般情况下对于数学运算类型的任务，或者包含了较多循环语句的代码，Numba 能够非常显著地提升程序的运行速度。Numba 对 NumPy 的支持非常好，但是并没有针对其他的第三方工具包进行优化。例如，如果函数中使用了 Pandas，就无法使用 Numba 优化。另外，Numba 还提供了对 GPU 的支持。

本小节仅介绍 Numba 常用的 jit 装饰器的基本应用，详细的使用方法见官方文档[①]。

1. 基本用法

使用 @jit 修饰函数时，Numba 的即时编译器会在首次调用函数时推测参数的类型对其进行编译，并根据具体情况进行优化。再次调用函数时，不再重新编译，而是直接调用编译好的代码。

例 9-5 中定义了两个功能相同的函数，其中一个使用 @jit 修饰，用于比较 Numba 对程序性能提升带来的效果。

【例 9-5】Numba 基本用法。

```
1   import timeit
2   from numba import jit
3   
4   def factorial(n):
5       fac = 1
6       for i in range(1, n+1):
7           fac = fac * i
8       return fac
9   
10  @jit
11  def factorial_jit(n):
12      fac = 1
13      for i in range(1, n+1):
14          fac = fac * i
15      return fac
```

运行结果：

```
>>> timeit.timeit('factorial(10000)', number=100,
... setup='from __main__ import factorial')
2.246896754000005
>>> timeit.timeit('factorial_jit(10000)', number=100,
... setup='from __main__ import factorial_jit')
0.18345320899999962
```

从运行结果可见，Numba 显著提升了函数的运行效率。其使用也非常简单，多数情况下仅利用一个简单的装饰器修饰函数即可。

2. Eager 编译

在 @jit 装饰器中可以指定被修饰函数的签名，这就是 Eager 编译模式。Eager 编译模式下，由于即时编译器不用再推测参数的数据类型，因而代码的编译在脚本被导入或运行的时候就可以进行，不必推迟至函数首次调用之时。Eager 编译模式如例 9-6 所示。

---

① http://numba.pydata.org/numba-doc/latest/

【例 9-6】Eager 编译模式。

```
1  from numba import jit, int32
2  @jit(int32(int32, int32))
3  def f(x, y):
4      return x + y
```

Eager 编译模式下，若函数实参类型与签名不一致可能导致意外的结果。下面调用例 9-6 中的函数 f，两个数之和超出了 int32 的范围，发生溢出导致高位被丢弃，运算结果为 1！

```
>>> f(2**31, 2**31 + 1)
1
```

Numba 的 Eager 编译模式中常用的数据类型如表 9-3 所示。

表 9-3　Eager 编译模式中常用数据类型

类　　型	作　　用
void	无返回值（或返回 None）的函数的返回类型
intc, uintc	相当于 C 语言中的 int 和 unsigned int
int32, uint32, int64, uint64	相应宽度的有符号或无符号整数
float32, float64	单精度和双精度浮点数
complex64, complex128	单精度和双精度复数
int32[:], float[:32]	数组，也可以是其他任意类型的数组

3. nopython 模式

从即时编译器在代码中的作用范围来看，Numba 有 2 种工作模式：nopython 模式和对象模式。在 nopython 模式下，编译器对整个函数进行编译，运行过程不需要 Python 解释器的参与。在对象模式下，numba 会对函数中的代码进行分析，编译能够识别的部分，其余的部分交给 Python 解释器执行。nopython 模式是 Numba 推荐的方式，能够获得最佳的性能。默认情况下，当 nopython 模式编译失败时，Numba 可以切换至对象模式。

在 jit 装饰器中指定 nopython=True 可强制使用 nopython 模式，如果编译失败不会切换至对象模式，而是会抛出错误。Numba 还提供了另一个装饰器 @njit，它的作用与 @jit(nopython=True) 完全相同。

```
1  @jit(nopython=True)
2  def f(x, y):
3      return x + y
```

4. 缓存编译结果

一般情况下，每次执行代码都需要重新编译。Numba 提供了缓存编译结果的功能，在 jit 装饰器中指定参数 cache=True，Numba 会将函数编译的结果保存至文件缓存，再次执行时不必重新编译。

```
1  @jit(cache=True)
2  def f(x, y):
3      return x + y
```

9.3 混合编程概念及环境搭建

混合编程是指将计算密集型的任务利用其他语言实现，然后交由 Python 调用，从而实现性能的提升。Python 与常见的计算机编程语言，如 Java、C#，甚至 R 和 Matlab 等都能够实现混合编程。不过，最为常见的是 Python 与 C/C++ 的混合编程。

本章后续内容将介绍 2 种 Python 与 C/C++ 的混合编程方法。第一种方法是在 Python 中调用 C/C++ 的动态库文件，利用 Python 标准库中的 ctypes 实现。第二种方式是利用 C/C++ 编写 Python 的扩展，使 C/C++ 库能够像普通 Python 模块一样使用。这种方法有多种实现方式，可以使用 Python 内置的 C 语言 API 实现，也可以使用第三方工具，如 Cython、Boost.Python、SWIG、pybind11 等实现。本章介绍基于 Python C API 的方式。

由于涉及 C/C++ 代码的编译，混合编程首先需要搭建 C/C++ 的开发环境。不同的操作系统中，可选择不同的 C/C++ 编译器，本书中使用 gcc 和 g++ 编译器，分别用于编译 C 代码和 C++ 代码。

Windows 系统中，有多种编译器可选择，参见官方文档[1]。为统一起见，本部分中的示例代码在 Windows 中也使用 gcc 和 g++ 编译器，推荐使用 MinGW[2]。它是一个用于开发 Windows 原生应用的开发环境，包含了混合编程所需要的 gcc 编译器和 g++ 编译器以及头文件等。可以从官网上下载安装文件进行安装，也可以使用 conda 安装 MingW-w64 工具链。首先新建 Anaconda 虚拟环境并激活，然后使用如下命令安装：

```
conda install libpython m2w64-toolchain -c msys2
```

安装成功后需要配置 Python 的默认编译器。在 Python 安装路径（虚拟环境所在路径）中找到 Lib_distutils 文件夹，在其中创建 distutils.cfg 文件并写入如下内容：

```
[build]
compiler=mingw32
[build_ext]
compiler=mingw32
```

Linux 系统中，C/C++ 的开发环境的搭建相对比较方便。Debian 系列发行版中使用命令：

```
apt-get install build-essential
```

Redhat 系列发行版中使用命令：

```
yum groupinstall "development tools"
```

---

[1] https://wiki.python.org/moin/WindowsCompilers
[2] http://www.mingw.org

macOS 系统中，推荐使用 Xcode 命令行工具，在终端中输入如下命令即可安装：

```
xcode-select --install
```

9.4 利用 ctypes 实现混合编程

ctypes 是 Python 标准库中用于调用 C 动态链接库函数的功能模块，是实现混合编程的一种基础的方法，适用于不太复杂的混合编程应用场景。本节介绍利用 ctypes 调用 C 动态链接库和包装 C++ 类的方法。

9.4.1 C 函数库的调用

1. 一般 C 函数的调用

在 Python 中利用 ctypes 可非常方便地调用动态链接库中的函数。因此，只需要把 C 代码编译为动态链接库即可。

将例 9-7 所示的代码保存为文件 add.c。

【例 9-7】一般 C 函数的调用。

```c
1  // 文件add.c
2  double add(double x, double y) {
3      return x + y;
4  }
```

运行如下命令将 add.c 编译为动态链接库文件：

```
$ gcc -o libadd.so -shared -fPIC add.c
```

其中，-o 选项用于指定输出的动态链接库文件名，本例中为 libadd.so。Windows 系统中，动态链接库文件的扩展名通常为.dll，但是 Python 对扩展名并无限制，因此扩展名为.so 也不会影响程序的运行。-shared 选项用于指定将源代码编译为动态链接库。-fPIC 选项用于指定将动态链接库编译为位置无关的代码。

编译之后，在同一路径中执行如下代码可调用 C 代码中定义的函数 add。其中，第 4 行和第 5 行代码分别用于指定函数 add 参数和返回值的 C 数据类型。

```python
1  import ctypes
2  lib = ctypes.cdll.LoadLibrary('./libadd.so')
3  add = lib.add
4  add.argtypes = (ctypes.c_double, ctypes.c_double)   # 参数的数据类型
5  add.restype = ctypes.c_double                        # 返回值的数据类型
6  print(add(1.0, 2))
```

输出结果为：

```
3.0
```

ctypes 数据类型与 C 数据类型和 Python 数据类型之间的对应关系如表 9-4 所示。

表 9-4　ctypes 数据类型

ctypes 数据类型	C 数据类型	Python 数据类型
c_bool	_Bool	bool
c_char	char	长为 1 的 bytes
c_wchar	wchar_t	长为 1 的 str
c_byte	char	int
c_short	short	int
c_int	int	int
c_long	long	int
c_longlong	long long	int
c_float	float	float
c_double	double	float
c_longdouble	long double	float
c_char_p	char *	bytes 或 None
c_wchar_p	wchar_t *	str 或 None
c_void_p	void *	int 或 None

2. 函数参数为指针

当 C 函数的参数为指针时，Python 中需要将参数类型指定为 ctypes.POINTER，同时还需指定指针的类型。

将例 9-8 所示的代码保存为文件 swap.c。其中，函数 swap 的作用是利用指针交换变量的取值。

【例 9-8】指针作为函数参数。

```c
1  // 文件 swap.c
2  void swap(double *x, double *y) {
3      double tmp = *x;
4      *x = *y;
5      *y = tmp;
6  }
```

编译为动态链接库：

```
$ gcc -o libswap.so -shared -fPIC swap.c
```

调用动态链接库：

```python
1  import ctypes
2  lib = ctypes.cdll.LoadLibrary('./libswap.so')
3  swap = lib.swap
4  swap.argtypes = (ctypes.POINTER(ctypes.c_double),    # 参数的数据类型
5                   ctypes.POINTER(ctypes.c_double))
6  swap.restype = None                                   # 返回值的数据类型
7  x = ctypes.c_double(1.0)
8  y = ctypes.c_double(2.0)
9  swap(x, y)                                            # 调用函数
```

```
10    print(x, y)
```

输出结果为:

```
c_double(2.0) c_double(1.0)
```

从结果可知,变量 x 和 y 的值被成功交换,这与一般的 Python 函数完全不同。

3. 函数参数为数组

当 C 函数参数为数组时,在 Python 中调用时往往需要将列表作为实参。在函数调用时,就需要将 list 类型转换为 C 数组的形式。

将例 9-9 所示的代码保存为文件 average.c。其中,函数 average 的作用是对传入的数组求均值。

【例 9-9】数组作为函数参数。

```
1   // 文件 average.c
2   double average(double * data, int n) {
3       double sum = 0;
4       for(int i=0; i < n; i++) {
5           sum += data[i];
6       }
7       return sum / n;
8   }
```

编译为动态链接库:

```
$ gcc -o libaverage.so -shared -fPIC average.c
```

调用动态链接库:

```
1   import ctypes
2   lib = ctypes.cdll.LoadLibrary('./libaverage.so')
3   average = lib.average
4   average.argtypes = (ctypes.POINTER(ctypes.c_double),   # 指定参数为指针
5                       ctypes.c_int)
6   average.restype = ctypes.c_double
7   lst = [1, 4, 2, 8, 5, 7]
8   param = (ctypes.c_double * len(lst))(*lst)   # 将列表转换为数组
9   print(average(param, len(lst)))
```

输出结果为:

```
4.5
```

其中,(ctypes.c_double * len(lst)) 返回一个可调用对象,其作用是将参数转换为指定类型和长度的 C 数组,"*lst"为可调用对象的参数,"*"表示参数分配(参见第 4.2.4 小节)。

在实际使用中,往往会将上述调用过程重新包装为方便使用的 Python 函数:

```python
1  import ctypes
2  lib = ctypes.cdll.LoadLibrary('./libaverage.so')
3
4  average_ = lib.average
5  average_.argtypes = (ctypes.POINTER(ctypes.c_double), ctypes.c_int)
6  average_.restype = ctypes.c_double
7
8  def average(lst):
9      param = (ctypes.c_double * len(lst))(*lst)
10     return average_(param, len(lst))
11
12 lst = [1, 4, 2, 8, 5, 7]
13 print(average(lst))
```

4. 函数参数为结构体

当 C 函数的参数为结构体时，在 Python 中需要定义 cdyptes.Structure 的子类，将该子类指定为函数的参数类型。

将例 9-10 所示的代码保存为文件 distance.c。其中，结构体 Point 表示二维空间中的点，函数 distance 的作用是计算两点之间的距离。其中，调用了 C 语言 math 库中的 hypot 函数来计算距离。

【例 9-10】结构体作为函数参数。

```c
1  // 文件 distance.c
2  #include <math.h>
3
4  typedef struct Point {
5      double x;
6      double y;
7  } Point;
8
9  double distance(Point *p1, Point *p2) {
10     return hypot(p1->x - p2->x, p1->y - p2->y);
11 }
```

编译为动态链接库：

```
$ gcc -o libdistance.so -shared -fPIC distance.c
```

调用动态链接库：

```python
1  import ctypes
2  lib = ctypes.cdll.LoadLibrary('./libdistance.so')
3
4  class Point(ctypes.Structure):
5      _fields_ = [('x', ctypes.c_double),
6                  ('y', ctypes.c_double)]
```

```
7
8   distance = lib.distance
9   distance.argtypes = (ctypes.POINTER(Point),ctypes.POINTER(Point))
10  distance.restype = ctypes.c_double
11
12  p1 = Point(0, 0)
13  p2 = Point(3, 4)
14
15  print(distance(p1, p2))
```

输出结果为:

```
5.0
```

9.4.2 C++ 类的包装

由于 C++ 语言不像 C 语言那样具有被广泛接受的统一标准，同一源代码在不同的 C++ 编译器下得到的二进制库是不同的。因此，ctypes 无法像调用 C 动态链接库那样直接调用 C++ 的动态链接库。一般情况下，解决办法是在 C++ 源代码中增加一个 "extern "C"" 代码块，用于将 C++ 类中的方法按照 C 的方式编译成动态链接库。因此，本质上说 ctypes 对 C++ 的调用和对 C 的调用是相同的。

例 9-11 的 C++ 代码中定义了一个 Rectangle 类，表示矩形。类中有包括构造函数在内的三个方法，以及表示宽和高的两个私有成员。"extern "C"" 代码块中包含三个 C 函数，分别用于创建 Rectangle 的实例、获取实例的面积和周长。

【例 9-11】将 C++ 类包装为 Python 类。

```
1   // 文件 rectangle.cpp
2   class Rectangle {
3   public:
4       Rectangle(float, float);
5       double area();
6       double perimeter();
7   private:
8       float w;
9       float h;
10  };
11
12  Rectangle::Rectangle(float width, float height) {
13      w = width;
14      h = height;
15  }
16
17  double Rectangle::area() {
18      return w * h;
19  }
```

```cpp
20
21  double Rectangle::perimeter() {
22      return 2 * w + 2 * h;
23  }
24
25  // 以 C 的方式编译如下函数
26  extern "C" {
27      Rectangle *create(double width, double height) {
28          return new Rectangle(width, height);
29      }
30      double area(Rectangle *rect) {
31          return rect->area();
32      }
33      double perimeter(Rectangle *rect) {
34          return rect->perimeter();
35      }
36  }
```

编译为动态链接库：

```
$ g++ -o librectangle.so -shared -fPIC rectangle.cpp
```

librectangle.so 中能被 ctypes 调用的只有 "extern "C"" 代码块中的三个函数。它们可以像其他 C 动态链接库中的函数一样使用。对调用者来说更为友好的做法是将这三个函数包装为一个与 C++ 中的 Rectangle 类对等的 Python 类：

```python
1   # 文件 rectangle.py
2   import ctypes
3
4   lib = ctypes.cdll.LoadLibrary('./librectangle.so')
5
6   class Rectangle:
7       def __init__(self, width, height):
8           self._methods = dict()
9           self._methods['area'] = lib.area
10          self._methods['perimeter'] = lib.perimeter
11          lib.create.argtypes = (ctypes.c_double, ctypes.c_double)
12          lib.create.restype = ctypes.c_void_p
13          lib.area.argtypes = (ctypes.c_void_p,)
14          lib.area.restype = ctypes.c_double
15          lib.perimeter.argtypes = (ctypes.c_void_p,)
16          lib.perimeter.restype = ctypes.c_double
17          self.obj = lib.create(width, height)
18          self._m_name = None
19
20      def __getattr__(self, attr):
21          self._m_name = attr
```

```
22          return self.__call_method
23
24      def __call_method(self, *args):
25          return self._methods[self._m_name](self.obj, *args)
```

调用 Python 类：

```
>>> from rectangle import Rectangle
>>> rect = Rectangle(10, 20)
>>> rect.area()
200.0
>>> rect.perimeter()
60.0
```

9.5 利用 C API 构建 Python 扩展

利用 ctypes 虽然可以调用 C/C++ 的动态链接库，但是调用的形式并非完全是 Python 形式的，在调用之前还需要指定函数的参数类型、返回值，或者将 Python 数据类型转换为 C/C++ 类型。Python 扩展则能够将 C/C++ 的动态链接库直接作为 Python 模块使用，这就需要在 C/C++ 库中能够识别 Python 数据类型。本小节介绍利用 Python 的 C API 构建 Python 扩展的方法。

建议对照 9.5.5 小节的实例来阅读第 9.5.1 至 9.5.4 小节。

9.5.1 构建 Python 扩展的步骤

利用 Python C API 构建 Python 扩展的核心在于将 Python 数据类型传入 C 环境，在 C 环境中调用相应的 C 功能函数，并将结果转换为 Python 类型返回 Python 环境。此外，还要将 C 函数以 Python 能够识别的形式暴露出来。利用 C API 构建 Python 扩展包括以下几个步骤：

- 编写 C 函数库：C 函数库是普通的 C 代码，也可以使用已有的动态链接库。
- 编写扩展函数：扩展函数是能够被 Python 直接调用的 C 函数，其主要的作用是接收 Python 数据类型并转换为 C 类型，然后调用 C 函数库中的函数，最后将返回值转换为 Python 数据类型并返回。
- 编写模块配置信息：主要包括模块名称、文档字符串、模块方法列表等，其中模块方法列表给出了 Python 函数与扩展函数之间的对应关系。
- 编写模块初始化函数：根据模块配置信息初始化并创建模块。
- 构建并安装扩展：编写 setup.py 文件，构建扩展库并将扩展库复制至 Python 环境的模块安装目录之中。

9.5.2 扩展函数

1. 扩展函数的定义

定义扩展函数是利用 C API 构建 Python 扩展的核心步骤。扩展函数是一个标准的 C 函数，具有两个参数和一个返回值，它们都必须是 PyObject 类型的指针。PyObject 可以被看作是 Python 中 object 类在 C 语言中的对应类型,因此能够表示任意 Python 对象。扩展函数的语法形式为:

```
static PyObject *extend_fun(PyObject *self, PyObject *args) {
    /* 扩展函数体 */
}
```

其中,extend_fun 是扩展函数名,可以是任意合法的 C 标识符,self 和 args 是扩展函数的参数。

self 是扩展函数在 Python 中作为方法调用时的实例对象(相当于 Python 方法中的 self 参数),如果作为函数调用则是函数所属的模块对象。大多数扩展函数中不会用到 self 参数。

args 参数是一个 Python 元组,其中存储着在 Python 中调用扩展时传入的参数列表,每个参数依旧是一个 PyObject 对象。

2. 参数解析

在实现具体功能之前,需要将 Python 传入的参数由 PyObject 解析为普通的 C 数据类型,由 C API 提供的 PyArg_ParseTuple 等解析函数实现。PyArg_ParseTuple 函数基于一个模板字符串将 Python 对象解析为 C 数据类型。模板字符串由一个或多个模板字符组成,常用的模板字符如表 9-5 所示,更详细的内容参见官方文档[①]。

表 9-5 参数解析中常用的模板字符

模板字符	Python 类型	C 类 型	说 明
s	str	const char *	将 Unicode 对象转换成指向字符串的 C 指针
z	str 或 None	const char *	Python 对象为 None 时,C 指针置为 NULL
U	str	PyObject *	不转换,直接存储 Python Unicode 对象至 C 指针
S	bytes	PyBytesObject *	不转换,直接存储 Python bytes 对象至 C 指针
b	int	unsigned char	将非负的 Python 整型转换成 unsigned char 型
h	int	short int	将 Python 整型转换为 C short int 短整型
i	int	int	将 Python 整型转换为 C int 整型
l	int	long int	将 Python 整型转换为 C long int 长整型
c	str	char	将**长度为 1** 的 Python str 转换成 C int 整型
f	float	float	将 Python 浮点数转换成 C float 浮点数
d	float	double	将 Python 浮点数转换为 C double 双精度浮点数
O	object	PyObject *	不转换,直接将 Python 对象存储至 C 指针
p	bool	int	将 Python bool 类型转换为 C 整型 1 或 0
(items)	sequence	---	items 由一个或多个格式字符组成,表示序列
|	---	---	表示参数列表中其余参数都是可选参数
$	---	---	表示参数列表中其余参数都是强制关键字参数

例 9-12 是三个利用 PyArg_ParseTuple 进行参数解析的实例。例 (1) 中,Python 调用扩展时传入的参数列表包含两个整数。例 (2) 中,Python 参数列表中包含一个字符串、

---

① https://docs.python.org/3/c-api/arg.html

一个整数和一个浮点数。例 (3) 中，Python 参数为一个列表，Python 参数被直接存储至指针 seq，然后利用 PySequence_List 转换为列表，并用 PySequence_Length 获取列表的长度。seq 中存储的列表依旧不能直接被 C 所识别，需要进一步处理为数组。

【例 9-12】参数解析。

```
1   // (1) Python参数列表包含两个整数
2   int x, y;
3   PyArg_ParseTuple(args, "ii", &x, &y);
4
5   // (2) Python参数列表包含三个参数，分别为字符串、整数和浮点数
6   const char* x;
7   int y;
8   double z;
9   PyArg_ParseTuple(args, "sid", &x, &y, &z);
10
11  // (3) Python参数为列表
12  PyObject *seq;
13  PyArg_ParseTuple(args, "O", &seq);
14  seq = PySequence_List(seq);
15  int seqlen = PySequence_Length(seq);
```

3. 构造返回值

扩展函数返回值的构造过程与参数解析相反，是将 C 数据类型转换为 Python 数据类型。构造函数返回值使用 API 中定义的 Py_BuildValue 函数，它需要一个与参数解析中相似的模板字符串对 C 数据类型进行转换，返回一个 PyObject 对象。表 9-6 以实例的形式给出了一些 Py_BuildValue 函数的常用方法。

表 9-6 返回值构造实例

实 例	结果（Python 类型）
Py_BuildValue("")	None
Py_BuildValue("i", 123)	123
Py_BuildValue("iii", 123, 456, 789)	(123, 456, 789)
Py_BuildValue("s", "hello")	'hello'
Py_BuildValue("ss", "hello", "world")	('hello', 'world')
Py_BuildValue("()")	()
Py_BuildValue("(i)", 123)	(123,)
Py_BuildValue("(ii)", 123, 456)	(123, 456)
Py_BuildValue("(i,i)", 123, 456)	(123, 456)
Py_BuildValue("[i,i]", 123, 456)	[123, 456]
Py_BuildValue("{s:i,s:i}", "abc", 123, "def", 456)	{'abc': 123, 'def': 456}
Py_BuildValue("((ii)(ii))(ii)", 1, 2, 3, 4, 5, 6)	(((1,2), (3,4)), (5,6))

9.5.3 模块配置与初始化

模块的配置信息是一个 PyModuleDef 类型的特殊结构体，重要的成员有：
- m_base，用于初始化模块的公共信息，取值通常为 PyModuleDef_HEAD_INIT。
- m_name，模块名称。
- m_doc，模块的文档字符串。
- m_size，解释器状态大小，−1 表示用全局变量保存状态。
- m_methods，模块函数列表。

其中，m_methods 为一个 PyMethodsDef 类型的结构体数组，用于定义 Python 扩展模块中函数的相关信息。PyMethodsDef 有 4 个成员：
- ml_name，Python 可见的扩展模块中的函数名；
- ml_meth，扩展函数；
- ml_flags，调用扩展函数时的参数传递方式，取值通常为 METH_VARARGS，表示扩展函数传入 self 和 args 两个参数（参见第 9.5.2 小节第 1 部分）；
- ml_doc，函数的文档字符串。

模块配置信息构建完毕之后还需要定义模块初始化函数。该函数在 Python 中使用 import 语句导入模块时被调用，必须命名为 PyInit_XXX，其中 XXX 为模块名。模块初始化函数调用 PyModule_Create 函数，根据模块配置信息创建 Python 模块对象。

模块配置与初始化的完整代码参见例 9-15 第 77~96 行。

9.5.4 扩展的构建与安装

利用 C API 构建 Python 扩展的最后一步是编写 setup.py 文件（参见例 9-16）。接下来即可在命令行中使用 "python setup.py install" 命令编译扩展模块并安装至 Python 环境之中。也可以使用 "python setup.py build_ext __inplace" 仅生成可被 Python 直接调用的动态链接库文件。需要注意的是在 Windows 系统中该文件命名类似于 testlib.cp3x-win_amd64.pyd，其他系统中为 testlib.cpython-3x-xxxx.so。

9.5.5 实例

本小节将例 9-7、例 9-9 和例 9-10 中的函数利用 C API 构建名为 testlib 的 Python 扩展库，并给出完整的代码和构建与安装过程。

1. C 函数库及头文件

首先编写 C 函数库的头文件 testlib.h。如例 9-13 所示，头文件中声明了 add、average 和 distance 三个函数，并定义了结构体数据类型 Point。

【例 9-13】C API 扩展实例：C 函数库的头文件。

```
1  // 文件testlib.h
2  #include <math.h>
3  extern double add(double, double);
4  extern double average(double *, int);
5  typedef struct Point {
```

C 函数库文件为 testlib.c，其中对 add、average 和 distance 三个函数做出了定义。如例 9-14 所示。

【例 9-14】C API 扩展实例：C 函数库。

```c
// 文件testlib.c
#include <math.h>
#include <testlib.h>

double add(double x, double y) {
    return x + y;
}

double average(double * data, int n) {
    double sum = 0;
    for(int i=0; i < n; i++) {
        sum += data[i];
    }
    return sum / n;
}

double distance(Point *p1, Point *p2) {
    return hypot(p1->x - p2->x, p1->y - p2->y);
}
```

2. 扩展模块

扩展模块文件为 testlib_ext.c，其中定义了与 C 函数库相对应的扩展函数，并对模块进行了配置和初始化，如例 9-15 所示。

【例 9-15】C API 扩展实例：扩展模块。

```c
// 文件testlib_ext.c
#include "Python.h"
#include "testlib.h"

static PyObject *ext_add(PyObject *self, PyObject *args){
    double x, y, result;

    // 参数解析
    if (!PyArg_ParseTuple(args, "dd", &x, &y))
        return NULL;

    result = add(x, y);
```

(上文)
```
    double x,y;
} Point;
extern double distance(Point *, Point *);
```

```c
13        return Py_BuildValue("d", result);
14  }
15
16  static PyObject *ext_average(PyObject *self, PyObject *args)
17  {
18        PyObject *value_list;
19        double *value_array, result;
20        int list_len;
21
22        // 参数解析
23        if (!PyArg_ParseTuple(args, "O", &value_list))
24            return 0;
25
26        // 将Python序列复制至double数组
27        list_len = PySequence_Length(value_list);
28        value_array = malloc(list_len * sizeof(double));  // 为数组分配存储空间
29        for (int i = 0; i < list_len; i++) {
30            PyObject *value = PyList_GetItem(value_list, i);  // 获取列表元素
31            // 将Python float类型转为C double类型
32            value_array[i] = PyFloat_AsDouble(value);
33        }
34
35        Py_DECREF(value_list);     // 释放Python列表
36        result = average(value_array, list_len);  // 调用average函数
37        free(value_array);         // 释放数组
38        return Py_BuildValue("d", result);
39  }
40
41  // Point 对象的析构函数
42  static void point_destructor(PyObject *obj) {
43        free(PyCapsule_GetPointer(obj, "Point"));
44  }
45
46  static PyObject *ext_Point(PyObject *self, PyObject *args) {
47        Point *point;
48        double x, y;
49        if (!PyArg_ParseTuple(args, "dd", &x, &y))
50            return NULL;
51
52        // 定义结构体
53        point = (Point *)malloc(sizeof(Point));
54        point->x = x;
55        point->y = y;
56
57        // 将结构体转换为PyCapsule类型,并指定PyCapsule的析构函数
```

```c
58        return PyCapsule_New(point, "Point", point_destructor);
59    }
60
61    static PyObject *ext_distance(PyObject *self, PyObject *args){
62        Point *p1, *p2;
63        PyObject *py_p1, *py_p2;
64        double result;
65        if (!PyArg_ParseTuple(args, "OO", &py_p1, &py_p2))
66            return NULL;
67
68        // 提取capsule中的指针
69        p1 = (Point *)PyCapsule_GetPointer(py_p1, "Point");
70        p2 = (Point *)PyCapsule_GetPointer(py_p2, "Point");
71
72        result = distance(p1, p2);
73        return Py_BuildValue("d", result);
74    }
75
76    // 模块函数列表
77    static PyMethodDef methods[] = {
78        {"add", ext_add, METH_VARARGS, "add two values"},
79        {"average", ext_average, METH_VARARGS, "average a list of values"},
80        {"distance", ext_distance, METH_VARARGS, "distance between points"},
81        {"Point", ext_Point, METH_VARARGS, "create a point"},
82        {NULL, NULL, 0, NULL}};
83
84    // 模块配置信息
85    static struct PyModuleDef module_config = {
86        PyModuleDef_HEAD_INIT,
87        "testlib",           // 模块名
88        "A lib for test",    // 模块文档字符串
89        -1,                  // 解释器状态大小，-1表示用全局变量保存状态
90        methods              // 函数列表
91    };
92
93    // 模块初始化函数
94    PyMODINIT_FUNC PyInit_testlib(void){
95        return PyModule_Create(&module_config);
96    }
```

例 9-15 第 5~14 行的函数 ext_add 是 add 函数的扩展函数。首先定义了变量 x、y 和 result 分别用于保存 Python 传入的参数和 add 函数的计算结果。然后，在第 9 行中利用 PyArg_ParseTuple 函数来解析参数，如果解析失败则返回 NULL。第 12 行调用 add 函数进行计算。最后，利用 Py_BuildValue 函数将计算结果 result 转换为 Python 类型。

第 16~39 行的函数 ext_average 是 average 函数的扩展函数。首先依旧要定义辅助变量，然后进行参数解析。不同之处在于需要动态创建一个数组，并将 Python 列表中的数值复制至数组。然后才能调用 average 函数进行计算。其中，用到了 C API 中的三个函数：PySequence_Length 用于获取 Python 列表的长度，PyList_GetItem 用于获取 Python 列表中的一个元素，PyFloat_AsDouble 用于将 Python 列表中存储的 float 类型数据转换为 C 语言中的 double 类型数据。最后，还需要手动释放 Python 列表及动态创建的数组以免造成内存泄漏。

第 46~59 行是一个用于创建 Point 对象的扩展函数。Point 在 C 代码中定义为一个结构体类型，在 Python 中利用一个 capsule 对象来表示。capsule 对象对应的 C 数据类型为 PyCapsule，它用于在 Python 和 C 之间传递类型不明确或结构较复杂的数据（如 void * 类型）。创建 PyCapsule 类型使用 PyCapsule_New 函数，需要提供名称字符串及析构函数。其中，析构函数由第 42~44 行中的 point_destructor 函数承担。

第 61~74 行的函数 ext_distance 是 distance 的扩展函数。Python 传入的两个 capsule 参数被解析为 PyObject 对象，然后利用 PyCapsule_GetPointer 函数获取指针并强制转换回 Point 结构体。接下来调用 distance 函数计算距离，构造返回值并返回至 Python 环境。

第 77~82 行为模型函数列表，第 85~91 行是模块配置信息。最后，第 94~96 行为模块初始化函数。

3. 模块构建与安装

扩展模块的最后一步是定义模块构建文件 setup.py，如例 9-16 所示。其中，Extension 用于对扩展模块进行描述，需要提供的参数包括模块名称、涉及的 C 源代码文件，以及 Python 安装环境中的 Python.h 头文件所在位置。一般情况下，Python.h 文件位于 Python 环境中的 include 文件夹，或者是该文件夹中以 Python 版本命名的子文件夹之中。例如文件夹 C:\Users\username\anaconda2\envs\envname\include。路径 '.' 指 setup.py 所在文件夹，用于查找头文件 testlib.h。

【例 9-16】C API 扩展实例：setup.py 文件。

```
1  from setuptools import setup, Extension
2
3  setup(name='testlib',
4        ext_modules=[
5            Extension(name='testlib',
6                     sources=['testlib_ext.c', 'testlib.c'],
7                     include_dirs=['/include/path/in/python/env', '.'],
8                     )
9        ]
10 )
```

将例 9-13 到例 9-16 的 4 个文件放在同一个文件夹之中，然后运行命令：

```
$ python setup.py build_ext --inplace
```

经过编译，在当前目录中生成动态链接库文件 testlib.cpython-3x-xxxx.so（Windows 中为 testlib.cp3x-win_amd64.pyd）。

在当前目录中进入 Python 环境对扩展模块进行测试：

```
>>> import testlib
>>> dir(testlib)
['Point', '__doc__', '__file__', '__loader__', '__name__', '__package__', '__spec__', 'add', 'average', 'distance']
>>> testlib.add(1.0, 2.0)
3.0
>>> testlib.average([1.0, 2.0, 3.0])
2.0
>>> p1 = testlib.Point(0, 0)
>>> p2 = testlib.Point(1, 1)
>>> p2
<capsule object "Point" at 0x7f9fda292150>
>>> testlib.distance(p1, p2)
1.4142135623730951
```

9.6 项目打包与发布

PyPI（Python Package Index）[①]是 Python 第三方工具包的官方仓库。默认情况下，使用 pip 安装的第三方工具包就来自 PyPI。任何人都可以把自己的 Python 项目发布至 PyPI 供他人安装使用。本节介绍把自己的 Python 项目发布至 PyPI 的方法。

9.6.1 打包与发布的流程

第三方工具包项目开发完毕之后，打包与发布的流程包括如下几个步骤（更详细的说明参见 Python 官网[②]）：

- 注册 PyPI 账户：在 PyPI 官方注册账户信息。
- 项目配置：编写与配置 setup.py 和其他相关文件。
- 打包：执行 setup.py 文件，将项目打包为所需要的格式。
- 发布：利用 twine 上传工具包。首次上传会自动创建项目，并且要求与 PyPI 仓库中已有的工具包不重复；以后每次上传要求版本号不重复。

首先，在 PyPI 官方网站上注册账户信息，如图 9-2 所示，注册完毕之后需要对邮箱进行验证。用户名和密码在工具包上传发布时会用到。

Python 项目打包与发布中最重要的文件是 setup.py，与前文中 Python 扩展构建中的 setup.py 相同，不过需要增加更多配置信息。项目信息主要通过 setup 函数的参数进行配置，常用的参数如表 9-7 所示。其中，classifiers 参数的取值参见 PyPI 官网[③]。packages 参数的取值常利用 find_packages 自动识别。

[①] https://pypi.org
[②] https://packaging.python.org/guides/distributing-packages-using-setuptools/
[③] https://pypi.org/classifiers/

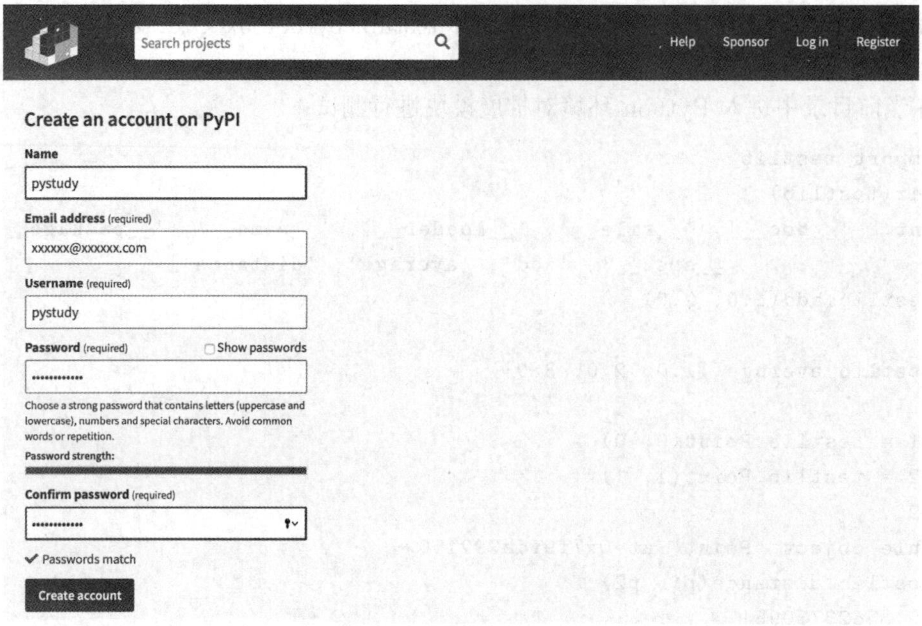

图 9-2 注册 PyPI 账户

表 9-7 setup 函数常用配置参数

参数	功能
name	工具包唯一名称
version	工具包版本号
author	工具包作者
author_email	工具包作者邮箱
url	项目地址链接
license	软件许可协议，常见的有 BSD、MIT、GPL、Apache 等
description	工具包简要描述
long_description	工具包详细描述，常读取自 Markdown 文件
long_description_content_type	详细描述的格式，常取值为 text/markdown
classifiers	项目的分类标识，作为 PyPI 对项目进行分类的依据
keywords	项目关键字列表
packages	项目工具包的列表（包含__init__.py 的文件夹）
py_modules	包之外的独立模块文件名
package_data	工具包所需的数据文件
data_files	需要打包的数据文件，如图片、配置文件等
ext_modules	扩展模块配置信息
install_requires	该工具包所依赖的其他工具包列表

执行 setup.py 时可使用子命令指定打包的格式，常用子命令有：

- install：打包并将 build 目录中的文件安装至当前 Python 环境。
- build：构建生成安装工具包所需的所有文件。

- clean：清除打包过程中生成的临时文件。
- check：检测配置信息是否有误。
- build_py：构建纯 Python 模块。
- build_ext：构建 C/C++ 扩展模块。
- sdist：创建源代码发布文件。
- bdist：创建二进制发布文件。
- bdist_wheel：创建 wheel 格式的发布文件。
- bdist_egg：创建 egg 格式的发布文件。

twine 是一种便捷的与 PyPI 进行安全交互的工具。它不在 Python 标准库中，因此需要另外安装（pip install twine）。使用 twine 上传工具包的命令为：

```
python -m twine upload dist/*
```

该命令用于将打包生成的 dist 目录中的文件上传至 PyPI。上传过程中需要输入 PyPI 账户的用户名和密码。如果配置信息有误，会上传失败。工具包命名与 PyPI 仓库中已有的工具包重复是一种常见而且不易发现的错误。

9.6.2 项目打包与发布示例

本小节以一个简单的纯 Python 项目为例，介绍打包与发布的过程。项目的文件目录结构如图 9-3 所示。

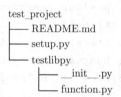

图 9-3 Python 项目的目录结构

该项目命名为 testlibpy，例 9-17 给出了这些文件的内容。其中，README.md 是 Markdown 格式的说明文件，这里不再给出。

【例 9-17】Python 项目的详细内容。

```
1  # 文件 testlibpy/functions.py
2  import numpy as np
3
4  def add(x, y):
5      return x + y
6
7  def average(lst):
8      return np.average(lst)
9
10 class Point:
11     def __init__(self, x, y):
```

```
12        self.x, self.y = x, y
13
14 def distance(p1, p2):
15     return np.sqrt((p1.x - p2.x)**2 + (p1.y - p2.y)**2)
```

```
1 # 文件 testlibpy/__init__.py
2 from .functions import *
```

```
1  # 文件 setup.py
2  from setuptools import setup, find_packages
3
4  desc = '工具包的简要说明'
5  long_description = open('./README.md').read()
6
7  setup(
8      name="testlibpy",
9      version="0.0.1",
10     author="pystudy",
11     author_email="xxxxxx@xxxxxx.com",
12     license='MIT',
13     description=desc,
14     long_description=long_description,
15     long_description_content_type='text/markdown',
16     url="https://xxxxxx.com/testlibpy",
17     classifiers=[ 'Development Status :: 3 - Alpha',
18                   'Programming Language :: Python :: 3',
19                   'Operating System :: OS Independent'],
20     packages=find_packages(include=['testlibpy']),
21     install_requires=['numpy > 1.15'],
22     python_requires='>=3.6',
23 )
```

接下来，执行打包命令，这里选择发布源代码，打包为 wheel 格式。执行成功后，在项目目录中生成了 build、dist 等文件夹。需要上传的文件在 dist 之中。

```
$ python setup.py sdist bdist_wheel
```

打包成功之后，使用 twine 将工具包上传至 PyPI：

```
$ python -m twine upload dist/*
```

上传成功之后，使用 pip install testlibpy 在当前环境中安装 testlibpy 工具包。由于镜像服务器更新存在延迟，因此上传之后立即安装可能出现包不存在的错误。遇到这种情况时，指定安装源为 PyPI 官方源即可，安装命令为：

```
$ pip install testlibpy -i https://pypi.org/simple/
```

安装成功后，进入 Python 交互环境对 testlibpy 进行测试：

```
>>> import testlibpy as tlp
>>> tlp.add(1, 1)
2
>>> tlp.average([1, 2, 3, 4, 5])
3.0
>>> p1 = tlp.Point(0, 0)
>>> p2 = tlp.Point(1, 1)
>>> tlp.distance(p1, p2)
1.4142135623730951
```

9.7 小　　结

本章主要介绍 Python 程序的性能优化技术。要优化程序，首先需要定位造成程序运行效率低下的瓶颈所在，因此 8.1 节介绍了几种常用的 Python 程序性能分析工具。8.2 节介绍了 PyPy 和 Numba 两种利用即时编译技术对 Python 进行优化的方法。接下来，本章利用较大的篇幅介绍了多种 Python 与 C/C++ 进行混合编程的方法，包括基于 ctypes 的方法、基于 C API 的方法等。最后介绍了将自己的 Python 项目打包并发布至 PyPI 的方法。

9.8　思考与练习

1. 如何确定 Python 代码运行的性能瓶颈所在？
2. 什么是 JIT 技术？它为什么能够提升程序的运行效率？
3. 尝试编写一个用于判断一个数字是否是素数的函数，并利用 Numba 优化它的运行效率，观察 Numba 对函数运行效率的影响。
4. 尝试利用混合编程实现一个能够用于矩阵运算的 Python 扩展模块。
5. 尝试将第 4 题中的模块打包并发布至 PyPI。

第10章 网络编程与并发处理

网络套接字编程（简称网络编程）是较为底层的一种网络通信编程技术。从计算机网络体系结构的角度来看，网络编程位于传输层，基于 TCP 协议或 UDP 协议实现。本章首先介绍套接字编程基础，然后结合网络并发处理介绍多进程、多线程及异步编程等并发编程技术。

10.1 网络套接字的概念

套接字是一种用于网络通信的数据结构，是对 TCP 协议或 UDP 协议的封装，用于描述计算机网络上的一个通信终端。基于套接字的网络通信采用客户机/服务器架构。在通信之前，客户机端和服务器端需要分别创建套接字，在二者之间建立联系之后才能相互通信。客户机和服务器之间的这种关系就像是插头和插座一样，连接在一起之后电流就能够接通，因此称为 "Socket"，中文译为 "套接字"。

10.1.1 套接字的类型

套接字源于伯克利版本的 Unix 系统（即 BSD Unix），最初被用于作为进程间通信（inter process communication，IPC）的一种方式，因此也称为伯克利套接字或 BSD 套接字。后来逐渐发展，具备了在不同计算机上运行的程序之间进行通信的能力。套接字用于同一计算机的不同进程之间通信时基于文件实现，因此称为**基于文件的套接字**。这类套接字有一个共同的地址簇（address family）名称 AF_UNIX。用于不同计算机之间通信的套接字称为**基于网络的套接字**，这类套接字的地址簇名称为 AF_INET，其中 INET 是 INTERNET 的缩写。

除了这两种地址簇名称之外，还有支持 IPv6 的 AF_INET6，以及另外两种用于进程通信的套接字地址簇 AF_NETLINK 和 AF_TIPC。本章仅关注利用套接字进行网络通信的基本方法，因此只会用到 AF_INET。

TCP/IP 参考模型中传输层有两种实现协议，即传输控制协议（TCP）和用户数据报协议（UDP）。TCP 是面向连接的协议，客户机和服务器在通信之前首先需要建立连接（也称为虚拟电路），在双方之间进行有序、可靠、不重复的数据传输。基于 TCP 协议实现的套接字称为**面向连接的套接字**，表示为 SOCK_STREAM。UDP 是一种无连接的协议，通信之前无须在客户机和服务器之间建立连接。数据传输是无序的、不可靠的，为保证数据的完整性有时候还会重复发送。其优点是省去了维护虚电路的大量开销。基于 UDP 协议实现的套接字称为**面向无连接的套接字**，表示为 SOCK_DGRAM。这里 DGRAM 正是"datagram"（数据报）的简写。

10.1.2 基于套接字的网络通信过程

面向连接的套接字通信过程如图 10-1 所示。

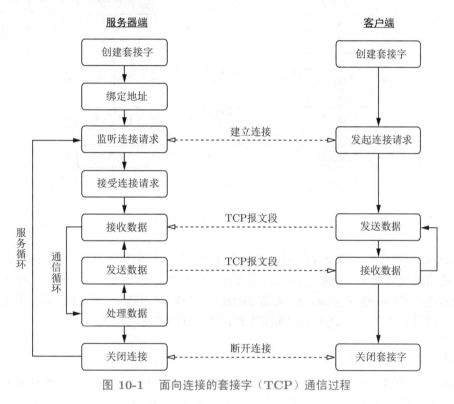

图 10-1　面向连接的套接字（TCP）通信过程

在服务器端，首先创建 TCP 套接字对象，然后将套接字绑定至本机地址。套接字地址包括两个部分：主机 IP 地址和端口号。需要注意的是，在 Linux 系统中 1024 以下的端口只有 root 用户才有权使用。地址绑定成功之后，即可执行监听方法进入到监听状态。接下来，套接字进程阻塞自己，直至客户端发起连接请求。

客户端发起请求后，套接字立刻接受并建立 TCP 连接。然后，服务器端进入到通信循环之中，再次阻塞自己等待客户端数据到达。在传输数据量较大的情况下，一个通信循环可能会包含多次服务器端与客户端之间的信息交互。接收到客户端数据之后，服务器端需要判断数据传输是否结束，这往往需要依赖上层协议（如 HTTP 协议）才能实现。如果数据传输结束则关闭连接退出通信循环，否则将继续通信循环等待客户端下一次发送数据。服务器端与客户端的一次连接过程称为一个服务循环。服务器会一直运行，在结束一个连接之后马上重新进入监听状态等待下一次客户端连接请求。

客户端同样需要创建 TCP 套接字对象，不过整个流程要简单得多。在与服务器端成功建立连接之后，分一次或多次发送数据，发送完毕之后断开连接并关闭套接字。

面向无连接的套接字通信过程如图 10-2 所示。整个过程与面向连接的套接字通信过程相似，但由于没有建立与断开连接的过程因而要简单很多。服务器端没有通信循环，它与客户端的每一次交互都是相对独立的，每次接收到的数据都可能来自不同的客户端。在每一次交互中，发送的数据都是相对完整、边界清晰的。

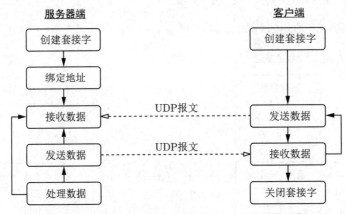

图 10-2　面向无连接的套接字（UDP）通信过程

10.2　套接字编程

Python 标准库实现了常见的网络通信协议并进行了抽象和封装[①]，使得调用者无须了解网络通信的底层细节，能够将注意力关注在程序的业务逻辑之上，从而大大降低了程序开发的难度。网络套接字（socket）对 TCP/IP 参考模型中传输层的 TCP 协议和 UDP 协议进行了封装，本节介绍 Python 网络套接字编程的基本使用方法。

10.2.1　socket 模块

Python 中的套接字编程主要基于标准库中的 socket 模块实现。该模块定义了关于网络套接字编程的一系列常量和函数。其中最重要的是 socket 函数，用于创建一个套接字对象。除了 socket 函数，socket 模块中还定义了很多有用的常量，例如 socket.AF_INET、socket.SOCK_STREAM、socke.AF_UNIX、socket.SOCK_DGRAM 等，以及很多用于网络套接字编程的函数，详细内容参见官方文档[②]。

socket 函数根据参数配置信息创建套接字对象，它的参数包括：
- family：地址簇，取值可为 AF_INET（默认）、AF_INET6、AF_UNIX、AF_CAN、AF_PACKET 或 AF_RDS 其中之一。
- type：套接字类型，取值可为 SOCK_STREAM（默认）、SOCK_DGRAM、SOCK_RAW 或者其他名称以 SOCK_ 开头的常量之一。

---

① https://docs.python.org/3/library/internet.html
② https://docs.python.org/3/library/socket.html

- proto：协议号，通常取值为 0，当协议簇为 AF_CAN 时取值为 CAN_RAW、CAN_BCM、CAN_ISOTP 或 CAN_J1939 其中之一。
- fileno：套接字文件描述符，如果指定了 fileno，那么将从中自动检测 family、type 和 proto 的值，更重要的是，在不同程序中使用相同的套接字文件描述符能够获取同一个套接字对象。

表 10-1　套接字对象常用方法和属性

方法/属性	功　能
bind(address)	用于服务器端，将套接字绑定到地址 address，address 是由 IP 字符串和端口号组成的元组
listen(backlog)	用于服务器端，启动监听准备接受连接请求。backlog 用于指定等待建立连接的最大客户端请求数量，未指定时根据系统状态自动设定合理取值
accept()	用于服务器端，接受一个连接请求，返回一个用于向客户端发送数据的套接字对象以及客户端地址
connect(address)	用于客户端，向服务器端发起连接请求，当使用 AF_INET 地址簇时，address 是服务器端 IP 字符串和端口号组成的元组
recv(bufsize)	从 TCP 套接字中接收数据，返回值为一个字节串，bufsize 用于指定一次接收的最大数据量
recv_into(buffer, nbytes)	从 TCP 套接字接收至多 nbytes 字节，将其写入缓冲区而不是创建新的字节串，nbytes 默认为 0，表示接受的最大数据量取决于缓冲区大小
send(bytes)	通过 TCP 套接字发送数据，bytes 为字节串
sendall(bytes)	持续发送 TCP 数据 bytes，直到发送完毕或发生错误，成功返回 None
recv_from(bufsize)	从 UDP 套接字中接收数据，返回值为字节串和发送端地址，bufsize 用于指定一次接收的最大数据量
recv_from_into	从 UDP 套接字接收至多 nbytes 字节，将其写入缓冲区而不是创建新的字节串，nbytes 默认为 0，表示接受的最大数据量取决于缓冲区大小，返回值为字节串和发送端地址
sendto(bytes, address)	通过 UDP 套接字发送数据 bytes 至 address
getpeername()	返回 TCP 套接字连接到的远程地址
getsockname()	返回当前套接字的地址
shutdown(how)	半关闭或全关闭 TCP 连接，how 取值为 SHUT_RD、SHUT_WR 或 SHUT_RDWR，表示关闭后不再允许接收、发送或都不允许
close()	关闭套接字
setsockopt(level,opt,value)	设置套接字选项取值

socket 函数的返回结果为一个套接字对象。服务器端与客户端之间的通信通过该套接字对象进行。图 10-1 和图 10-2 所示的通信过程中的关键步骤主要依赖该套接字对象中的方法实现。套接字对象常用的方法如表 10-1 所示。

10.2.2 面向连接的套接字编程

本小节利用一个简单的客户机/服务器结构的套接字通信实例来介绍面向连接的套接字编程（TCP）的基本方法。其中，服务器端代码如例 10-1 所示，客户端代码如例 10-2 所示。

默认情况下一个端口只能绑定一个套接字。服务器端套接字关闭之后套接字不会立即被释放，当再次启动服务器时有可能会出现端口已被使用的错误。遇到这种情况，稍稍等待后再次启动即可。一种更加方便的办法是设置套接字的选项，使得其绑定的端口能够被其他套接字复用。设置套接字的选项可使用套接字对象的 setsockopt 方法，见例 10-1 第 6 行。

【例 10-1】TCP 服务器端。

```
1  from socket import socket, AF_INET, SOCK_STREAM
2  from socket import SOL_SOCKET, SO_REUSEPORT
3  from datetime import datetime
4
5  server_socket = socket(AF_INET, SOCK_STREAM)              # 创建套接字对象
6  server_socket.setsockopt(SOL_SOCKET, SO_REUSEPORT, 1)     # 端口重用
7  server_socket.bind(('127.0.0.1', 9000))                   # 绑定地址
8  server_socket.listen()                                    # 监听
9  print('TCP服务器启动，监听之中... ...')
10
11 while True:                                               # 服务循环
12     conn, client_addr = server_socket.accept()            # 接受连接请求
13     print(f'客户端{client_addr}连接成功，等待输入 ... ...')
14
15     while True:                                           # 通信循环
16         data_recv = conn.recv(1024).decode('utf-8')       # 接收数据
17
18         now = datetime.now().strftime("%H:%M:%S")
19         print(f'{now} 接收到数据：{data_recv}')
20         send_data = f'接收到长度为 {len(data_recv)} 的数据'
21         conn.send(send_data.encode('utf-8'))              # 发送数据
22
23         if not data_recv:
24             conn.close()                                  # 关闭连接
25             break
26     print(f'客户端{client_addr}连接结束！')
```

【例 10-2】TCP 客户端。

```
1   from socket import socket, AF_INET, SOCK_STREAM
2   from datetime import datetime
3
4   tcp_socket = socket.socket(AF_INET, SOCK_STREAM)      # 创建套接字
5   tcp_socket.connect(('127.0.0.1', 9000))               # 发起连接请求
6   while True:
7       data_send = input('> ')
8       tcp_socket.send(data_send.encode('utf-8'))        # 发送数据
9       if not data_send:
10          break
11      data_recv = tcp_socket.recv(1024)                 # 接收数据
12      now = datetime.now().strftime("%H:%M:%S")
13      print(f'{now} 服务器回复：{data_recv.decode("utf-8")}')
14  tcp_socket.close()
```

在计算机中打开两个命令行终端分别运行 TCP 套接字服务器端和客户端代码，二者之间的通信如图 10-3 所示。

图 10-3　面向连接的套接字通信

10.2.3　面向无连接的套接字编程

本小节利用一个简单的客户机/服务器结构的套接字通信实例来介绍面向无连接的套接字编程（UDP）的基本方法。其中，服务器端代码如例 10-3 所示，客户端代码如例 10-4 所示。

【例 10-3】UDP 服务器端。

```
1   from socket import socket,AF_INET,SOCK_DGRAM
2   from socket import SOL_SOCKET, SO_REUSEPORT
3   from datetime import datetime
4
5   server_socket = socket(AF_INET, SOCK_DGRAM)                    # 创建套接字
6   server_socket.setsockopt(SOL_SOCKET, SO_REUSEPORT, 1)          # 端口重用
7   server_socket.bind(('127.0.0.1', 9000))                        # 绑定地址
8   print('UDP服务器启动，等待客户端数据 ... ...')
9
```

```
10  while True:
11      data_recv, address = server_socket.recvfrom(1024)      # 接收数据
12      now = datetime.now().strftime("%H:%M:%S")
13      data_recv = data_recv.decode("utf-8")
14      print(f'{now}接收到来自{address[0]}的数据：{data_recv}')
15      data_send = f'接收到长度为 {len(data_recv)} 的数据'.encode('utf-8')
16      server_socket.sendto(data_send, address)               # 发送数据
17  server_socket.close()
```

【例 10-4】UDP 客户端。

```
1   from socket import socket, AF_INET, SOCK_DGRAM
2   import datetime
3
4   client_socket = socket(AF_INET, SOCK_DGRAM)                # 创建套接字
5   while True:
6       data_send = input('> ').encode("utf-8")
7       if not data_send:
8           break
9       client_socket.sendto(data_send, ('127.0.0.1', 9000))   # 发送数据
10      data_recv, addr = client_socket.recvfrom(1024)         # 接收数据
11      now = datetime.datetime.now().strftime("%H:%M:%S")
12      data_recv = data_recv.decode(encoding="utf-8")
13      print(f'{now} 服务器回复：{data_recv}')
14  client_socket.close()
```

在计算机中打开两个命令行终端分别运行 UDP 套接字服务器端和客户端代码，二者之间的通信如图 10-4 所示。

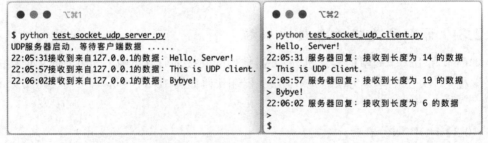

图 10-4　面向无连接的套接字通信

10.2.4　并发问题

网络应用程序在运行中需要应对的一个关键问题是并发问题，即在一个很短的时间段内多个客户端同时对服务器端发起连接请求。对于基于面向连接的应用来说，并发带来的问题尤其严重。例 10-1 中的 TCP 服务器端只能处理一个连接请求，其他客户端只能等待上一个连接结束，或者发生连接超时的错误（取决于套接字对象 listen 方法的参数）。并发处理能力是服务器端应用程序最基本的功能。

常见的并发处理技术有多进程编程、多线程编程、异步编程，以及多路复用等技术。其中，异步编程可基于多路复用技术实现[①]。本章后续内容中主要介绍前三种方法，关于多路复用技术请参考官方文档[②]。

实际的软件项目中，并发问题往往由专门的通信服务器或 Web 服务器处理，只需要进行合理的配置优化即可，应用程序的开发中一般不涉及并发问题的处理。但是，了解并发问题常见处理方法的原理是构建高性能网络服务器的必备基础知识。

10.3 多进程编程

多进程编程是处理并发问题的一种常见的技术，本节介绍 Python 多进程编程基础，以及利用多进程实现网络并发处理的方法。

10.3.1 进程的创建与运行

进程是程序在计算机中运行所产生的动态实体，是操作系统资源分配和调度的基本对象，由代码、数据、占用的内存空间以及复杂的运行机制组成。进程的管理与控制是计算机操作系统的核心任务，操作系统各组成部分的共同目的就是要使得进程能够正确、高效地运行。进程也可以被看作是程序的实例，每次运行程序都会产生一个进程。在某些情况下，运行一个程序会产生多个进程，它们通过分工、合作实现较为复杂的任务。使用这种方式编写程序称为多进程编程。

进程的运行机制非常复杂，不同操作系统中进程的实现和运行的方式也不尽相同。不过，Python 屏蔽了进程的底层细节和不同操作系统之间的差异，大大降低了多进程编程的复杂性和工作量。

Python 标准库中最常使用的与多进程编程相关的模块有两个：multiprocessing 和 subprocess。multiprocessing 模块中包含了用于多进程编程中进程的管理与控制、进程通信、进程同步等的函数和类；subprocess 则主要用于执行外部应用程序并获取运行结果，创建出的进程中运行的程序不仅限于 Python 程序，可以是操作系统中的任意可执行程序。本节仅关注 multiprocessing 模块的多进程编程方法。

multiprocessing 模块中最重要的类是 Process，创建 Process 对象然后调用其 start 方法即可创建一个新的进程。Process 类的 __init__ 方法有如下几个参数：

- group：取值总为 None，其存在只是为了与多线程编程的 API 相兼容。
- target：进程的调用目标，是一个可调用对象，表示该进程要执行的任务。
- name：进程的名称。
- args：传递给调用目标的位置参数元组。
- kwargs：传递给调用目标的关键字参数字典。
- daemon：新的进程是否是守护进程，取值为 True 或 False。守护进程是一直在后台运行不受终端控制的特殊子进程，主要用于为其他子进程提供服务。父进程在退出时会终止所有守护子进程。

[①] https://docs.python.org/3/library/asyncio-eventloop.html#event-loop-implementations
[②] https://docs.python.org/3/library/selectors.html

Process 类的常用方法和属性如表 10-2 所示。

表 10-2　Process 类的常用方法和属性

方法/属性	作用
run()	进程所执行的方法，该方法会调用 target 属性或者在子类中被重写
start()	启动进程
join(timeout)	由父进程调用以阻塞自己直到子进程结束[①]，timeout 默认取值为 None
is_alive()	进程是否仍处于活动状态
terminate()	终止进程
daemon	是否是守护进程，如果要设置该属性的值，必须在 start 方法调用之前
pid	进程号

Process 类的使用方法有 2 种。第一种是在创建 Process 类对象时指定 target 参数。如例 10-5 所示，父进程中创建了两个子进程，它们执行同一个方法但传入的参数不同。如果在 Linux 或 UNIX 系统运行该程序，然后在终端运行 pstree -p 命令可看到如图 10-5 所示的进程树（Windows 系统中没有进程树的概念）。

【例 10-5】通过指定 target 参数创建子进程。

```
1  import os
2  import time
3  from multiprocessing import Process
4
5  def target_fun(name_):
6      print(f'这里是子进程{name_}')
7      time.sleep(20)
8
9  if __name__ == '__main__':
10     subp_A = Process(target=target_fun, args='A')
11     subp_B = Process(target=target_fun, args='B')
12     subp_A.start()
13     subp_B.start()
14     print(f'这里是父进程，进程ID为 {os.getpid()}')
15     print(f'子进程A的ID为 {subp_A.pid}')
16     print(f'子进程B的ID为 {subp_B.pid}')
17     subp_A.join()
18     subp_B.join()
```

运行结果：

```
这里是父进程，进程ID为 2042
子进程A的ID为 2043
子进程B的ID为 2044
这里是子进程B
这里是子进程A
```

[①] 父进程会自动调用所有非守护进程的 join 方法，该方法的意义更多是为了与线程 API 一致。

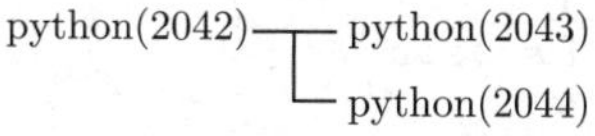

```
           python(2042) ┬── python(2043)
                       └── python(2044)
```

图 10-5　进程树

第二种是继承 Process 类，在子类中重写 run 方法。如例 10-6 所示，通过继承 Process 类创建了两个子进程。运行结果与例 10-5 完全相同。

【例 10-6】通过继承 Process 类创建子进程。

```python
1  import os
2  import time
3  from multiprocessing import Process
4
5  class SubProcess(Process):
6      def __init__(self, name_):
7          self.__name = name_
8          super().__init__()
9
10     def run(self):
11         print(f'这里是子进程{self.__name}')
12         time.sleep(20)
13
14 if __name__ == '__main__':
15     subp_A = SubProcess('A')
16     subp_B = SubProcess('B')
17     subp_A.start()
18     subp_B.start()
19     print(f'这里是父进程，进程ID为 {os.getpid()}')
20     print(f'子进程A的ID为 {subp_A.pid}')
21     print(f'子进程B的ID为 {subp_B.pid}')
22     subp_A.join()
23     subp_B.join()
```

10.3.2　利用多进程处理网络并发

利用多进程实现网络并发处理的思路，是每当服务器端接受一个客户端发起的连接请求时，就新建一个进程来为客户端提供服务。例 10-7 是例 10-1 的多进程版本，主要变动是将通信循环放入子进程之中。在第 34 行，如果没有客户端连接请求则程序被阻塞；当有客户端发起请求时就创建一个子进程，并将通信套接字和客户端地址交给子进程。子进程中通过通信循环与客户端交互，完成之后子进程运行结束退出。

【例 10-7】利用多进程实现网络并发处理。

```python
1  from socket import socket, AF_INET, SOCK_STREAM
2  from socket import SOL_SOCKET, SO_REUSEPORT
3  from datetime import datetime
```

```python
4   from multiprocessing import Process
5
6   class ServiceProcess(Process):
7       def __init__(self, socket, addr):
8           self.conn = socket
9           self.addr = addr
10          super().__init__()
11
12      def run(self):
13          print(f'客户端{self.addr}连接成功,等待输入 ......')
14          while True:                                             # 通信循环
15              data_recv = self.conn.recv(1024)                    # 接收数据
16              data_recv = data_recv.decode('utf-8')
17              now = datetime.now().strftime("%H:%M:%S")
18              print(f'{now} 接收到来自{self.addr}的数据: {data_recv}')
19              send_data = f'接收到长度为 {len(data_recv)} 的数据'
20              self.conn.send(send_data.encode('utf-8'))           # 发送数据
21              if not data_recv:
22                  self.conn.close()
23                  break
24          print(f'客户端{self.addr}连接结束! ')
25
26  def main():
27      server_socket = socket(AF_INET, SOCK_STREAM)                # 创建套接字对象
28      server_socket.setsockopt(SOL_SOCKET, SO_REUSEPORT, 1)       # 端口重用
29      server_socket.bind(('127.0.0.1', 9000))                     # 绑定地址
30      server_socket.listen()                                      # 监听
31      print('TCP服务器启动,监听之中... ...')
32      while True:
33          conn_socket, addr = server_socket.accept()              # 接受连接请求
34          subp = ServiceProcess(conn_socket, addr)                # 创建子进程
35          subp.start()                                            # 启动子进程
36
37  if __name__ == '__main__':
38      main()
```

10.3.3 利用进程池处理网络并发

进程在操作系统中是一种较为重量的实体,其创建和回收需要很大的开销。数个乃至数十个进程可能对计算机性能不会造成明显的影响,但如果进程数量较大就会给计算机带来很大的负担,甚至造成系统崩溃。对于网络服务器来说,客户端的并发数量往往较大而且连接持续时间短。利用多进程的方式实现并发就会使服务器不断重复创建并销毁进程,从而导致服务器性能急剧下降。

进程池是一种维护进程的数据类型。它在启动的时候创建一定量的空闲进程,每当需

要的时候就取出一个进程来执行任务。任务结束之后进程并不会退出，而是放回进程池中重新进入空闲状态等待下次调用。因而，进程池能够避免频繁创建和销毁进程带来的开销，能够大大降低系统的压力。另外，进程池中进程的数量是有限的，这也起到控制并发数量的作用，避免服务器由于并发数量过大而崩溃。

Python 中进程池由 multiprocessing 的 pool 子模块中的 Pool 类实现。为了与线程池的 API 相统一，concurrent.futures 中的 ProcessPoolExecutor 类对 Pool 进行了包装，提供了更易用的 API。例 10-8 利用进程池实现具有并发能力的 TCP 套接字通信服务器端。

【例 10-8】利用进程池实现并发处理。

```
1  from socket import socket, AF_INET, SOCK_STREAM
2  from socket import SOL_SOCKET, SO_REUSEPORT
3  from datetime import datetime
4  from concurrent.futures import ProcessPoolExecutor
5
6  def service_task(conn, addr):
7      print(f'客户端{addr}连接成功，等待输入... ...')
8      while True:                                            # 通信循环
9          data_recv = conn.recv(1024).decode('utf-8')        # 接收数据
10         now = datetime.now().strftime("%H:%M:%S")
11         print(f'{now} 接收到来自{addr}的数据：{data_recv}')
12         send_data = f'接收到长度为 {len(data_recv)} 的数据'
13         conn.send(send_data.encode('utf-8'))               # 发送数据
14         if not data_recv:
15             conn.close()
16             break
17     print(f'客户端{addr}连接结束！')
18
19 def main():
20     server_socket = socket(AF_INET, SOCK_STREAM)            # 创建套接字对象
21     server_socket.setsockopt(SOL_SOCKET, SO_REUSEPORT, 1)   # 端口重用
22     server_socket.bind(('127.0.0.1', 9000))                 # 绑定地址
23     server_socket.listen()
24     print('TCP服务器启动，监听之中... ...')
25     pool = ProcessPoolExecutor(10)                          # 进程池
26     while True:
27         conn, addr = server_socket.accept()                 # 接受连接请求
28         pool.submit(service_task, conn, addr)
29
30 if __name__ == '__main__':
31     main()
```

10.4 多线程编程

线程又称为轻量级进程，运行开销远小于进程，是并发编程的一种有效方法。Python 多线程编程的 API 与多进程相兼容，因此本节仅对多线程编程及利用多线程实现网络并发处理的方法做简要介绍。

10.4.1 线程的概念与特点

线程是为了进一步提高程序并发处理能力而在进程中引入的一种执行单元。引入线程之后，一个进程至少包含一个线程。当进程中的线程数量多于一个时，就称为多线程编程。在多线程情况下，一个线程被阻塞之后其他线程能够继续运行，进程不会由于一个线程的阻塞而被阻塞，从而使得单个进程具有了并发处理的能力。

相对于进程而言，线程并发处理的一个重要的优势是消耗的 CPU 和内存资源更少。隶属于同一进程的线程共享着进程的绝大多数资源，包括代码段、数据段、堆等。实际上，多个线程之间除了有各自的栈之外，其余资源都是共享的，例如进程中的全局变量、打开的文件描述符等。因此，线程的切换开销也远小于进程切换。

线程的另一个优势是使同一个进程能够利用多个或多核 CPU。一般来说，一个进程只能利用一个 CPU 核心。在引入线程后，线程就成为能够被调度的实体，因而能够占用一个 CPU 核心。这就使多线程的进程能够占用多个 CPU 核心，更充分地利用计算机资源。不过，Python 语言由于**全局锁**（Global Interpreter Lock, GIL）的存在，使得多线程进程不具备这样的能力。

多线程编程中，为了解决多个线程之间实现数据和状态的同步，往往需要各种精巧的"锁"，不仅复杂而且会对性能造成严重的影响。Python 解释器采用了一种看起来简单粗暴的解决办法，就是全局解释器锁。它限制了一个 Python 进程在任何时候都只能有一个线程处于执行状态，从而避免了复杂的同步问题。这样一来，Python 进程就无法利用多核心 CPU 的资源，对于计算密集型任务非常不利。不过，全局锁的问题并不像想象中那么严重，因为 Python 的优势从来就不是计算。计算密集型任务可以使用多进程方式实现，或者将计算密集型任务交给 C/C++ 扩展模块来完成。需要指出的是，在混合编程中是可以对全局锁进行控制的。大多数情况下，Python 语言所面对的是 IO 密集型任务，线程往往会由于频繁的输入输出而被阻塞并主动让出全局锁。从而使得线程能够有效地运行，在一台计算机上能够轻松地创建大量线程。

Python 标准库中的 threading 模块提供了多线程编程的支持，其核心是 Thread 类。Python 语言统一了多线程编程和多进程编程的 API，因此 Thread 类和 Process 类使用方法基本相同，__init__ 方法的参数完全一致，并且线程对象具有和进程对象相似的方法，如表 10-2 所示。创建线程也有 2 种方法：指定 target 参数或者继承 Thread 类。读者可以尝试将例 10-5 和例 10-6 利用多线程实现。

10.4.2 网络并发处理的多线程方法

由于 Python 多线程编程与多进程编程的 API 一致，因此利用线程处理并发的代码也基本相同，将例 10-7 中 multiprocessing.Process 直接替换为 threading 模块的 Thread 类即可。

Python 线程池由 concurrent.futures 模块的 ThreadPoolExecutor 类实现，其使用方法与 ProcessPoolExecutor 相同。因此，仅需要将例 10-8 中的 ProcessPoolExecutor 类直接替换为 ThreadPoolExecutor 类即可利用线程池来处理网络并发。

10.5 异步编程*

异步编程是一种新型的并发处理技术，能够在单线程中以极高的效率处理输入输出密集型并发任务。本节首先介绍异步编程的概念，然后介绍利用协程实现异步编程的方法。最后利用异步编程技术解决网络编程中的并发问题。

10.5.1 异步编程概念

根据资源需求的状况，可将计算机中运行的程序分为 2 种类型：计算密集型和输入输出密集型。计算密集型程序需要进行大量的计算，消耗大量的 CPU 资源。要想提高这种类型程序的运行效率，需要充分、合理地利用计算机中的 CPU 资源。在运行过程中，进程通常不会主动出让 CPU。输入输出密集型程序是那些在运行过程中频繁地输入输出的程序，包括文件、网络、数据库等的读、写操作。输入输出操作的速度远小于 CPU 的运算速度，所有输入输出操作都会使进程阻塞。这种情况下，程序会中断运行并主动出让 CPU 资源。

网络编程就是一种典型的输入输出密集型任务。例如，网络套接字编程中的 accept、send、recv 等方法都会导致服务器端程序阻塞。多进程（多线程）并发处理的原理是创建多个服务器端进程（线程），当一个进程（线程）阻塞时切换至其他的进程（线程）继续提供服务。这两种方法虽然解决了并发问题，但进程或线程的切换需要很大的资源开销，效率较低。解决这个问题的一种有效办法就是异步编程。

程序的异步运行是与同步运行相对的。同步运行是指程序要执行的多项操作按时间顺序进行，当遇到输入输出时即阻塞等待，直到输入输出结束后继续执行。异步运行则不同，程序在运行过程中遇到输入输出时不发生阻塞，而是跳转到能够继续执行的其他位置继续运行。等输入输出结束之后，在合适的时机会跳转回来继续执行。

图 10-6 中描述了一个需要完成三项业务的程序，在每项业务中都有一次输入输出（阴影部分）。图 10-6 的上部描述了程序的同步运行方式。三项业务依次运行，每当遇到输入输出时就阻塞等待，整个过程中会发生三次阻塞事件。程序在整个运行过程中阻塞等待的时间至少是三次输入输出的时间。图 10-6 的下部描述了程序的异步运行方式，执行顺序如图中序号所示。业务 1 在执行过程中遇到输入输出不发生阻塞，而是跳转到业务 2 继续执行（跳转 1），业务 2 遇到输入输出时跳转到业务 3（跳转 2）。当业务 3 遇到输入输出时，跳转回业务 1（跳转 3）。如果此时业务 1 的输入输出已经完成，则继续执行至业务完成，然后跳转至业务 2（跳转 4），业务 2 完成后跳转至业务 3（跳转 5）。由于输入输出不依赖

CPU，三项业务中的输入输出是同时进行的，因此异步执行方式需要等待的时间少于一次输入输出的时间。

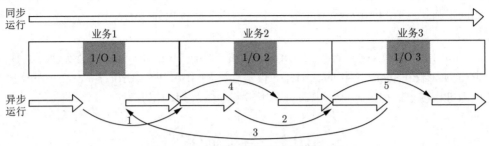

图 10-6　程序的同步运行与异步运行

实现程序异步执行的编程方式称为异步编程，异步编程的优势在于：
- 程序执行过程中遇到输入输出时不发生阻塞，而是跳转至其他能够继续执行的位置，从而仅利用一个进程或线程就能够实现输入输出密集型任务的并发处理。
- 并发执行的多个业务之间发生切换时，没有导致进程或线程的切换，因此节省了大量的计算机资源开销，从而能够以极高的效率处理并发问题。
- 程序运行于同一线程或进程之中，不需要使用复杂的锁来实现同步。

10.5.2　基于生成器的协程

生成器的一个重要的特征是惰性计算，yield 语句返回一个值之后函数的运行被暂停，这就为程序的异步运行提供了可能性。Python 2.5 中加入了基于生成器的协程，能够用于实现异步编程[①]。

1. 生成器协程的特点

基于生成器的协程主要包括如下特点：
- `yield` 能够在表达式中使用，也就是说 `yield` 不但能够用于返回数据，而且还能够接收来自主调函数的数据；
- 生成器增加了 `send` 方法，主调函数可以利用该方法向生成器发送数据并被 `yield` 捕获，而且 `send` 方法也具有激活生成器的功能；
- 生成器中增加了 `close` 方法和 `throw` 方法。前者用于终止生成器，后者用于从主调函数向生成器抛出异常并由生成器处理。

例 10-9 定义了一个生成器函数，其中的 yield 语句不但用于返回数据，还用于接收数据。注意，在基于生成器的协程中，首次使用 `send` 方法向协程发送数据之前，必须使用 `next` 函数预激活协程。

【例 10-9】利用 yield 语句接收数据。

```
1  def test_coroutine():
2      while True:
3          x = yield
4          print(f"传入的值为{x}")
```

[①] 注意：Python 3.5 中引入了新的协程语法 async 和 await，基于生成器的协程在 Python 3.10 中移除。

运行结果：
```
>>> tc1 = test_coroutine()
>>> tc2 = test_coroutine()
>>> next(tc1)       # 预激活协程tc1
>>> next(tc2)       # 预激活协程tc2
>>> tc1.send(0)
传入的值为0
>>> tc2.send(1)
传入的值为1
>>> tc1.close()
>>> tc2.close()
>>> tc1.send(0)
Traceback (most recent call last):
  File "<stdin>", line 1, in <module>
StopIteration
```

2. 利用 yield 同时接收并返回数据

表达式中的 yield 语句既能够接收来自主调函数中利用 send 发送的数据，也能向主调函数返回数据。

例 10-10 中使用协程实现了求累积平均值的功能。yield 不但要接收 send 方法传入的数据，并且还要将平均值的计算结果返回至主调函数。

【例 10-10】利用 yield 接收并返回数据。

```
1  def cumulative_average():
2      n = 0
3      total = 0
4      avg = 0
5      while True:
6          x = yield avg
7          total += x
8          n += 1
9          avg = total/n
```

运行结果：
```
>>> ca = cumulative_average()
>>> next(ca)
0
>>> ca.send(5)
5.0
>>> ca.send(15)
10.0
>>> ca.send(10)
10.0
>>> ca.close()
```

3. 生成器协程的状态

从前文中可知，生成器在运行过程中遇到 yield 语句就会发生跳转，转而执行主调函数中的语句，直到主调函数中调用生成器的 send 方法。这种跳转类似于并发编程中线程或进程之间的切换，有了这种特征后生成器就变成了协程。

与进程或线程的状态转换类似，协程在运行过程中也会发生状态的变化，理解这种状态转换是利用协程实现异步编程的基础。协程在运行过程中有 4 种状态：

- GEN_CREATED：生成器刚刚创建出来，等待激活执行；
- GEN_RUNNING：生成器正在执行中；
- GEN_SUSPENDED：生成器执行至 yield 语句处暂停；
- GEN_CLOSED：生成器被终止。

在调用生成器函数或生成器推导式创建出一个生成器之后，它处于 GEN_CREATED 状态。生成器被激活之后开始运行，此时处于 GEN_RUNNING 状态。只有 GEN_SUSPENDED 状态的生成器才能接收数据。因此，在向协程发送数据之前需要调用 next 函数来预激活。当遇到 yield 语句时，协程会被暂停，此时处于 GEN_SUSPENDED 状态。当 next 函数（或 send 方法）被再次调用时，yield 会返回（或接收）数据，程序继续运行。此时，生成器再次处于 GEN_RUNNING 状态。当 close 方法被调用时，生成器被终止，处于 GEN_CLOSED 状态。

inspect 模块中的 getgeneratorstate 函数可用于获取生成器的状态。

```
>>> from inspect import getgeneratorstate
>>> tc = test_coroutine()
>>> getgeneratorstate(tc)
'GEN_CREATED'
>>> next(tc)
>>> getgeneratorstate(tc)
'GEN_SUSPENDED'
>>> tc.close()
>>> getgeneratorstate(tc)
'GEN_CLOSED'
```

4. 利用生成器协程实现并发

本部分利用基于生成器的协程实现经典的生产者消费者问题。系统中有多个生产者和多个消费者，生产者负责生产一定量的产品并放入仓库，消费者从仓库中取出一定量的产品并消费掉。

例 10-11 中，调度器（Scheduler）负责管理生产者协程和消费者协程，并基于一个消息队列对协程进行调度。可以有多个生产者和消费者，每个生产者一次会生产数量不同的产品，消费者每次消费的产品数量也不同。消费者消费完毕之后，会向其他消费者发送消息，如果仓库为空则向生产者发送消息。生产者生产出产品后向消费者发送消息。

调度器根据消息队列中的消息对生产者和消费者进行调度。如果消息是发向消费者的，则从消费者队列中随机选择一个消费者协程激活；如果消息发向生产者，则从生产者队列中选择一个生产者协程激活。消息的内容是无关紧要的，重要的是消息的发送目标。

【例 10-11】利用协程实现生产者消费者问题。

```
1   from collections import deque
2   import time
3   import random
4   CAPACITY = 10        # 最大存储量
5   quantity = 0         # 当前存储量
6
7   class Scheduler:
8       def __init__(self):
9           self.actors = { 'producers': [],            # 生产者列表
10                          'consumers': [] }           # 消费者列表
11          self.messages = deque()                     # 消息队列
12
13      def add_producer(self, producer):               # 添加生产者
14          self.actors['producers'].append(producer)
15
16      def add_consumer(self, consumer):               # 添加消费者
17          self.actors['consumers'].append(consumer)
18
19      def send_message(self, actor_type):             # 发送消息
20          self.messages.append(actor_type)
21
22      def run(self):
23          # 预激活生产者和消费者
24          for actor in self.actors['producers'] + self.actors['consumers']:
25              next(actor)
26          while True:
27              if self.messages:
28                  # 从消息队列中取出一个消息
29                  actor_type = self.messages.popleft()
30                  # 随机选择一个生产者或消费者
31                  obj = random.choice(self.actors[actor_type])
32                  obj.send('')                        # 发送消息
33              time.sleep(0.1)
34
35  def consumer(num, name, scheduler):                  # 消费者协程
36      global quantity
37      while True:
38          if quantity - num > 0:
39              quantity -= num
40              print(f'当前储量: {quantity:<5} {name:<5} 消费 {num} 个产品')
41              scheduler.send_message('consumers')
42              print(f'当前储量: {quantity:<5} {name:<5} 发消息给 消费者')
43              yield
```

```
44          else:
45              scheduler.send_message('producers')
46              print(f'当前储量: {quantity:<5} {name:<5} 发消息给 生产者')
47              yield
48
49  def producer(num, name, scheduler):                      # 生产者协程
50      global quantity
51      while True:
52          yield
53          quantity += num
54          if quantity > CAPACITY:
55              quantity = CAPACITY
56          print(f'当前储量: {quantity:<5} {name:<5} 补充库存')
57          scheduler.send_message('consumers')
```

10.5.3 协程

在基于生成器的协程中，生成器函数中的 yield 关键字能够中断函数执行，跳转至主调函数。主调函数可以向生成器发送消息，并且通过这种方式跳转回生成器函数。这使得生成器具备了异步编程的能力。这种情况下，生成器所具有的这种能力已经超出了"生成器"的范畴，因而称之为基于生成器的协程。

严格来说，协程是一种特殊的函数，它在返回值之前能够暂停执行并将控制权转交至主调函数或其他协程，从而实现非抢占式多任务并发编程。

仅使用 yield 语句的生成器协程，其异步编程的特性非常有限。直到 Python 3.3 中引入了 yield from 语句，能够在协程之间转移控制权，才使得 Python 生成器成为真正的协程。不过，生成器协程的使用比较复杂，需要预激活、处理 StopIteration 异常、编写调度程序等。Python 3.4 的标准库中加入了 asyncio 模块，定义了 corountine 装饰器用于将函数变为协程，才终于使协程与生成器相分离，成为不同的数据类型。此外，还引入了事件循环机制，避免了手动实现协程调度的麻烦。Python 3.5 中引入了 async 和 await 两个关键字，分别用于替代 corountine 装饰器和 yield from 关键字。async 和 await 在 Python 3.7 中成为保留关键字，使得 Python 对协程的语法支持终于稳定下来。

Python 中，使用 async 关键字定义的函数称为协程函数，调用协程函数返回一个协程对象。关键字 await 用于使协程交出运行的控制权，相当于图 10-6 中的跳转位置。await 只能在协程函数内部使用，在交出控制权的同时等待输入输出操作（通常是另一个包含了输入输出操作的协程）结束，并获取返回结果。在一个协程中用 await 语句调用其他的协程就形成了链式协程。

例 10-12 定义了两个协程函数 coroutine 和 main。coroutine 中使用 asyncio.sleep 使当前协程对象中断运行，用于模拟输入输出操作的阻塞和出让 CPU 行为。main 中定义了三个协程对象 c1、c2 和 c3，函数 asyncio.gather 的作用是将多个协程对象构建为一个并发任务。并发任务与协程一样，也是"可等待（Awaitable）"对象[1]，可以通过 await 语

---

[1] 可等待对象是实现了特殊方法 __await__ 的类的对象，其主要作用是被 await 语句"等待"并执行。

句执行。

从运行结果的输出顺序可看出，协程 A 执行中遇到输入输出即中断执行，开始执行协程 B；协程 B 遇到输入输出后同样中断，开始执行协程 C。由于此时没有其余协程任务，因此等待输入输出结束后返回到协程 A 继续执行。协程 A 结束之后再依次完成协程 B 和协程 C。这三个协程是异步运行的，协程之间的跳转与图 10-6 完全一致。

asyncio.run 函数的作用是运行协程对象，是 Python 3.7 中加入的一种便捷的执行并发任务的方法，其实现原理是将协程对象包装为一个任务（Task）放入事件循环之中并发执行，并返回最终的运行结果。

【例 10-12】协程的定义和运行。

```python
import asyncio

async def coroutine(name):
    print(f'协程 {name} 开始运行...')
    await asyncio.sleep(1)                    # 模拟输入输出
    print(f'协程 {name} 运行结束！')
    return f'协程{name}运行结果'

async def main():
    c_A = coroutine('A')                      # 协程A
    c_B = coroutine('B')                      # 协程B
    c_C = coroutine('C')                      # 协程C
    r = await asyncio.gather(c_A, c_B, c_C)   # 创建并发任务
    return r

r = asyncio.run(main())
print(r)
```

运行结果：

```
协程 A 开始运行...
协程 B 开始运行...
协程 C 开始运行...
协程 A 运行结束！
协程 B 运行结束！
协程 C 运行结束！
['协程A运行结果', '协程B运行结果', '协程C运行结果']
```

10.5.4　Python 异步编程基础

Python 异步编程主要依赖协程及 asyncio 模块实现[①]。协程仅实现了程序运行过程中执行权限的出让与跳转机制，要实现完整的异步编程还需要实现协程对象的控制与调度、

---

① https://docs.python.org/3/library/asyncio.html

返回结果的处理等任务。asyncio 模块中定义了如下几个关键的概念或数据类型来实现异步编程：

- 事件循环[1]：是异步程序运行的核心，负责不断收集各种异步编程事件（主要是输入输出开始和完成的事件），并在一个事件发生之后分配执行权限（即异步任务的调度）。使用 asyncio.get_event_loop 方法可获取当前的事件循环对象。
- Future[2]：表示未完成的异步任务对象。待执行或中断执行的协程对象会被包装成为 Future 对象。事件循环通过 Future 对象来实现对协程异步调度。Future 对象也可以用于获取异步任务的执行结果。Future 是一种较为底层的数据结构，一般较少直接创建 Future 对象。
- Task[3]：是 Future 的子类，协程对象通常会被包装为 Task 然后放入事件循环。通常使用 asyncio.create_task 函数创建 Task 对象，并自动被事件循环调度运行。

异步编程是一种较为复杂的编程方式，Python 的异步编程 API 还在逐渐完善之中，并没有完全稳定下来。不过，总的来说可以将 Python 异步编程概括为如下几个步骤：

- 第一，定义协程函数。使用 async 和 await 关键字；
- 第二，创建协程对象并包装为并发任务。可使用 loop.create_task 方法用协程对象创建任务（Task）并在事件循环中注册，或者利用 asyncio.gether 函数将多个协程对象包装为并发任务；
- 第三，使用 asyncio.get_event_loop 函数获取事件循环对象；
- 第四，使用事件循环对象的 run_until_complete 方法运行事件循环；
- 最后，关闭事件循环。

10.5.5 利用异步编程处理网络并发

网络并发处理是异步编程最主要的应用领域，不过 socket 模块并不支持异步编程，网络套接字对象的输入输出操作（accept、send、recv 等方法）不能直接用于 await 语句之中。为了使网络套接字能够支持异步编程，asyncio 模块对其进行了包装，提供了低级和高级两种类型的网络套接字操作方式。

低级操作方式通过事件循环对象的方法对已有的套接字对象进行操作，返回一个可等待对象从而实现对异步编程的支持。需要注意的是，已有的套接字对象必须设置为非阻塞模式。事件循环对象常用的套接字操作方法包括：

- sock_connect(sock, address)：套接字对象 connect 方法的异步版本。
- sock_accept(sock)：套接字对象 accept 方法的异步版本。
- sock_recv(sock, nbytes)：套接字对象 recv 方法的异步版本。
- sock_recv_into(sock, buf)：套接字对象 recv_into 方法的异步版本。
- sock_sendall(sock, data)：套接字对象 sendall 方法的异步版本。

例 10-13 中利用事件循环的低级套接字操作方法，实现了能够处理并发连接请求的网络服务器端。

---

[1] https://docs.python.org/3/library/asyncio-eventloop.html
[2] https://docs.python.org/3/library/asyncio-future.html
[3] https://docs.python.org/3/library/asyncio-task.html

【例 10-13】利用异步编程实现并发处理（1）。

```python
1   from socket import socket, AF_INET, SOCK_STREAM
2   from socket import SOL_SOCKET, SO_REUSEPORT
3   from datetime import datetime
4   import asyncio
5
6   async def service_task(conn, addr, loop):
7       print(f'客户端{addr}连接成功，等待输入……')
8       while True:                                              # 通信循环
9           data_recv = (await loop.sock_recv(conn, 1024))       # 异步接收数据
10          data_recv = data_recv.decode('utf-8')
11          now = datetime.now().strftime("%H:%M:%S")
12          print(f'{now} 接收到来自{addr}的数据：{data_recv}')
13          send_data = f'接收到长度为 {len(data_recv)} 的数据'
14          send_data = send_data.encode('utf-8')
15          await loop.sock_sendall(conn, send_data)             # 异步发送数据
16          if not data_recv:
17              conn.close()
18              break
19      print(f'客户端{addr}连接结束！')
20
21  async def server_routine(server_socket, loop):
22      while True:
23          conn, addr = await loop.sock_accept(server_socket)   # 异步接受连接
24          loop.create_task(service_task(conn, addr, loop))
25
26  def main():
27      server_socket = socket(AF_INET, SOCK_STREAM)             # 创建套接字
28      server_socket.setsockopt(SOL_SOCKET, SO_REUSEPORT, 1)    # 端口重用
29      server_socket.bind(('127.0.0.1', 9000))                  # 绑定地址
30      server_socket.listen()
31      print('TCP服务器启动，监听之中……')
32      server_socket.setblocking(False)   # 设置为非阻塞套接字
33      loop = asyncio.get_event_loop()
34      routine = server_routine(server_socket, loop)
35      loop.run_until_complete(routine)
36      loop.close()
37
38  if __name__ == '__main__':
39      main()
```

低级套接字操作方式需要手动将客户端请求创建为任务并在事件循环中注册，还要处理可能发生的各种异常、缓冲区管理等一系列复杂的底层操作。这种方式不但容易出错，而且运行效率还比较低。

实际上，事件循环对象中允许直接创建服务器对象（asyncio.Server）。它是一个能够异步处理客户端请求的可等待对象，在接收到客户端连接请求之后，将读写操作包装为具有异步通信功能的输入流（asyncio.StreamReader）对象和输出流（asyncio.StreamWriter）对象。这就是 asyncio 模块建议使用的套接字异步编程的高级方式。在编写服务器端程序时，仅需关注与客户端之间一次连接的交互过程，利用输入流对象读入客户端发送的数据，利用输出流对象向客户端发送数据，大大降低了异步网络并发编程的难度。

例 10-14 利用高级套接字操作方法，在事件循环中创建了一个服务器用于处理客户端的并发连接请求。需要注意的是，服务器对象是一个异步上下文管理器，在 async with 语句块中运行能够确保服务器对象在离开语句块时处于关闭状态（第 25~26 行）。

【例 10-14】利用异步编程实现并发处理（2）。

```
1   import asyncio
2   from asyncio import start_server
3   from datetime import datetime
4
5   async def service_task(reader, writer):
6       addr = writer.get_extra_info('peername')
7       print(f'客户端{addr}连接成功，等待输入......')
8       while True:
9           data_recv = await reader.read(1024)      # 异步接收数据
10          data_recv = data_recv.decode('utf-8')
11          now = datetime.now().strftime("%H:%M:%S")
12          print(f'{now} 接收到来自{addr}的数据：{data_recv}')
13          send_data = f'接收到长度为 {len(data_recv)} 的数据'
14          writer.write(send_data.encode('utf-8'))
15          await writer.drain()                     # 等待缓冲区刷新
16          if data_recv == '':
17              break
18      writer.close()                               # 关闭输出流
19      print(f'客户端{addr}连接结束！')
20
21  async def main():
22      server = await start_server(service_task,    # 创建服务器对象
23                                  '127.0.0.1', 9000)
24      print(f'TCP服务器启动，监听之中......')
25      async with server:
26          await server.serve_forever()             # 运行服务器
27
28  if __name__ == '__main__':
29      asyncio.run(main())
```

10.6 套接字服务器

Python 标准库中的 socketserver 模块实现了一系列套接字服务器类，对多种套接字的通信过程进行了封装，能够非常容易地实现套接字服务器端。这些套接字服务器类中，还包括了利用多线程或多进程实现的具有并发处理能力的服务器。它们是实现并发网络编程最简单的方式之一，能够满足一般情况下的网络通信需求。

10.6.1 socketserver 模块简介

socketserver 模块中，定义了一组支持不同协议和通信方式的套接字服务器类，它们都是自 BaseServer 类派生而来，继承关系如图 10-7 所示[①]。其中，混入类 ForkingMixin 和 ThreadingMixin 分别利用多进程和多线程实现了并发处理（ForkingMixin 仅能用于 POSIX 系统之中）。

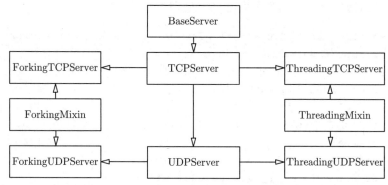

图 10-7　socketserver 模块中的套接字服务器类

套接字服务器类的实例化需要两个参数：server_address 和 RequestHandlerClass，分别表示服务器套接字的绑定地址和客户端请求处理器（Request Handler）类。服务器类常用的方法和属性包括：

- serve_forever 方法：启动套接字服务器。
- shutdown 方法：关闭套接字服务器。
- address_family 属性：套接字的协议地址簇。
- server_address 属性：套接字绑定地址。
- socket 属性：套接字对象。
- allow_reuse_address 属性：套接字对象是否允许端口重用，默认为 False。
- socket_type 属性：套接字类型（SOCK_STREAM 或 SOCK_DGRAM）。

套接字服务器利用请求处理器来处理客户端发出的连接请求。请求处理器的基类为 BaseRequestHandler，它的子类 StreamRequestHandler 和 DatagramRequestHandler 分别用于处理 TCP 请求和 UDP 请求。请求处理器的关键方法为 handle，实际应用中需要

---

① https://docs.python.org/3/library/socketserver.html

继承请求处理器类，重写 handle 方法完成与客户端的通信。在 handle 方法中可以通过如下属性获取服务器和客户端的信息：

- self.request：客户端请求的通信套接字对象（在 TCP 和 UDP 中有所差异）。
- self.client_address：客户端地址。
- self.server：套接字服务器对象。

10.6.2 利用套接字服务器处理网络并发

例 10-15 利用 ThreadingTCPServer 处理网络并发请求。首先，定义一个请求处理器类 TCPHandler，它继承自 StreamRequestHandler 并重写父类的 handle 方法用于处理客户端连接请求。然后，将其交给 ThreadingTCPServer，创建利用多线程处理 TCP 并发的套接字服务器对象。套接字服务器对象实现了上下文管理协议，在 with 语句块中使用能够确保服务器对象正常关闭。

【例 10-15】利用套接字服务器实现网络并发处理。

```python
from socketserver import ThreadingTCPServer, StreamRequestHandler
from datetime import datetime

class TCPHandler(StreamRequestHandler):                          # 请求处理器
    def handle(self):
        print(f'客户端{self.client_address}连接成功，等待输入 ... ...')
        while True:                                              # 通信循环
            data_recv = self.request.recv(1024)                  # 接收数据
            data_recv = data_recv.decode('utf-8')
            now = datetime.now().strftime("%H:%M:%S")
            print(f'{now} 接收到来自{self.client_address}的数据：{data_recv}
')
            send_data = f'接收到长度为 {len(data_recv)} 的数据'
            self.request.send(send_data.encode('utf-8'))         # 发送数据
            if not data_recv:
                break
        print(f'客户端{self.client_address}连接结束！')

if __name__ == '__main__':
    with ThreadingTCPServer(('127.0.0.1', 9000), TCPHandler) as server:
        print('TCP服务器启动，监听之中... ...')
        server.serve_forever()
```

10.7 小　　结

本章首先介绍了套接字编程的基本概念以及 Python 套接编程的模块 socket 的基本使用方法。套接字服务器端通常会面临网络客户端的并发访问问题。因此本章还以网络并发处理为例,介绍了多进程、多线程和异步编程三种并发编程方法,以及在套接字服务器中的应用。

10.8 思考与练习

1. 尝试分析 TCP 套接字和 UDP 套按字的通信过程,并解释它们之间的差异。
2. 利用套接字编程,实现一个局域网中的终端聊天工具。
3. Python 语言中实现多进程编程有哪些方法?
4. 多进程编程和多线程编程各自有什么优缺点?
5. Python 多线程编程能否充分利用多核心 CPU 的计算能力?为什么?
6. 尝试利用多线程来处理例 10-7 中的网络并发问题。
7. 尝试利用线程池来处理例 10-8 中的网络并发问题。
*8. 什么是异步编程?它在并发处理的时候与多线程或多进程有什么不同之处?
*9. 异步编程适用于处理哪种类型的任务?为什么?
*10. 进程、线程与协程有什么区别与联系?

第 11 章 Web的概念与原理

从计算机网络体系结构的角度来看，Web 编程处于应用层，主要基于 HTTP 协议实现。本章介绍 Web 编程的基础知识和底层运行原理。首先介绍 Web 的概念与基础知识，然后介绍 Web 的三项关键技术：URI、HTML 和 HTTP 协议。接下来分别从底层到高层依次介绍 Web 服务器和客户端的工作原理。

11.1 Web 概念与开发技术

11.1.1 Web 的概念

Web 是万维网（World Wide Web）的简称，是一个通过因特网（Internet）进行访问的由大量相互链接的超文本文件组成的系统。万维网是英国科学家蒂姆·伯纳斯-李（Tim Berners-Lee）于 1989 年发明，并在自己编写的浏览器上展示了第一个 Web 页面。1991 年，欧洲核子研究组织（European Organization for Nuclear Research）发布了 Web 技术标准，并于 1991 年 8 月在互联网上向公众开放。目前，Web 相关的技术标准由著名的 W3C（World Wide Web Consortium）组织来管理和维护。

Web 是一个客户机/服务器模式的分布式系统。早期客户端主要由浏览器承担，近年来随着移动应用的发展也出现了多种类型的客户端，例如手机 App 等。Web 的主要目的是利用互联网中分布式地存储在各个服务器上的相互链接的数据和信息。这些数据或信息大多以超文本标记语言（HyperText Markup Language，HTML）文档（简称超文本文档）的形式存在，利用超文本传输协议（HyperText Transfer Protocol，HTTP）在客户机和服务器之间传输。HTML 文档最重要的特征是能够利用超链接在不同页面之间跳转，或者将图片、声音、视频等不同的数据类型嵌入 HTML 文档。为了准确定位 Web 中的信息，每个 Web 资源都有唯一标识符号，即统一资源标识符（URI）。综上所述，Web 的核心技术包括：

- HTML：用于定义超文本文档的结构和格式。

- URI：用于唯一地定位 Web 中的每个资源，包括文档、图片、视频、声音等。
- HTTP：规定了客户端和服务器之间的交互和通信标准。

Web 的工作原理以及这几项核心技术在 Web 中的作用如图 11-1所示。

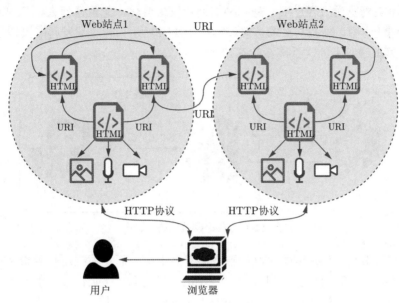

图 11-1　Web 的工作原理

早期 Web 主要用途是通过 HTML 页面来展示信息。数据的流动是单向的，绝大多数用户只是 Web 内容的接受者，Web 页面也大都是静态网页。2004 年以后，人们对 Web 的使用逐渐趋于交互化、社交化，所有用户都参与到了 Web 内容的生产过程中。信息或数据的流动不再是单向的，而是通过 Web 应用实现了用户之间的信息交互与协作。于是，就产生了以互动、分享等为核心的 Web 2.0 的概念。典型的 Web 2.0 应用包括博客、微博客、短视频、百科站点、社交网络、即时通信等。Web 2.0 使得 Web 业务的数量呈指数增长的同时，还颠覆了传统的信息传播渠道、深刻地改变了人们的生活方式、释放出了巨大的商业价值。

Web 2.0 本质上并没有引入革命性的技术，其核心依旧是 HTML、URI 和 HTTP 协议。Web 系统主要还是在已有 Web 服务器的基础之上构建，不过服务器端应用程序起着更为核心的作用。Web 页面不再是静态的，而是基于用户数据和业务逻辑动态生成的，它们从 Web 的核心内容转变成仅仅作为用户界面存在。因此，Web 应用通常要求强大的数据库系统和业务逻辑系统的支持，与传统软件的应用服务器越来越相似。当前，越来越多的信息系统以 Web 应用的形式存在，基于 Web 的应用已经成为使用最为广泛的计算机软件。

网络技术的发展促使人们思考下一代 Web 技术的形态，于是 Web 3.0 的概念被提出。不过，Web 3.0 的内涵及核心特征还是一个有待统一的话题，讨论较多的特征包括超高的带宽、人工智能技术的应用、云计算、语义网技术、虚拟现实/增强现实技术等。

11.1.2　Web 页面的访问过程

HTML 文档也称为网页，根据存储与组织方式的差异，可分为静态网页和动态网页。静态网页以 HTML 文件的形式保存在 Web 服务器的磁盘之上，当客户端请求时服务器应用程序直接将文档发送给客户端。静态网页不会发生变化，无论任何人、任何时候访问得到的都是相同的内容。静态网页的访问过程如图 11-2 所示，客户端发起网页请求，Web 服务器[①]直接读取磁盘上的文件响应给客户端。

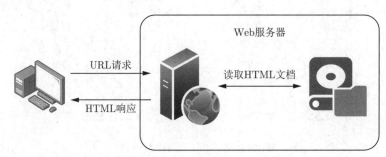

图 11-2　静态网页的访问过程

与静态网页不同，动态网页不是存储在磁盘之上的，而是根据用户身份和访问时的环境动态生成的合法 HTML 文档。不同用户、不同时机对同一个页面发出的请求可能得到不同的响应文档。生成动态网页的数据可能来自静态 HTML 片段，或者根据数据库查询结果生成。当前，万维网上绝大多数都是动态网页。动态网页的访问过程如图 11-3 所示，Web 服务器接收到客户端的请求之后转发给应用服务器，应用服务器根据数据库查询结果动态生成 HTML 文档，并由 Web 服务器做出响应。

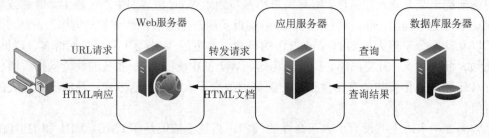

图 11-3　动态网页的访问过程

11.1.3　Web 开发技术栈

完整的 Web 应用程序开发涉及大量的技术，按照从客户端到服务器端的顺序依次可分为前端开发技术、Web 服务器技术、服务器端（后端）开发技术、数据存储技术，以及运行环境等。Web 开发的技术栈如图 11-4 所示。

前端开发所涉及的技术主要用于开发 HTML、JavaScript、CSS 等运行于客户端浏览器的程序，以及移动终端中的客户端应用程序。Web 服务器技术是指 Web 服务器应用程

[①] Web 服务器包括 Web 服务器应用程序及其运行的计算机，在不引起歧义的情况下，本书中将 Web 服务器应用程序简称为 Web 服务器。

序,主要负责客户端的并发请求,与具体应用开发技术无关,常用的 Web 服务器有 Apache、IIS、Nginx 等。服务器端（后端）开发技术是指应用服务器及应用程序的开发技术,主要负责 Web 应用程序的业务逻辑,依赖具体的开发语言。常用的服务器端开发技术有 JSP、ASP.net、Python、Nodejs、PHP 等。数据存储技术包括数据库及搜索技术、缓存技术等。最底层是应用服务器或 Web 服务器的运行环境,包括不同的计算机操作系统以及虚拟计算技术、云计算技术等。

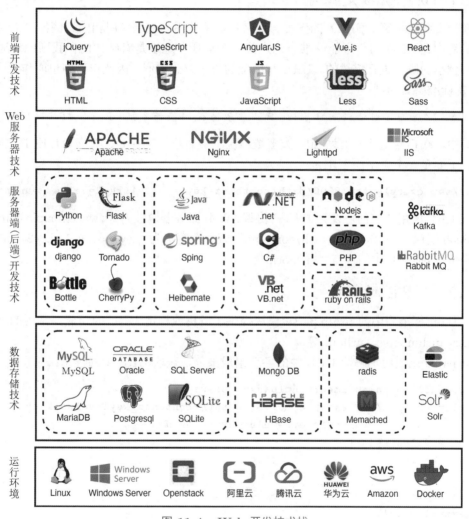

图 11-4　Web 开发技术栈

11.2　统一资源标识符

统一资源标识符（Uniform Resource Identifie）简称为 URI,用来唯一地标识一个资源。URI 并不要求所标识的资源是 Web 资源。与 URI 相关的另外两个概念是统一资源定位符（Uniform Resource Locator,URL）和统一资源名称（Uniform Resource Name,URN）。可以认为 URI 更加抽象,其实现方式主要有 URL 和 URN 两种。URI 是一种相对正式的称呼,在各种正式规范或文件中使用较多。URL 在日常中使用较多,用于定位网络上的各种资源。其主要表现形式为"网址"或"链接地址"。URN 更加强调"名称",利用命名空间来确保 URN 的全局唯一性,其形式为 urn:<NID>:<NSS>。其中 NID 是命名空间的标识,NSS 是命名空间中的唯一字符串。例如 urn:isbn:0451450523 是一个 URN,表示一本书的编号。

11.2.1 统一资源定位符

统一资源定位符(URL)的作用与日常生活中使用的地址作用相同。例如"上海市徐汇区淮海中路 1555 号"① 能够唯一地定位一个场所。地址是有结构的,我国地址通常是按从大到小的顺序进行描述的。URL 与地址的表示方式类似,因此口语中也叫作"网址"。URL 的标准格式为:

协议类型://服务器地址:[端口号]/[资源层级路径][文件名]?[查询]#[片段ID]

其中,端口号默认取值为 80,大多数情况下被省略;文件名、查询、片段 ID 都是可选项。下面是一个典型的 URL:

http://www.exmaple.com:8000/path/contents?key1=value1&key2=value2 #anchorid

该 URL 所用的访问协议为 HTTP 协议;Web 服务器地址为"www.exmaple.com",使用了 8000 端口;资源路径为"path/contents";查询字符串为"key1=value1&key2=value2";最终定位在 Web 页中的锚点"anchorid"。

11.2.2 URL 的解析

Python 标准库中的 urllib.parse 模块提供了解析或构造 URL 的功能,常用的函数有 urlparse、urlunparse、urljoin 等。

urlparse 函数用于解析 URL 中的各个组成部分,获取 URL 中的信息:

```
>>> from urllib.parse import urlparse, parse_qs
>>> url = 'http://www.exmaple.com:8000/path/contents?key1=value1&key2=
              value21&key2=value22#anchorid'
>>> rst = urlparse(url)
>>> rst.scheme               # 协议
'http'
>>> rst.hostname             # 服务器地址
'www.exmaple.com'
>>> rst.port                 # 端口
8000
>>> rst.netloc
'www.exmaple.com:8000'
>>> rst.parame               # 查询参数名称
rst.params     rst.password    rst.path
>>> rst.path                 # 资源路径
```

---

① 上海图书馆的地址。

```
'/path/contents'
>>> rst.query                    # 查询字符串
'key1=value1&key2=value2&key2=value22'
>>> rst.fragment
'anchorid'
>>> parse_qs(rst.query)          # 解析查询字符串
{'key1': ['value1'], 'key2': ['value21', 'value22']}
```

urlunparse 函数的功能与 urlparse 相反，是将各个 URL 组成部分组装为一个合法的 URL：

```
>>> from urllib.parse import urlunparse
>>> tuple(rst)
('http', 'www.exmaple.com:8000', '/path/contents', '', 'key1=value1&key2=
           value21&key2=value22', 'anchorid')
>>> urlunparse(tuple(rst))
'http://www.exmaple.com:8000/path/contents?key1=value1&key2=value21&key2=
           value22#anchorid'
```

urljoin 函数的作用是将原 URL 中的服务器根路径与一个新的路径合并，成为一个新的 URL。需要注意的是，新的路径是否以"/"开头会得到不同的结果：

```
>>> from urllib.parse import urljoin
>>> urljoin(url, '/path1/contents1')      # 新路径以"/"开头
'http://www.exmaple.com:8000/path1/contents1'
>>> urljoin(url, 'path1/contents1')       # 新路径不以"/"开头
'http://www.exmaple.com:8000/path/path1/contents1'
```

11.3 超文本标记语言

本节简要介绍超文本标记语言[1] 以及对 HTML 文档内容的显示样式和动态变化进行控制的技术：层叠样式表（Cascading Style Sheets，CSS）[2]和 JavaScript[3]。这三种技术是所谓"前端开发"的基础知识，本节为了内容完整性起见，主要以示例的形式做简要的介绍，更详细内容参见官方标准或针对性的教程。

11.3.1 HTML 文档的结构

HTML 是一种用于对网页内容进行组织的简单的标记语言，它是 XML（可扩展标记语言）的一个子集，由一组具有不同约定功能的标签组成。每个标签都有一组可用的形如"属性名 = 值"的属性信息。大多数 HTML 标签由一对用尖括号包围起来的"开标签"和"闭标签"构成，通过层层嵌套的方式控制网页所包含或显示的内容。常用的标签及功能如表 11-1 所示。

---

[1] https://html.spec.whatwg.org/multipage/
[2] https://www.w3.org/Style/CSS/
[3] https://www.ecma-international.org/

表 11-1　常用的 HTML 标签

标签	功能	常用子标签	标签	功能	常用子标签
html	HTML文档的最外层标签	head, body	ol	有序列表	li
head	HTML文档的头部	title, link, script, style, meta	li	列表元素	a, span
body	HTML文档的主体	head 之外的大多数标签	a	超链接	——
title	HTML文档的标题	无	img	图片	——
talbe	表格	tr, td	br	换行	——
tr	表格的一行	td	h1-h6	六个级别的标题	a, span
td	表格的一个单元格	大多数能放入body的标签	link	用于链接外部样式表	——
form	表单	input、select 等输入控件, table, div	style	内部样式表	——
textarea	文本域	——	script	JavaScript 脚本	——
div	块元素,用于组织文档内容	大多数能放入body的标签	audio	音频内容	——
span	行内块元素	a	video	视频内容	——
ul	无序列表	li	canvas	图形容器	——

例 11-1所示的是一个简单的 HTML 文档,在浏览器中显示的效果如图 11-5所示。

【例 11-1】HTML 文档示例。

```
1  <!DOCTYPE html>
2  <html>
3  <head>
4    <meta charset="UTF-8">
5    <title>Python编程</title>
6  </head>
7  <body>
8    <div class="continer">
9      <div class="box">
10       <h1>课后作业提交</h1>
11       <form action="/" method="post" accept-charset="utf-8">
12         <div>
13           <span>学号: </span>
14           <input type="text" name="usertag"/>
15           <span></span>
16           <span>密码: </span><input type="password" name="password"/>
17         </div><br>
18         <div>
19           <textarea name="code" id="codebox"
20             rows="10" wrap="off">代码拷到这里! </textarea>
```

```
21        </div><br>
22        <div><input type="submit" value="提交代码"/></div>
23      </form>
24    </div>
25    <div><span id="info"/></div>
26  </div>
27 </body>
28 </html>
```

图 11-5　简单 HTML 页面效果

11.3.2　HTML 文档的修饰与控制

HTML 主要用于控制 Web 页面所要展现的内容，它对内容的显示样式控制力较弱。HTML 文档的样式控制由层叠样式表（CSS）来承担。

CSS 是一种用于修饰 HTML 外观的编程语言，它依赖不同类型的选择器对单个元素或者一组元素的位置和显示样式进行像素级的精确控制，从而将样式显示功能从 HTML 中剥离出来，在大大降低 HTML 文档复杂性的同时提高了可维护性。更重要的是，内容与样式的分离使得它们分别能够独立地进行开发，使 Web 的前后端开发人员能够有效地合作。

CSS 样式既可以直接通过标签元素的 style 属性进行设置，也可以放入 style 标签之中，利用选择器控制 HTML 元素的样式。更常见的方式是将 CSS 代码作为独立的文件，使用 link 标签链接入 HTML 文档。

例 11-2 所示的 HTML 文档中，将例 11-1 的代码中加入了 CSS 进行样式控制（使用了 style 代码块以及元素的 style 属性），显示效果如图 11-6(a) 所示。

【例 11-2】HTML 文档的样式控制。

```
1  <!DOCTYPE html>
2  <html>
3  <head>
4    <meta charset="UTF-8">
5    <title>Python 编程</title>
6    <style>
```

```
7      .continer {
8        margin: 0 auto;
9        width: 80%;
10     }
11     .box {
12       margin: 0 auto;
13       width: 100%;
14       text-align: center;
15     }
16    </style>
17  </head>
18  <body>
19    <div class="continer">
20      <div class="box">
21        <h1>课后作业提交</h1>
22        <form action="/" method="post" accept-charset="utf-8">
23          <div>
24            <span>学号: </span>
25            <input type="text" name="usertag" style="width: 20%;"/>
26            <span style="width: 5%; display:inline-block"></span>
27            <span>密码: </span>
28            <input type="password" name="password" style="width: 20%;"/>
29          </div><br>
30          <div>
31            <textarea name="code" id="codebox"
32              style="width:100%;overflow-y:scroll;overflow:scroll;"
33              rows="10" wrap="off">代码拷到这里!</textarea>
34          </div><br>
35          <div style="margin: 0 auto; text-align: center;">
36            <input type="submit" value="提交代码"
37              style="width:100px; line-height:99px;display:inline-block"/>
38          </div>
39        </form>
40      </div>
41      <div><span id="info"/></div>
42    </div>
43  </body>
44  </html>
```

  HTML 的动态控制是指页面在浏览器中渲染显示时动态地添加元素、删除元素、修改属性和样式等, 通过 JavaScript 脚本实现。JavaScript 的标准名称是 ECMAScript, 是嵌入在 HTML 文档之中在终端浏览器中执行的一种动态类型的脚本语言, 最初由网景通讯公司 (Netscape) 提交给欧洲计算机制造商协会。它虽然名称中包含 "Java", 但是除了部分语法同样参考自 C/C++ 之外, 与 Java 语言没有任何关系。

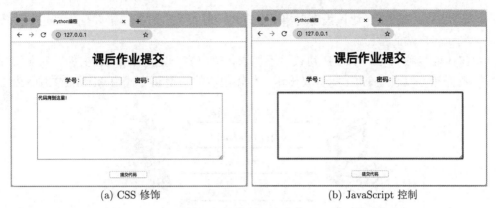

(a) CSS 修饰　　　　　　　　　(b) JavaScript 控制

图 11-6　样式和行为控制后的 HTML 页面效果

浏览器在接收到 HTML 文档之后，将其解析为文档对象模型（Document Object Model，DOM），并将自身的 API 暴露为浏览器对象模型（Browser Object Model，BOM）。JavaScript 能够通过 DOM 和 BOM 对 HTML 文档及浏览器进行控制。

图 11-6（a）的文本框中包含了一行提示信息"代码拷到这里！"，该信息应当在用户点击输入框后消失，如图 11-6（b）所示。这种效果利用 JavaScript 很容易实现。首先，在文档的头部（head 标签中）增加如例 11-3 所示的脚本代码块。然后，为 HTML 文档中的文本域标签 textarea 增加属性 onclick="clear_code(this.id)" 即可实现。

【例 11-3】JavaScript 代码块。

```
1  <script type="text/javascript">
2      function clear_code(id){
3          if(document.getElementById(id).value == "代码拷到这里！"){
4              document.getElementById(id).value = "";
5          }
6      }
7  </script>
```

11.4　超文本传输协议

超文本传输协议（HTTP）[①]是 Web 服务器与客户端之间传输 HTML 文档的协议。它规定了 Web 的基本运作过程及客户端和 Web 服务器之间的通信细节。HTTP 协议处于 OSI/ISO 参考模型或 TCP/IP 参考模型的应用层，通常基于 TCP 协议实现。客户端与 Web 服务器之间的一次交互包括客户端向服务器发出的请求（Request）以及服务器对客户端请求所做出的响应（Response）两部分，该过程如图 11-7 所示。

HTTP 协议有如下三个重要特点：

- 无连接性：为了节省传输时间降低网络开销，每个 TCP 连接通常只处理一次请求/响应过程，客户端接收到服务器的响应后 TCP 连接就被断开。

---

① https://www.w3.org/Protocols/

- 无状态性：HTTP 协议没有对事务处理的记忆能力，服务器需要使用其他的手段来判断客户端的身份。
- 媒体内容独立性：HTTP 协议并不要求传输内容一定是 HTML 文档，实际上任何数据都可以通过 HTTP 协议传输，传输内容的类型和格式由 MIME 类型来指定。

图 11-7　HTTP 请求和响应

11.4.1　HTTP 请求

1. HTTP 请求的格式

HTTP 请求由三部分组成：
- 请求行：包括请求方法、URL 及 HTTP 协议版本。
- 请求头：包括多个 "key:value" 对组成的请求描述信息。
- 请求内容：请求的正文内容。

HTTP 请求的格式如图 11-8 所示，各部分之间及请求头各行之间使用 CRLF（Carriage Return Linefeed）的换行形式分隔（由回车符和换行符组成，即 "\r \n"）。在请求行中，请求方法、URL 和协议版本之间使用空格分隔。请求头与请求正文之间使用一个空行隔开。

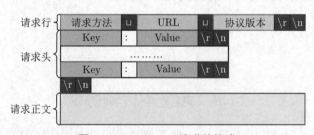

图 11-8　HTTP 请求的格式

2. 请求方法

HTTP 请求中的请求方法共有 9 种，如表 11-2 所示。其中，最常使用的是 GET 方法和 POST 方法，其他方法都仅在特定场景下使用或者需要浏览器和 Web 服务器提供支持才能使用。

3. HTTP 协议版本

HTTP 协议主要的版本包括 HTTP 1.0、HTTP 1.1 和 HTTP 2.0。当前主要使用的是 HTTP 1.1 版本。

表 11-2　HTTP 的请求方法

请求方法	描述
GET	请求服务器中的资源，请求的查询参数包含在 URL 之中
HEAD	类似于 GET 请求，只不过返回的响应中没有具体的内容，用于获取请求头中的信息，通常不单独使用
POST	向指定 URL 提交数据（例如提交表单或者上传文件），数据包含在请求正文之中。POST 请求往往意味着资源的创建或修改
PUT	从客户端向服务器指定位置上传或更新数据
DELETE	请求服务器删除指定的资源
PATCH	是对 PUT 方法的补充，用来对已知资源进行局部更新
CONNECT	将服务器作为代理来访问其他 Web 资源
OPTIONS	查看服务器的性能
TRACE	回溯服务器收到的请求，主要用于测试或诊断

- HTTP 1.0：支持 GET、POST 和 HEAD 三种方法；传输内容不仅限于 HTML 文档，可以利用 Content-Type 支持多种格式；支持浏览器缓存。
- HTTP 1.1：引入了持久连接（persistent connection），即一次 TCP 连接可以被多个 HTTP 请求重复使用；新增了多种请求方法。
- HTTP 2.0：增加了双工模式，即客户端同时发出多个请求的同时，服务器端也可以同时处理多个请求；增加了服务器推送功能。

4．HTTP 请求头

HTTP 请求头中包含着客户端和服务器之间交互的附加信息，例如请求正文的长度、编码方式等。常用的 HTTP 请求头如表 11-3 所示。

表 11-3　常用的 HTTP 请求头

请求头	描述	示例
Accept	客户端能够接收的内容类型	Accept: text/plain, text/html
Accept-Charset	客户端能接收的字符编码集	Accept-Charset: utf-8
Accept-Encoding	客户端支持的内容压缩格式	Accept-Encoding: compress, gzip
Accept-Language	客户端能接收的语言	Accept-Language: en,zh
Cache-Control	请求和响应的缓存机制	Cache-Control: no-cache
Connection	是否允许持久连接	Connection: close
Cookie	cookie 信息	Cookie: user=name; type=vip
Content-Length	请求正文的长度	Content-Length: 520
Date	请求发送的日期和时间	Date: Tue, 2 JUN 2020 12:15:36 GMT
Host	指定服务器的域名和端口	Host: www.baidu.com
Referer	前一次请求的 URL	Referer: http://www.test.com
User-Agent	关于客户端的信息	User-Agent: Mozilla/5.0 (...)

5．请求正文

GET 请求的信息包含在 URL 之中，因此没有请求正文；POST 请求的信息则包含在正文之中。

6. HTTP 请求示例

下面是一个 POST 请求的示例：

```
POST / HTTP/1.1
Host: 47.100.5.6:9000
Accept: text/html,application/xhtml+xml,application/xml
Cookie: type=vip;
User-Agent: Mozilla/5.0 (Macintosh; Intel Mac OS X 10_15_4)
Accept-Language: zh-cn
Accept-Encoding: gzip, deflate
Connection: keep-alive
Content-Length: 50

username=admin&password=123456&email=test@test.com
```

11.4.2 HTTP 响应

HTTP 响应也由三部分组成，其格式与 HTTP 请求相似：
- 状态行：包括协议版本、状态码和状态描述。
- 响应头：包括多个 "key:value" 对组成的响应描述信息。
- 响应正文：响应的正文内容。

HTTP 响应的各部分之间同样使用 CRLF 换行形式（"\r\n"）分隔，响应头与响应之间保留一个空行，如图 11-9 所示。

图 11-9　HTTP 响应的格式

1. 响应状态码

HTTP 响应状态码表示服务器端是否成功做出响应，或者响应错误的代码，是以 1、2、3、4 或 5 开头的三位整数：
- 1XX：提示信息，表示服务器收到请求，需要客户端继续执行操作。
- 2XX：响应成功，请求被成功接收并处理。
- 3XX：重定向。
- 4XX：客户端错误，请求包含错误或无法完成请求。
- 5XX：服务器错误。

常见的状态码及对应的状态描述如表 11-4 所示。

表 11-4 常见 HTTP 响应状态码与状态描述

状态码	状态描述	含义
200	OK	响应成功
400	Bad Request	HTTP 请求格式不正确
404	Not Found	文件不存在
405	Method Not Allowed	服务器不支持请求方法
500	Internal Server Error	服务器内部错误

2. HTTP 响应头

HTTP 响应头的作用与请求头类似，通常会包含更加丰富的信息。常用的响应头如表 11-5 所示。

表 11-5 常用的 HTTP 响应头

响应头	描述	示例
Allow	服务器允许的方法	Allow: GET, POST, HEAD
Content-Encoding	响应正文压缩格式	Content-Encoding: gzip
Content-Language	响应正文的语言	Content-Language: en,zh
Content-Length	响应正文长度	Content-Length: 263
Content-Type	响应正文 MIME 类型	Content-Type: text/html; charset=utf-8
Date	响应时间	Date: Tue, 2 JUN 2020 12:15:36 GMT
Expires	过期不再缓存的时间	Expires: WED, 3 JUN 2020 12:15:36 GMT
Last-Modified	资源最后修改时间	Last-Modified: Tue, 2 JUN 2020 12:15:36 GMT
Location	重定向的 URL	Location: https://www.baidu.com
Server	Web 服务器名称	Server: Apache/1.3.27 (Red-Hat/Linux)
Set-Cookie	设置 cookie	Set-Cookie: UserID=admin; Max-Age=3600

3. MIME 协议

HTTP 请求和响应的正文部分可以是任意格式的数据。为了确保客户端和服务器能够相互理解传输的内容，HTTP 协议中使用了多用途互联网邮件扩展（Multipurpose Internet Mail Extension，MIME）协议来对数据格式做出规定。MIME 协议不是一个独立的协议，它可以用于各种应用层协议之上以规范网络传输数据的格式。它与 SMTP 协议相结合，使得 E-mail 能够发送各种格式的文件，在 HTTP 协议中起着类似的作用。

HTTP 请求和响应正文的 MIME 类型用请求头或响应头的 Content-Type 来指定。常见的请求正文文件格式与 MIME 类型的对应关系如表 11-6 所示。

表 11-6 常用的 MIME 类型

请求正文格式	MIME 类型	请求正文格式	MIME 类型
html, htm, c, txt	text/html	avi	video/x-msvideo
css	text/css	mp3	audio/mpeg
js	application/x-javascript	mpeg	video/mpeg
txt, c	text/plain	pdf	application/pdf
bmp	image/bmp	zip	application/zip
gif	image/gif	gz	application/x-gzip
jpeg, jpg	image/jpeg	tar	application/x-tar

4. HTTP 响应示例

```
HTTP/1.1 200 OK
Content-Length: 2994
Content-Type: text/html; charset=utf-8
Date: Tue, 02 Jun 2020 03:31:21 GMT
Server: waitress
Set-Cookie: Expires=Fri, 03-Jul-2020 03:31:21 GMT; HttpOnly

<!DOCTYPE html>
<html>
<head>
    ...
</head>
<body>
    ...
</body>
</html>
```

11.4.3 HTTP 协议解析

根据 HTTP 协议的请求和响应格式，很容易实现对协议内容的解析。例 11-4 给出了一个简单的 HTTP 协议解析工具。在传输数据量较大的情况下，套接字服务器端和客户端需要通过一个通信循环中的多次信息交互才能完成信息传输，因此需要将接收到的数据放入缓冲区，直到协议头部接收完成（第 27 行）后再进行解析。最后，根据 HTTP 协议的类型及头部的 Content-Length 值判断数据传输是否完成（第 89 行）。

需要特别注意的是，协议头部 Content-Length 是指二进制编码后的数据的长度，而不是原始字符串的长度。

【例 11-4】HTTP 协议解析。

```python
1   # 文件 httplib.py
2   from urllib.parse import parse_qs
3
4   class Parser:
5       def __init__(self, content=b''):
6           self.reset()
7           self.append(content)
8
9       def reset(self):                              # 初始化/重置解析器
10          self.__dict__ = {}
11          self._buff = b''                          # 缓冲区
12          self.top = b''                            # 首行内容
13          self.head = b''                           # 头部内容
14          self.body = b''                           # 正文内容
```

```python
15          self._head_ok = False                       # 头部是否接收完毕
16          self.head_dict = dict()                     # 头部信息字典
17
18     def content(self):                               # 获取全部协议数据
19         return b''.join([self.top, b'\r\n', self.head,
20                          b'\r\n'*2, self.body]).decode('utf-8')
21
22     def append(self, recved):                        # 添加新的数据
23         if self._head_ok:
24             self.body = b''.join([self.body, recved])
25         else:
26             self._buff = b''.join([self._buff, recved])
27             if b'\r\n\r\n' in recved:
28                 top_head, self.body = self._buff.split(b'\r\n\r\n', 1)
29                 self.top, self.head = top_head.split(b'\r\n', 1)
30                 self._head_ok = True
31                 self._buff = b''
32                 self._parse_top()
33                 self._parse_head()
34
35     def _parse_top(self):                             # 解析协议首行
36         items = self.top.decode('utf-8').split(' ')
37         if items[0].startswith('HTTP'):               # 响应
38             self.type = 'RESPONSE'
39             self.version = items[0]                   # 协议版本
40             self.resp_status = items[1]               # 响应状态码
41             self.resp_desc = items[2]                 # 响应状态描述
42         else:
43             self.type = 'REQUEST'
44             self.req_method = items[0]                # 请求方法
45             self.req_url = items[1]                   # 请求URL
46             self.query_string = ''
47             if '?' in self.req_url:
48                 self.req_url, self.query_string = self.req_url.split('?')
49             self.version = items[2]                   # 协议版本
50
51     def _parse_head(self):                            # 解析头部
52         items = self.head.decode('utf-8').split('\r\n')
53         for item in items:
54             key, value = self._cut_kv(item, ':')
55             if key == '':
56                 continue
57             self.head_dict[key.strip().lower()] = value.strip()
58         if 'Cookie' in self.head_dict:                # 解析cookie
59             cookies = dict()
```

```python
60              for cookie in self.head_dict['Cookie'].split(';'):
61                  key, value = self._cut_kv(cookie, '=')
62                  if key == '':
63                      continue
64                  cookies[key.strip()] = value.strip()
65              self.head_dict['Cookie'] = cookies
66
67      def _cut_kv(self, item, sym):
68          if sym in item:
69              key, value = item.split(sym, 1)
70          else:
71              key, value = item, True
72          return key.strip(), value
73
74      def cookie(self, key):                          # 获取cookie
75          cookies = self.head_dict.get('Cookie', False)
76          if not cookies:
77              return False
78          return cookies.get(key, False)
79
80      def __getattr__(self, key):                     # 获取头部数据
81          key = key.lower().replace('_', '-')
82          return self.head_dict.get(key, False)
83
84      def is_ok(self):                                # 数据接收是否完成
85          if not self._head_ok:
86              return False
87          if self.type == 'REQUEST' and self.req_method == 'GET':
88              return True
89          if len(self.body) >= int(self.content_length):
90              return True
91          return False
92
93      def req_params(self):                           # 解析请求参数
94          if self.type == 'RESPONSE':
95              return None
96          if self.req_method == 'GET':
97              return parse_qs(self.query_string)
98          elif self.req_method == 'POST':
99              return parse_qs(self.body.decode('utf-8'))
100         return None
```

11.5　Web 服务器的工作原理

本节介绍 Web 服务器端程序的运行原理和编程基础。首先，利用套接字实现一个能够处理 HTTP 请求的简易服务器端程序，从而对 Web 的底层运行过程有较为具体的认识。接下来，利用 Python 标准库中提供的工具实现一个简单的 Web 服务器。

11.5.1　基于套接字的 Web 服务器端

第 10 章详细介绍了网络套接字编程及并发处理方法，本章前面的内容介绍了 URL、HTML、HTTP 等 Web 关键技术。在此基础之上要实现一个 Web 应用程序已经是水到渠成的事情了。Web 应用程序由客户端和服务器端组成，它们之间通过套接字建立 TCP 连接，只要传输的数据遵循 HTTP 协议即可。

在实现基于套接字的 Web 服务器端之前，需要做两个准备工作。首先，将例 11-2 和例 11-3 所示的代码保存为名为 "index.html" 的 HTML 文档。然后，将例 11-4 的 HTTP 协议解析程序保存至同一文件夹，命名为 "httplib.py"。

接下来即可实现一个 Web 服务器应用程序，如例 11-5 所示。它是例 10-15 中的套接字服务器的改进。首先，利用套接字的通信循环接收客户端数据，使用例 11-4 的协议解析器对接收到的数据进行解析，判断通信循环是否结束。接下来，根据 HTTP 解析结果，分别利用 do_GET 方法和 do_POST 方法构造 GET 请求和 POST 请求的 HTTP 响应内容。

启动服务器之后，打开浏览器访问地址 http://127.0.0.1:9000 可显示如图 11-6 所示的网页。在输入框中输入信息并提交，服务器会在响应页面中显示提交的信息。其中，在浏览器中通过 URL 地址对 Web 服务器发出的是 GET 请求，在页面表单中提交所发出的是 POST 请求。

实际上，第 10 章中的所有套接字服务器示例都可以用同样的方法改进成为 Web 服务器，建议读者进行尝试。

【例 11-5】基于套接字的 Web 服务器。

```
1  from socketserver import ThreadingTCPServer, StreamRequestHandler
2  from httplib import Parser
3
4  class TCPHandler(StreamRequestHandler):
5      def __init__(self, *args, **kwargs):
6          self.parser = Parser()
7          super().__init__(*args, **kwargs)
8
9      def handle(self):
10         while True:                                    # 通信循环
11             data_recv = self.request.recv(1024)        # 接收数据
12             self.parser.append(data_recv)
13             if self.parser.is_ok():
```

```python
14               break
15           print(f'{self.client_address} {self.parser.req_method} 请求')
16           if self.parser.req_method == 'GET':
17               send_data = self.do_GET()              # 处理GET请求
18           elif self.parser.req_method == 'POST':
19               send_data = self.do_POST()             # 处理POST请求
20           else:
21               send_data = self.do_error()            # 处理错误
22           self.request.sendall(send_data)            # 发送数据
23           self.request.close()
24
25       def do_GET(self):                              # 处理GET请求
26           html = self.load_file()
27           if html is None:
28               return self.do_error()
29           else:
30               body = html.encode('utf8')
31               head = self.make_head('200', len(body))
32               return head + body
33
34       def do_POST(self):                             # 处理POST请求
35           html = self.load_file()
36           if html is None:
37               return self.do_error()
38           else:
39               info = f'你的请求参数是：{self.parser.req_params()}'
40               html = html.replace('<span id="info"/>', info)
41               body = html.encode('utf8')
42               head = self.make_head('200', len(body))
43               return head + body
44
45       def make_head(self, code, content_len):        # 生成响应头
46           head = b''
47           if code == '200':
48               head += b'HTTP/1.1 200 OK\r\n'
49           elif code == '404':
50               head += b'HTTP/1.1 404 Not Found\r\n'
51           head += f'Content-Length: {content_len}\r\n'.encode('utf-8')
52           head += b'Content-Type: text/html; charset=utf-8\r\n\r\n'
53           return head
54
55       def load_file(self):                           # 加载文件
56           try:
57               req_url = self.parser.req_url
58               path = '/index.html' if req_url == '/' else req_url
```

```
59              with open(f'.{path}') as f:
60                  return f.read()
61          except Exception:
62              return None
63
64      def do_error(self):                              # 处理错误请求
65          return self.make_head('404', 18) + '404页面不存在'.encode('utf-8')
66
67  if __name__ == '__main__':
68      addr = ('127.0.0.1', 9000)
69      with ThreadingTCPServer(addr, TCPHandler) as server:
70          server.allow_reuse_address = True
71          print(f'HTTP服务器启动: http://{addr[0]}:{addr[1]}')
72          server.serve_forever()
```

11.5.2 简单 Web 服务器

Python 标准库中的 http.server 模块定义了 Web 服务器的 2 种实现类 HTTPServer 和 ThreadingTCPServer。其中，HTTPServer 是 socketserver 模块中 TCPServer 的派生类，加入了对 HTTP 协议的支持。ThreadingTCPServer 则进一步利用多线程的方法实现具有并发处理能力的 Web 服务器。

这两个服务器类的使用方法与 socketserver 模块中的套接字服务器相似，需要继承一个 HTTP 请求处理器类。不同的是，这里需要重写的是请求处理器类的 do_GET 方法与 do_POST 方法，其实现原理与例 11-5 给出的基于套接字的 Web 服务器一致。这两个类实现了 HTTP 协议的解析功能，构建 Web 服务器更加便捷。不过，它们只有基本的安全检查，在运行效率上也没有太多优化，因而只能用于开发之中作为测试服务器使用，不能用于生产环境之中。

例 11-6 实现了一个基于 ThreadingTCPServer 的 Web 服务器，它具有和例 11-5 完全相同的功能。

【例 11-6】简单 Web 服务器。

```
1   from http.server import BaseHTTPRequestHandler, ThreadingHTTPServer
2   from urllib.parse import parse_qs
3
4   class RequestHandler(BaseHTTPRequestHandler):
5       def do_GET(self):                                # 响应GET请求
6           html = self.load_file()
7           if html is not None:
8               self.make_response(html.encode('utf-8'))
9           else:
10              self.send_error(404, f'Page not found!')
11
12      def do_POST(self):                               # 响应POST请求
```

```python
13            html = self.load_file()
14            if html is not None:
15                query = self.rfile.read(int(self.headers['content-length']))
16                params = parse_qs(query.decode("utf-8"))
17                html = html.replace('<span id="info"/>', str(params))
18                self.make_response(html.encode('utf-8'))
19            else:
20                self.send_error(404, f'Page not found!')
21
22        def load_file(self):                                    # 加载文件
23            try:
24                path = '/index.html' if self.path == '/' else self.path
25                with open(f'.{path}') as f:
26                    return f.read()
27            except Exception:
28                return None
29
30        def make_response(self, body):                          # 构造HTTP响应
31            self.send_response(200)
32            self.send_header('Content-type', 'text/html')
33            self.send_header('Content-Length', len(body))
34            self.end_headers()
35            self.wfile.write(body)
36
37    if __name__ == '__main__':
38        addr = ('127.0.0.1', 9000)
39        with ThreadingHTTPServer(addr, RequestHandler) as server:
40            server.allow_reuse_address = True
41            print(f'服务器启动：http://{addr[0]}:{addr[1]}')
42            server.serve_forever()
```

在例 11-5 和例 11-6 中，服务器每次响应客户端请求都要重新读取文件 index.html。频繁读取文件对服务器的运行效率影响很大。实际应用中，应当在服务器启动时预先加载所有的 HTML 文档，以避免频繁访问磁盘对程序性能造成的影响。

11.6 Web 客户端的工作原理

Web 应用最重要、最常见的客户端是浏览器，它除了 HTML、CSS 和 JavaScript 代码的解析、渲染、运行等工作之外，还需要向服务器端发出 HTTP 请求并获取响应数据。本节从套接字层面开始，依次从底层到高层介绍几种 Web 客户端工具，从而对浏览器等客户端在网络层面的工作原理具有基本的认识[1]。

---

[1] 运行本节实例需要首先运行一个 Web 服务器端程序。

11.6.1 基于套接字的 Web 客户端

基于套接字的 Web 客户端是最低级的一种客户端，需要根据 HTTP 协议规范构造 GET 请求或者 POST 请求。

1. GET 请求

例 11-7 利用套接字 Web 客户端向 Web 服务器发出 GET 请求（第 8~9 行），接下来利用 HTTP 协议解析器（例 11-4）解析服务器端返回的响应信息（第 13~16 行），最后输出响应内容。

【例 11-7】套接字 Web 客户端 GET 请求。

```
1   import socket
2   from httplib import Parser
3
4   client_socket = socket.socket()
5   addr = ('127.0.0.1', 9000)
6   client_socket.connect(addr)
7
8   request = f"GET / HTTP/1.1\r\nHost:{addr[0]}\r\n\r\n"
9   client_socket.send(request.encode('utf-8'))        # 发出请求
10
11  parser = Parser()
12  while True:                                         # 通信循环
13      resp = client_socket.recv(1024)
14      parser.append(resp)
15      if parser.is_ok():
16          break
17  client_socket.close()
18  print(parser.content())
```

2. POST 请求

例 11-8 利用套接字客户端发出 POST 请求。需要注意的是 POST 请求体不再为空，所以请求头中必须包含 Content-Length 项（第 13 行）。

POST 请求中请求参数的格式由请求头的 Content-Type 项给出，常见的格式有：

- application/json：以 JSON 格式的参数作为请求正文。
- application/x-www-form-urlencoded：以与 URL 查询串相同的参数形式作为请求正文，例 11-8 使用了这种格式（第 14 行）。
- multipart/form-data：一般表单 POST 请求的参数处理格式。
- text/xml：XML 格式的请求参数。

【例 11-8】套接字 Web 客户端 POST 请求。

```
1   import socket
2   from urllib.parse import quote
3   from httplib import Parser
```

```
4
5   client_socket = socket.socket()
6   addr = ('127.0.0.1', 9000)
7   client_socket.connect(addr)
8   # 请求正文
9   code = '''print("Hello Web")'''
10  request_content = f'usertag=test&password=123456&code={quote(code)}'
11  # 请求头
12  request = ['POST / HTTP/1.1\r\n',
13             f'Content-Length: {len(request_content)}\r\n',
14             'Content-Type: application/x-www-form-urlencoded\r\n\r\n',
15             request_content]
16  client_socket.send(''.join(request).encode('utf-8'))       # 发送请求
17  parser = Parser()
18  while True:                                                # 通信循环
19      resp = client_socket.recv(1024)
20      parser.append(resp)
21      if parser.is_ok():
22          break
23  client_socket.close()
24  print(parser.content())
```

11.6.2 基于 http.client 的 Web 客户端

Python 标准库中的 http.client 模块[①] 提供了 Web 客户端的底层实现，具备完整的 HTTP 协议解析和构造的能力。

例 11-9 和例 11-10 分别利用 http.client 发出 GET 请求和 POST 请求，实现了与例 11-7 与例 11-8 完全相同的功能。

1. GET 请求

【例 11-9】http.client 客户端 GET 请求。

```
1   import http.client
2
3   client = http.client.HTTPConnection("127.0.0.1:9000")
4   client.request("GET", '/')
5   resp = client.getresponse()
6   content = resp.read().decode("utf-8")
7   client.close()
8   print(content)
```

2. POST 请求

【例 11-10】http.client 客户端 POST 请求。

---

① https://docs.python.org/3/library/http.client.html

```
1  import http.client
2  from urllib.parse import urlencode
3  client = http.client.HTTPConnection("127.0.0.1:9000")
4  post_data = {
5      "usertag": "test",
6      "password": '123456',
7      'code': "print('Hello Web')"
8  }
9  head_dict = {'Content-Type': 'application/x-www-form-urlencoded'}
10 post_data = urlencode(post_data)
11 client.request(method="POST", url='/',
12                body=post_data.encode('utf-8'),
13                headers=head_dict)
14 resp = client.getresponse()
15 content = resp.read().decode("utf-8")
16 client.close()
17 print(content)
```

11.6.3 urllib.request 与 requests

在实际应用中,通常不会使用基于套接字 Web 客户端或者 http.client,因为复杂程度较高而且容易出错。更常使用的 Web 客户端工具是标准库中的 urllib.request 模块,以及第三方工具 requests。

1. urllib.request

urllib.request 模块[①]是对 http.client 的封装,提供了适用于各种复杂 HTTP 请求的函数和类,支持基本的身份认证、重定向、cookies 等功能。而且,它的使用方法也更加简单。例 11-11 使用 urllib.requests,用更简短的代码实现了与例 11-9 和例 11-10 相同的 GET 请求和 POST 请求。

【例 11-11】urllib.request 客户端 HTTP 请求。

```
1  from urllib.parse import urlencode
2  from urllib import request
3
4  resp = request.urlopen("http://127.0.0.1:9000/")           # GET 请求
5  content = resp.read().decode("utf-8")
6  print(content)
7
8  post_data = { "usertag": "test",
9                "password": "123456",
10               "code": "print('Hello Web')" }
11 head = {'Content-Type': 'application/x-www-form-urlencoded'}
12 req = request.Request("http://127.0.0.1:9000/",             # POST请求
```

---

① https://docs.python.org/3/library/urllib.request.html

```
13                        data=urlencode(post_data).encode('utf-8'),
14                        headers=head, method='POST')
15   resp = request.urlopen(req)
16   content = resp.read().decode("utf-8")
17   print(content)
```

2. requests

requests[①]是最常使用的 Python Web 客户端工具之一。它是一种第三方工具包，可使用 pip install requests 命令安装。requests 对 urllit.request 进行了进一步封装，支持更加复杂的 Web 客户端功能，并且使用更加便捷，常用于 Web 应用的自动化测试或者实现简单的网页爬虫。例 11-12 利用 requests 实现了与前文相同的 GET 请求和 POST 请求。

【例 11-12】Request 客户端 HTTP 请求。

```
1    import requests
2    from urllib.parse import urlencode
3
4    resp = requests.get("http://127.0.0.1:9000/")           # GET请求
5    print(resp.text)
6
7    post_data = { "usertag": "test",
8                  "password": "123456",
9                  "code": "print('Hello Web')" }
10   head = {'Content-Type': 'application/x-www-form-urlencoded'}
11   resp = requests.post("http://127.0.0.1:9000/",            # POST请求
12                        data=urlencode(post_data), headers=head)
13   print(resp.text)
```

11.7 WebSocket 协议*

HTTP 协议的一个重要特点是客户端与服务器之间的"请求/响应"工作模式。通信过程必须由客户端先发起请求，服务器端才能做出响应，而且一次请求只能有一次响应。也就是说，服务器不能主动向客户端发送消息。传统的解决办法有轮询（polling）、长轮询（long-polling）、长连接（persistent connection）、Ajax（asynchronous Javascript and XML）等。这些方法要么会显著增加网络和服务器的负担，要么只能部分解决问题。由于 HTTP 协议已经得到极为广泛的应用，几乎不可能对现有的工作模式进行改变，因而难以从根本上解决问题。

WebSocket 协议是一种更加合理有效的解决办法。它可以被看作 HTTP 协议的拓展，先使用 HTTP 协议在客户端与服务器端建立特殊的关系，然后使用专用的、不依赖 HTTP 协议的方式在它们之间实现双向的通信。由于不必对现有的 HTTP 协议做任何改变，因而

[①] https://requests.readthedocs.io

很快得到关注并在 2012 年被 IETF[①] 批准成为建议标准（RFC6455[②]）。目前，所有的浏览器都支持 WebSocket 协议，能够方便地实现服务器主动向浏览器发送消息的功能。

11.7.1 WebSocket 的工作过程

WebSocket 的工作过程分为握手[③]和双向通信两个阶段，如图 11-10 所示。在握手阶段使用 HTTP 协议，而双向通信阶段则使用 WebSocket 协议进行通信。

图 11-10　WebSocket 的工作过程

握手的过程包含客户端和服务器之间的一次普通的 HTTP 请求和响应。其主要任务是协议升级，即客户端和服务器端约定在后续通信中不再使用 HTTP 协议，而是使用 WebSocket 协议进行通信。并非所有服务器都支持 WebSocket 协议，服务器必须要根据客户端发出的请求信息做出正确的响应才能够握手成功。

握手成功之后，客户端与服务器之间使用 WebSocket 协议进行双向通信。服务器和客户端都可以主动向对方发送消息。WebSocket 协议是 HTTP 协议的拓展而并非基于 HTTP 协议实现，它也同样基于 TCP 协议。

11.7.2 握手

在握手过程中，客户端向服务器发出的握手请求与一般 HTTP 请求的不同之处在于其包含了专用的请求头和取值。重要的几个请求头包括：

- Connection：取值必须为 Upgrade，表示客户端希望升级协议。
- Upgrade：取值必须为 websocket，表示客户端希望升级的协议为 WebSocket 协议。
- Sec-Websocket-Key：客户端随机生成的一串字符。
- Sec-WebSocket-Version：WebSocket 协议版本，RFC6455 规定该值必须为 13。

下面是一个 WebSocket 握手请求示例：

```
GET / HTTP/1.1
Connection:Upgrade
Upgrade:websocket
Host: 127.0.0.1:9000
Origin: null
Sec-Websocket-Key:wxUqKAAwIh+5ZR19JCA+jw==
```

[①] 国际互联网工程任务组（The Internet Engineering Task Force）
[②] https://tools.ietf.org/html/rfc6455
[③] WebSocket 中的"握手"与 TCP 协议中的"握手"没有关系。

```
Sec-WebSocket-Version:13
```

服务器向客户端发出的握手响应与一般 HTTP 响应有两点区别。第一，响应代码为 101，表示服务器同意客户端协议转换请求。第二，握手响应中同样包含了特殊的响应头和取值，主要有三个：Connection、Upgrade 和 Sec-WebSocket-Accept。其中，Connection 和 Upgrade 与请求头一致。

服务器会将握手请求中 Sec-Websocket-Key 的值与一个称为"Magic String"的特殊字符串拼接[1]，然后经过 SHA-1 编码[2]。最后，再对 SHA-1 编码结果进行 Base64 编码[3]得到最终的 Sec-WebSocket-Accept 取值。客户端接收到握手响应后会对该值进行同样的处理和验证，以证实服务器的确能够支持 WebSocket 协议。

下面是一个 WebSocket 握手响应的示例：

```
HTTP/1.1 101 Switching Protocols
Upgrade: websocket
Connection: Upgrade
Sec-WebSocket-Accept: 2k2O9g8lUREQjApXs63/dmxhH7U=
```

例 11-13 中的函数 hand_shake 实现了服务器端的握手响应。其中，参数 conn 为通信套接字，对客户端握手请求的分析使用了例 11-4 中的 HTTP 协议解析器（http_parser 参数）。函数 handshake_resp 的作用是根据握手请求头 Sec-Websocket-Key 生成握手响应，第 14~16 行计算响应头中 Sec-WebSocket-Accept 的取值。

【例 11-13】WebSocket 握手的请求解析与响应构造。

```
1  from base64 import b64encode
2  from hashlib import sha1
3
4  def hand_shake(conn, http_parser):                  # 握手
5      http_parser.reset()
6      while True:                                     # 通信循环
7          data_recv = conn.recv(1024)                 # 接收数据
8          http_parser.append(data_recv)               # 解析HTTP请求
9          if http_parser.is_ok(): break
10     send_data = handshake_resp(http_parser.sec_websocket_key)
11     conn.send(send_data.encode('utf-8'))
12
13 def handshake_resp(key):                            # 构造握手的HTTP响应
14     magic_string = '258EAFA5-E914-47DA-95CA-C5AB0DC85B11' # Magic String
15     hashed = sha1(key.encode('utf-8') + magic_string.encode('utf-8'))
16     resp_key = b64encode(hashed.digest()).strip().decode('utf-8')
17     response = ["HTTP/1.1 101 Switching Protocols\r\n",
18                 "Upgrade: websocket\r\n",
```

---

[1] "Magic String"是一个固定的特殊字符串：258EAFA5-E914-47DA-95CA-C5AB0DC85B11。
[2] 一种用于生成消息摘要的散列算法，Python 中可使用 hashlib.sha1 函数实现。
[3] 二进制数据在网络上传输的一种常用格式，使用一个符号表示一个 8 位二进制数字，Python 中使用 base64 模块实现。

```
19                "Connection: Upgrade\r\n",
20                f"Sec-WebSocket-Accept: {resp_key}\r\n", "\r\n"]
21     return ''.join(response)
```

11.7.3 WebSocket 协议解析

握手成功意味着客户端和服务器端实现了协议升级，后续通信中不再使用 HTTP 协议，而是使用 WebSocket 协议。WebSocket 协议基于 TCP 协议实现，使用 URL 建立套接字连接时，协议标识为 ws，例如 ws://www.test.com/websocket。

WebSocket 协议中数据传输的单位为帧（Frame），每帧能够携带的最大数据量为 $2^{64}-1$ 字节。不过一般考虑到网络的传输和数据处理的效率，通常不建议使用特别大的帧，而是将一个大的数据切分成多个帧进行传输。WebSocket 协议中数据帧的格式如图 11-11 所示。图中，左侧的数字表示数据帧中字节的序号，每行表示 2 个字节；顶部的数字表示相应字节中二进制位的序号。

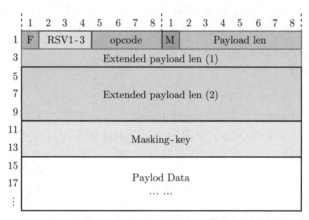

图 11-11 WebSocket 数据帧的格式

WebSocket 客户端和服务器端使用相同的格式发送数据。双方在接收到数据之后需要对数据帧进行解析，以提取帧中的数据。在发送数据时则需要按照帧的格式对数据进行封装。例 11-14 和例 11-15 分别给出了对 WebSocket 数据帧进行解析和封装的解析器（WSParser）和构造器（WSBuilder）。两者都需要以通信套接字作为初始化参数。

接下来，结合解析器和构造器，对 WebSocket 数据帧中各项的含义和功能进行介绍。

- 第 1 字节
  - 解析：WSParser.__byte1。
  - 构造：WSBuilder.__byte1。
  - F（FIN）：1bit，一条消息可以分为多个数据帧进行发送，FIN 为 1 表示当前帧为一条消息的最后一帧，0 表示消息还有后续的帧。
  - RSV1-3：包括 RSV1、RSV2 和 RSV3 共 3 bit，作为扩展用途。如果客户端和服务器双方没有约定，它们的取值必须为 0。
  - opcode：4 bit，是对当前帧中有效数据的描述和解释，用一个十六进制数字表示。其含义分别为：0x0 表示连续数据帧、0x1 表示文本数据帧、0x2 表示二进制数据帧、0x3 至 0x7 为预留用途、0x8 表示关闭连接、0x9 表示心跳检测（ping）、0xA 表示心跳回应（pong）、0xB 至 0xF 为预留用途。
- 第 2 字节
  - 解析：WSParser.__byte2。
  - 构造：WSBuilder.__byte2。
  - M（Mask）：1 bit，1 和 0 分别表示数据帧中的有效数据是否经过掩码处理。WebSocket 协议要求客户端发出的数据必须经过掩码处理。
  - Payload len：7 bit，有效数据的长度。
- 第 3~10 字节
  - 解析：WSParser.__bytes_pl_ext。
  - 构造：WSBuilder.__bytes_pl_ext。
  - 该部分表示扩展有效数据长度，占用字节数取决于 Payload len 的取值。若 Payload len 取值为 1~125，则占用 0 字节，Payload len 即有效数据长度；若 Payload len 取值为 126，则占用 2 字节（16 bit），有效数据长度由 Extended Payload len(1) 确定；若 Payload len 取值为 127，则占用 8 字节（64 bit），有效数据长度由 Extended Payload len(1) 和 (2) 确定。
- 第 11~14 字节
  - 解析：WSParser.__bytes_masking_key。
  - 构造：WSBuilder.__bytes_masking_key。
  - 如果第 2 字节中的 Mask 取值为 1，则本部分占用 4 字节（32 位），表示掩码；如 Mask 取值为 0，则本部分占用 0 字节。
- 其余部分
  - 解析：WSParser.__bytes_data。
  - 构造：WSBuilder.__bytes_data。
  - 数据帧的有效数据，实际长度由 Payload len 和 Extended Payload len 确定。

在解析或构造 Websocket 数据帧时，有两点需要注意的地方。

第一，字节串和数字之间的转换。TCP 协议的数据传输单位为字节，在 Python 中直接表示为字节码的形式。不过，WebSocket 协议要求数据帧在二进制层面上进行处理。在解析或构造数据帧的部分字节时需要在字节串与数值之间进行类型转换，分别使用 struct.unpack 和 struct.pack 实现[1]。

第二，二进制数字运算[2]。在解析或构造不完整的字节（如 FIN 位、opcode 等）时，需要使用二进制的与（&）、或（|）运算。另外，数据帧中对有效数据进行掩码处理，是通过对掩码和有效数据之间的与或（^）运算实现的。

【例 11-14】WebSocket 协议解析器。

```
1  import struct
2
```

---

[1] https://docs.python.org/3/library/struct.html
[2] https://docs.python.org/zh-cn/3/reference/expressions.html#binary-bitwise-operations

```python
3   def mask_bytes(mask_key, data_len):                    # 掩码生成器
4       m_len = len(mask_key)
5       for i in range(data_len):
6           yield mask_key[i % m_len]
7
8   class WSParser:
9       def init(self, conn):
10          self.__dict__ = dict()
11          self.conn = conn
12
13      def __byte1(self):                                 # 解析第1字节
14          data_1Byte = self.conn.recv(1)
15          data_num = struct.unpack('>B', data_1Byte)[0]  # 字节串转数字
16          self.fin = 1 if data_num & 0b10000000 == 128 else 0  # FIN(1位)
17          self.opcode = data_num & 0b00001111            # opcode(5~8位)
18          return data_1Byte
19
20      def __byte2(self):                                 # 解析第2字节
21          data_1Byte = self.conn.recv(1)
22          data_num = struct.unpack('>B', data_1Byte)[0]  # 字节串转数字
23          self.massk = 1 if data_num & 0b10000000 == 128 else 0  # Mask(1位)
24          self.payload_len = data_num & 0b01111111       # Payload len(2~8位)
25          return data_1Byte
26
27      def __bytes_pl_ext(self):                          # 解析扩展数据长度
28          if self.payload_len < 126:                     # 长度小于126
29              self.payload_len_ext = None
30              self.data_len = self.payload_len
31              return b''
32          elif self.payload_len == 126:                  # 长度等于126
33              data_2Bytes = self.conn.recv(2)
34              self.payload_len_ext = struct.unpack(">H", data_2Bytes)[0]
35              self.data_len = self.payload_len_ext
36              return data_2Bytes
37          else:                                          # 长度大于126
38              data_8Bytes = self.conn.recv(8)
39              self.payload_len_ext = struct.unpack(">Q", data_8Bytes)[0]
40              self.data_len = self.payload_len_ext
41              return data_8Bytes
42
43      def __bytes_masking_key(self):                     # 解析Masking-key
44          if self.massk == 1:
45              data_4Bytes = self.conn.recv(4)            # 4字节
46              self.masking_key = data_4Bytes
47              return data_4Bytes
```

```python
48          else:
49              self.masking_key = None
50              return b''
51
52      def __bytes_data(self):                              # 解析数据
53          data = self.conn.recv(self.data_len)
54          if self.masking_key == 0:
55              self.data = data.decode('utf-8')
56          else:
57              data_bytes = [d ^ k for d, k in              # 利用掩码解码数据
58                  zip(data, mask_bytes(self.masking_key, len(data)))]
59              self.data = bytearray(data_bytes).decode('utf-8')
60          return data
61
62      def parse(self):                                     # 执行解析过程
63          try:
64              self.__byte1()
65              self.__byte2()
66              self.__bytes_pl_ext()
67              self.__bytes_masking_key()
68              self.__bytes_data()
69              return True
70          except Exception:
71              return False
```

【例 11-15】WebSocket 协议构造器。

```python
1   import struct
2
3   class WSBuilder:
4       def init(self, conn):
5           self.__dict__ = dict()
6           self.conn = conn
7
8       def __byte1(self, fin, opcode):                      # 构造第1字节
9           assert fin in [0, 1], 'FIN必须为0或1'
10          assert 0 <= opcode <= 9, 'opcode必须为0到9的数字'
11          if fin == 0:
12              byte1 = struct.pack('>B', 0b00000000 | opcode)
13          else:
14              byte1 = struct.pack('>B', 0b10000000 | opcode)
15          self.conn.send(byte1)
16
17      def __byte2(self, masking_key, data):                # 构造第2字节
18          mask = 0b10000000 if masking_key else 0
```

```
19          data_len = len(data)
20          payload_len = data_len if data_len < 126 else \
21              (126 if data_len < 65536 else 127)
22          self.conn.send(struct.pack('>B', mask | payload_len))
23          self.payload_len = payload_len
24
25      def __bytes_pl_ext(self, data):                 # 构造扩展数据长度
26          if self.payload_len < 126: return
27          format_str = '>H' if self.payload_len == 126 else '>Q'
28          self.conn.send(struct.pack(format_str, len(data)))
29
30      def __bytes_masking_key(self, masking_key):     # 构造Masking-key
31          if masking_key is None: return
32          assert len(masking_key) == 4, 'Masking-key为长为4的字节串！'
33          self.conn.send(masking_key)
34
35      def __bytes_data(self, text_data):              # 构造数据
36          self.conn.send(text_data)
37
38      def build(self, fin=1, opcode=1,                # 执行构造过程
39                text_data=b'', masking_key=None):
40          assert len(text_data) > 0, '数据不能为空！'
41          self.__byte1(fin, opcode)
42          self.__byte2(masking_key, text_data)
43          self.__bytes_pl_ext(text_data)
44          self.__bytes_masking_key(masking_key)
45          self.__bytes_data(text_data)
```

11.7.4 WebSocket 服务器

基于 WebSocket 解析器（例 11-14）和构造器（例 11-15）以及 WebSocket 握手（例 11-13），很容易实现一个基于套接字的简易 WebSocket 服务器端，如例 11-16 所示。在接收到客户端的握手请求后，服务器端解析 HTTP 请求并构造握手响应（第 13 行）实现握手。握手成功之后，客户端即可利用 WebSocket 协议发送消息。服务器端在接收到消息之后（第 18 行），连续向客户端发送两条消息（第 22、27 行）。

在实际应用中不需要实现自己的 WebSocket 服务器端，很多 Web 框架都支持 WebSocket。Python 也有成熟的第三方 WebSocket 服务器端，如 websockets[①]等。

【例 11-16】WebSocket 服务器端。

```
1  from socketserver import ThreadingTCPServer, StreamRequestHandler
2  from httplib import Parser
3  from websocketlib import WSParser, WSBuilder, hand_shake
```

---

① https://websockets.readthedocs.io/en/stable/

```python
4
5  class TCPHandler(StreamRequestHandler):
6      def __init__(self, *args, **kwargs):
7          self.http_parser = Parser()                              # HTTP解析器
8          self.ws_parser = WSParser()                              # WebSocket解析器
9          self.ws_builder = WSBuilder()                            # WebSocket构造器
10         super().__init__(*args, **kwargs)
11
12     def handle(self):
13         hand_shake(self.request, self.http_parser)               # 握手
14         self.ws_parser.init(self.request)
15         self.ws_builder.init(self.request)
16         i = 1
17         while True:
18             self.ws_parser.parse()                               # 接收并解析WS消息
19             print(f'接收到客户端消息: {self.ws_parser.data}')
20             send_data = f'msg-第{i:>2}次交互'
21             send_data = send_data.encode('utf-8')
22             self.ws_builder.build(text_data=send_data)           # 发送第一条消息
23             send_data = f'msg-服务器收到: {self.ws_parser.data}'
24             if self.ws_parser.data == '':
25                 send_data = '服务器收到空消息, 连接关闭!'
26             send_data = send_data.encode('utf-8')
27             self.ws_builder.build(text_data=send_data)           # 发送第二条消息
28             if self.ws_parser.data == '': break
29             i += 1
30
31 if __name__ == '__main__':
32     addr = ('127.0.0.1', 9000)
33     with ThreadingTCPServer(addr, TCPHandler) as server:
34         server.allow_reuse_address = True
35         print(f'WebSocket服务器启动: ws://{addr[0]}:{addr[1]}')
36         server.serve_forever()
```

目前,主流浏览器都对 WebSocket 协议提供了良好的支持,能够实现浏览器和 Web 服务器之间的双向通信。在 HTML 文档中利用 JavaScript 能够很容易地实现一个 WebSocket 客户端,如例 11-17 所示。

【例 11-17】WebSocket 客户端。

```
1  <html>
2  <head>
3      <title>WebSocket客户端</title>
4      <script type="text/javascript">
5          var ws_client;
6          ws_client = new WebSocket("ws://127.0.0.1:9000/");
```

```
7        ws_client.onopen = function () {            // 握手成功回调函数
8            print('--- 握手成功!')
9        };
10       ws_client.onmessage = function (e) {          // 接收消息回调函数
11           print("<<< 收到消息: " + e.data);
12       };
13       ws_client.onerror = function(e) {             // 运行错误回调函数
14           print(e.value);
15       };
16       function send_msg() {                         // 发送消息
17           print("-------------------")
18           var msg = document.getElementById("input");
19           ws_client.send(msg.value);
20           print(">>> 发送消息: " + msg.value);
21           msg.value = "";
22           msg.focus();
23       }
24       function print(str) {                         // 输出消息
25           var info = document.getElementById("info");
26           info.innerHTML = str + "<br>" + info.innerHTML;
27       }
28   </script>
29 </head>
30 <body>
31   <input type="text" id="input">
32   <button onclick="send_msg()">发送消息</button>
33   <div id="info"></div>
34 </body>
35 </html>
```

运行例 11-16 所示的 WebSocket 服务器端，然后将例 11-17 保存为 ws_client.html 文件并在浏览器中打开。接下来在输入框中输入消息单击"发送消息"按钮，即可接收到来自服务器的连续两条消息，如图 11-12 所示。

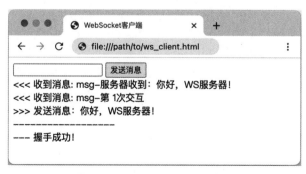

图 11-12　WebSocket 实例

11.8 小　　结

本章在套接字编程的基础之上，按照自下而上的逻辑详细介绍了 Web 的概念与 Web 应用程序服务器端和客户端的运行原理。其中，最为核心的内容是 HTTP 协议，它是整个 Web 运行的基础。本章实现了一个简单的 HTTP 协议解析器，并用于在不同层面上实现多个 Web 服务器端和客户端。在最后一部分中，介绍了 Web 中较新的一种技术 WebSocket，它是 HTTP 协议的有效补充，能够实现客户端和服务器端的双向通信。

11.9　思考与练习

1. Web 与 Internet 是否相同？为什么？
2. Web 的关键技术有哪些？它们的作用分别是什么？
3. HTTP 请求方法有哪些类型？
4. 常用的 HTTP 请求头和响应头都有哪些？它们的作用是什么？
5. HTTP 响应状态有哪几种类型？它们的含义是什么？
6. 尝试基于套接字编程，重新实现一个自己的 HTTP 协议解析器。
7. 基于例 11-4 中的 HTTP 协议解析器和 TCP 套接字编程技术，重新实现一个 Web 服务器。
8. 尝试使用一种客户端编程工具实现一个简单的爬虫工具，用于抓取一个新闻站点首页中的所有新闻标题和新闻内容。
*9. WebSocket 协议与 HTTP 协议有什么关系？它的作用是什么？
*10. 尝试实现一个自己的 WebSocket 协议解析器。

第12章 Python Web开发技术

随着 Web 应用程序复杂度的提高，业务逻辑与 Web 服务器的高度耦合使得 Web 应用的开发难度越来越大。为了降低这种耦合，人们将 Web 应用的业务逻辑部分独立出来成为专门的应用服务器，Web 服务器仅负责网络通信与并发处理。这就必须解决 Web 服务器和应用服务器之间的通信问题。早期的解决方案是通用网关接口（CGI），这是一种不依赖编程语言的技术，容易实现但是运行效率很低。Python 中最有影响的改进方法是 WSGI 接口，这种方法在 Python Web 开发中使用非常广泛。为了在 Web 应用中利用异步编程实现更高的并发效率，在 WSGI 的基础之上又提出了 ASGI 技术。最后，为了进一步提高开发效率，人们将 Web 应用中通用的部分提取出来成为 Web 开发框架。本章按照上述逻辑，依次介绍 CGI、WSGI、ASGI 以及 Web 编程框架等技术。在扩展学习最后部分，将探讨 Web 应用开发中常用的 MVC 模式。

12.1 通用网关接口

直接利用 Socket 实现 Web 应用相当复杂，需要熟练掌握 HTTP 协议和 Socket 编程技术，并且程序的可扩展性很差，难以支撑复杂的业务逻辑。本节介绍通用网关接口（Common Gateway Interface，CGI）这种早期的解决方案。

12.1.1 CGI 的概念

CGI 是一种 Web 服务器和 Web 应用程序之间交互的编程规范，定义了 Web 服务器如何向 Web 应用程序发送消息，在收到 Web 应用程序的信息后如何处理等细节。遵循 CGI 规范的应用程序独立于 Web 服务器，并能够被 Web 服务器调用，从而使得业务逻辑与 Web 服务器相互独立。Web 应用程序的开发者只需要关注业务逻辑代码的编写，无须关注 HTTP 协议或 Socket 等的底层细节，大大降低了 Web 应用程序的开发难度。几乎所有的 Web 服务器都支持 CGI 规范。CGI 程序和 Web 服务器之间通过标准输入输出和操作系统环境变量进行通信，因而可以使用任意编程语言实现。

CGI 应用程序的执行过程如图 12-1 所示。每个 CGI 脚本对应一个 URL，当客户端发出访问请求时，服务器执行相应的 CGI 脚本生成 HTML 文档并响应给客户端。业务逻辑在 CGI 脚本中实现，从而与 Web 服务器相互独立。

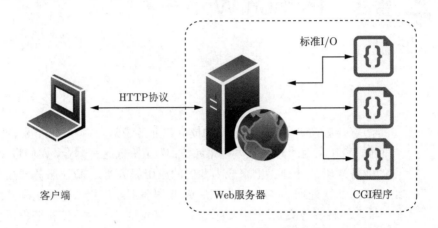

图 12-1　CGI 应用程序的执行过程

与直接使用 Socket 实现 Web 应用相比，CGI 接口使得 Web 应用开发难度和工作量大大降低，具有足够的灵活性以应对 Web 应用复杂业务逻辑的需要。不过，CGI 具有明显的不足之处：

- 在每一次 HTTP 请求中，Web 服务器都要重新执行 CGI 脚本产生新的进程，难以处理大量并发请求；
- CGI 编程仍然比较复杂，很多交互依旧发生在 HTTP 协议的层面之上；
- CGI 程序的安全性较差，容易受到攻击。

CGI 编程作为一种早期的动态 Web 开发方式已经逐渐被新的开发技术所替代，目前仅在很小的范围内应用。

12.1.2　Python CGI 编程

1. CGI 应用的组成

一个 CGI 应用由 Web 服务器脚本、静态文件和 CGI 脚本组成，一般情况下它们位于同一个文件夹之中。静态文件包括 HTML 文档、JavaScript 脚本、CSS 脚本，以及图片等，它们的路径结构与 URL 中的资源路径一致。也就是说，Web 服务器直接根据 URL 中的资源路径来查找本服务器上的资源并做出响应。

所有的 CGI 程序都保存在一个预先配置的目录中，该目录称为 CGI 目录。默认情况下，它位于 Web 服务器脚本所在的文件夹之中，名为 cgi-bin。一个简单的 CGI 应用目录结构如图 12-2 所示。其中，www 为整个 Web 应用的目录，server.py 是 CGI 服务器脚本，index.html 为静态 HTML 文档，cgi-bin 为 CGI 目录。

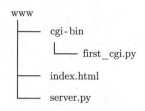

图 12-2　CGI 应用的目录结构示例

很多 Web 服务器都支持 CGI 接口，Python 标准库的 http.server 模块中用于开发测试的 Web 服务器 HTTPServer 也支持 CGI 编程，只需使用 CGIHTTPRequestHandler 类来实例化一个 HTTPServer 即可。

【例 12-1】CGI Web 服务器脚本。

```
1  from http.server import HTTPServer, CGIHTTPRequestHandler
2
3  addr = ('127.0.0.1', 9000)
4  server = HTTPServer(addr, CGIHTTPRequestHandler)
5  print(f'服务器启动 http://{addr[0]}:{addr[1]}')
6  server.serve_forever()
```

CGI 脚本的主要任务是根据客户端请求动态地生成响应内容，CGI 服务器会进一步将其封装为合法的 HTTP 响应。Web 服务器通过标准输入输出获取 CGI 脚本的输出结果。也就是说，CGI 脚本与普通的 Python 程序完全相同，利用 print 函数将 HTML 文档片段以字符串的形式按顺序输出，只需要保证这些片段能够组成一个合法的 HTTP 响应头和响应正文即可。

CGI 脚本的输出内容分为两部分，分别用于生成响应头和响应正文。这两部分之间由一空行分隔开来（例 12-2 第 5 行）。另外，CGI 脚本还必须满足两个条件：
- 必须具有可执行权限（POSIX 系统），可使用 chmod a+x cgi_script.py 为 CGI 脚本添加可执行权限；
- 在脚本文件首行注释中必须给出 Python 解释器的路径，例如 #!/usr/bin/python。

【例 12-2】CGI 脚本示例。

```
1  #!/path/to/envs/env_name/bin/python
2  # 该路径需根据Python环境进行设置
3
4  print("Content-type: text/html")                    # 响应头
5  print()                                             # 空行
6
7  head = '<head>' \
8         '<title>第一个CGI程序</title>' \
9         '</head>'
10 body = '<body>' \
11        '<center><h1>第一个CGI程序</h1></center>' \
12        '</body>'
```

```
13    print('<html>')
14    print(head)
15    print(body)
16    print('</html>')
```

首先将例12-2中的HTML文档复制到www文件夹之中命名为index.html，然后运行Web服务器server.py。在浏览器中分别访问http://127.0.0.1:9000/index.html 和 http://127.0.0.1:9000/cgi-bin/first_cgi.py 可显示如图12-3所示的页面。前者是静态HTML文档，后者是由CGI脚本动态生成的页面。

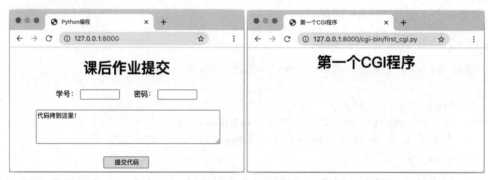

图12-3 CGI应用页面

启动Web服务器也可以不使用server.py脚本，http.server中已经实现了一个简单的CGI服务器。在终端命令行中进入www路径，然后执行命令：

```
$ python -m http.server --cgi 9000
```

即可运行内置的CGI服务器。

2. 在CGI脚本中获取请求参数

CGI服务器和客户端之间通过系统环境变量实现通信，HTTP请求和服务器的信息等会被保存至相应的变量，例如查询串（QUERY_STRING）、请求方法（REQUEST_METHOD）、请求路径（PATH_INFO）、Cookie（HTTP_COOKIE）、客户端地址（REMOTE_ADDR）、服务器名称（SERVER_NAME）等。在CGI脚本中通过读写这些环境变量即可实现与服务器的通信。另外，标准库中的cgi模块提供了一组类或函数使得CGI脚本编写更加容易[①]。

在CGI脚本中最常用的操作是读取客户端请求中的参数，cgi.FieldStorage类对参数进行了封装，并且对GET请求参数和POST请求参数使用统一的API进行处理。例12-3所示的CGI脚本中，利用FieldStorage来获取用户在表单中提交的POST请求参数。

【例12-3】在CGI脚本中获取请求参数。

```
1    #!/path/to/envs/env_name/bin/python
2    # 该路径需根据Python环境进行设置
3    import cgi
```

---

① https://docs.python.org/3/library/cgi.html

```
 4
 5  print("Content-type: text/html")
 6  print('\r\n')
 7  fields = cgi.FieldStorage()
 8  username = fields.getvalue('usertag')
 9  code = fields.getvalue('code')
10  print('<html><head><title>作业提交</title></head>')
11  if username is None and code is None:
12      print("<center><h1>请求失败,参数错误!</h1></center>")
13  else:
14      with open('./index.html') as f:
15          html = f.read()
16          html = html.replace('<span id="info"/>',
17                              f'{username} 提交成功! <br>{code}')
18          print(html)
19  print('</html>')
```

将例 12-3 保存至目录 www/cgi-bin 中命名为 post.py。另外,还需要将 index.html 中表单的 action 属性修改为/cgi-bin/post.py。启动 CGI 服务器之后,在浏览器中访问 http://127.0.0.1:9000/index.html,然后在输入框中输入内容并提交,可显示如图 12-4 所示的页面①。

图 12-4 在 CGI 脚本中获取请求参数

Web 编程中一个很重要的安全原则,是在没有足够安全措施的条件下不能将客户端提交的任何内容作为代码执行。这是一种比较严重的安全隐患,称为代码注入漏洞。用户可能会在提交内容中包含一些恶意代码,在服务器或客户端执行会造成严重后果。例 12-3 中将用户提交的代码直接嵌入在响应的页面中(第 16 行)就是一种不安全的做法。

3. 使用 Cookie

Cookie 是 Web 服务器保存在客户端浏览器中的数据。浏览器在发出 HTTP 请求时会自动将同一域名下所有 Cookie 值保存在请求头的 HTTP_COOKIE 之中。Web 服务器可

---

① 注意,访问 CGI 脚本前要增加可执行权限并增加首行 Python 解释器注释。

以利用 Cookie 来实现一些特殊的功能，比如客户端身份识别等。类似地，服务器端通过响应头中的 Set-Cookie 向客户端发送 Cookie 值，浏览器在接收到响应之后，会自动解析 Set-Cookie 并将其保存起来，以供下次提交请求时使用。

Set-Cookie 的值是以分号（";"）分隔的多个形如 cookie_name=cookie_value 的 Cookie 项构成。其中有一些特殊的 Cookie 项用于设置 Cookie 在浏览器中的属性，常见的包括：

- expires=date：Cookie 的有效期，date 的格式为"Wdy,DD-Mon-YYYY HH:MM:SS"；
- path=path_name：Cookie 支持的 URL 路径，Cookie 在该路径及子路径中的所有 URL 上有效，例如 path=/cgi-bin；
- domain=domain_name：Cookie 生效的域名，例如：domain="www.example.com"；
- secure：存在该项时表示 Cookie 只能通过安全套接字协议（SSL）传递。

例 12-4 所示的 CGI 脚本中，利用响应头 Set-Cookie 设置了一个 Cookie 项 code。客户端接收到响应信息后将其保存在浏览器之中。客户端再提交请求时会自动将该 Cookie 项保存在请求头中，从而实现了客户端能够查看到前一次提交内容的效果。http.cookies 模块中的 SimpleCookie 是一个 Cookie 解析器（第 16 行）。

【例 12-4】在 CGI 脚本中使用 Cookie。

```
1   #!/path/to/envs/env_name/bin/python
2   # 该路径需根据Python环境进行设置
3   import cgi
4   import os
5   import http.cookies
6
7   form = cgi.FieldStorage()
8   username = form.getvalue('usertag')
9   code = form.getvalue('code')
10
11  print("Content-type: text/html")
12  print(f"Set-Cookie: code={code}")          # 设置Cookie项
13  print('\r\n')
14
15  old_code = None
16  sc = http.cookies.SimpleCookie()           # Cookie解析器
17  sc.load(os.environ.get('HTTP_COOKIE'))
18  old_code = sc.get('code', None)
19  if old_code: old_code = old_code.value     # 获取Cookie项code的值
20
21  if username is None or code is None:
22      print("<center><h1>请求失败，参数错误！</h1></center>")
23  else:
24      with open('./index.html') as f:
25          html = f.read()
26          info = f'{username} 提交成功！<br>{code}'
```

```
27          if old_code:
28              info = info + f'<br>上次提交的代码为:<br>{old_code}'
29      html = html.replace('<span id="info"/>', info)
30      print(html)
```

12.2 Web 服务器网关接口

12.2.1 WSGI 的概念

CGI 编程最大的问题是每次请求都需要调用 CGI 脚本创建新的进程，并且响应完毕之后立即销毁。在请求数量较大的情况下，大量的进程很快就会使得服务器不堪重负。解决这个问题的方法主要有 2 种思路：服务器集成和外部进程。

服务器集成的思路是利用 Web 服务器提供的 API 来开发 Web 应用，然后将 Web 应用作为模块插入到 Web 服务器中，Web 服务器通过函数调用的方式执行 Web 应用程序。这种方式只是从开发上将 Web 应用从 Web 服务器中独立出来，在运行时，它们之间依旧具有高度耦合性，Web 服务器的稳定性直接受到 Web 应用程序的影响。此外，这种方式还要求 Web 应用与 Web 服务器必须使用相同的编程语言来开发。

外部进程的方式中，Web 应用程序完全独立于 Web 服务器，以独立的外部应用程序的形式存在。当 Web 服务器收到 HTTP 请求时将其转发至外部进程处理，并将处理结果响应给客户端。这种方式中，Web 应用和 Web 服务器是完全独立的程序，既具有服务器集成的优点又避免了其不足之处。大多数 Web 开发技术都采用了这种方式。

外部进程需要解决的关键问题是 Web 服务器和外部进程之间的通信。Web 应用的开发者不仅需要开发 Web 应用程序本身，还需要解决与 Web 服务器的交互问题。为了规范 Web 服务器和外部进程之间的通信方式，减轻开发人员的负担，需要制定专用于 Web 服务器和外部进程之间的通信协议。这种协议比较有影响的有 Java 语言中的 Servelet，以及 Python 语言中的 WSGI（Web Server Gateway Interface）等。

在实际的 Web 应用开发中，通常会使用 Web 框架来进一步降低开发的工作量和难度。因此，WSGI 的主要作用是 Web 服务器和 Web 框架之间的 API。当然，也可以不使用 Web 框架，直接编写满足 WSGI 协议的 Web 应用程序。

12.2.2 WSGI 应用

WSGI 协议在 PEP 333 中定义[①]。简单来说，满足如下条件的 Python 程序就是一个合法的 WSGI 应用：

- WSGI 应用是一个可调用对象。
- WSGI 应用能够接收两个参数：
  - 第一个参数是 Web 服务器环境变量的字典，包含所有 CGI 环境变量以及 WSGI 变量，也可以包含系统中的其他环境变量或者自定义变量。WSGI 协议要求必须具备的环境变量如表 12-1 所示。

---
① https://www.python.org/dev/peps/pep-0333

○ 第二个参数是一个可调用对象，用于处理响应状态和响应头。它有两个位置参数和一个可选参数，在调用时必须以位置参数的形式传入参数。两个位置参数分别为 HTTP 响应状态和响应头列表，其中响应头列表的元素为形如 (header_name, header_value) 的元组。可选参数名为 exc_info，在需要异常处理时才会用到。
- WSGI 应用返回一个用于构造 HTTP 响应正文的可迭代对象。

表 12-1　必须具备的 WSGI 环境变量

WSGI 环境变量	含　　义	WSGI 环境变量	含　　义
REQUEST_METHOD	请求方法	HTTP_Variables	请求头中的其他项，Variables 为请求头中的名称
SCRIPT_NAME	URL 资源路径中与 WSGI 应用相对应的部分，若对应于根路径则为空	wsgi.version	取值为元组 (1, 1)，表示 WSGI 1.0
PATH_INFO	URL 的资源路径的剩余部分，或者应该由 WSGI 应用处理的部分	wsgi.url_scheme	http 或 https
QUERY_STRING	查询字符串	wsgi.input	请求正文的输入流
CONTENT_TYPE	请求正文类型	wsgi.errors	错误信息输出流
CONTENT_LENGTH	请求正文长度	wsgi.multithread	WSGI 应用被多线程调用时为 True
SERVER_NAME	客户端域名	wsgi.multiprocess	WSGI 应用被多进程调用时为 True
SERVER_PORT	客户端端口	wsgi.run_once	WSGI 应用仅被调用一次时为 True
SERVER_PROTOCOL	HTTP 协议版本		

例 12-5 中的函数 first_wsgi_app 是一个满足 WSGI 协议的 Web 应用程序。

【例 12-5】一个简单的 WSGI 应用。

```
1  # 文件 wsgi_apps.py
2  def first_wsgi_app(env, start_response):
3      content = f'''
4      <html>
5      <head>
6          <meta charset="UTF-8">
7          <title>第一个WSGI应用</title>
8      </head>
9      <body>
10         <center><h1>第一个WSGI应用</h1></center>
11         请求路径：{env['PATH_INFO']} <br>
12         请求参数：{env['QUERY_STRING']}
13     </body>
14     </html>'''.encode('utf-8')
15     status = '200 OK'
16     headers = [('Content-Type', 'text/html'),
```

```
17                  ('Content-Length', str(len(content)))]
18      start_response(status, headers)
19      return [content]
```

能够运行 WSGI 应用并与 Web 服务器进行交互的程序称为 WSGI 服务器（或称为 WSGI 容器）。WSGI 服务器就是所谓的外部进程，它负责接收 Web 服务器转发的客户端请求，然后调用 WSGI 应用处理请求并做出响应。在某些情况下，如果不考虑访问效率问题，WSGI 服务器也可以直接接收客户端的请求，作为 Web 服务器使用。

综上所述，WSGI 应用的运行过程如图 12-5 所示。

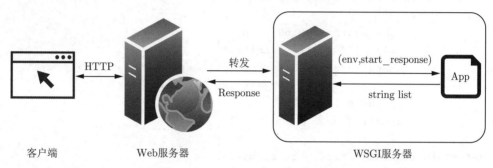

图 12-5　WSGI 应用的运行过程

12.2.3　WSGI 服务器

WSGI 服务器的任务是根据 HTTP 请求来调用 WSGI 应用，并将请求信息和服务器信息封装为 env 参数，与函数 start_response 共同传递至 WSGI 应用。WSGI 服务器的其余部分的实现非常灵活，可以采用任何技术来处理并发问题。

例 12-6 是一个基于套接字实现的简易 WSGI 服务器。start 函数中的服务循环接收客户端的请求，并为每个请求创建服务线程（第 26 行）。在服务线程中，接收客户端信息完成后，利用 HTTP 解析器解析请求，然后创建环境变量词典，并调用 WSGI 应用（第 41 行），最后根据 start_response 和 WSGI 应用的返回结果构造 HTTP 响应。

【例 12-6】简易 WSGI 服务器。

```
1   # 文件 wsgi_server.py
2   from socket import socket, AF_INET, SOCK_STREAM
3   from socket import SOL_SOCKET, SO_REUSEPORT
4   from httplib import Parser
5   import threading, sys, io
6
7   class WSGIServer:
8       def __init__(self, app, host='127.0.0.1', port=9000):
9           self.app = app
10          self.host = host
11          self.port = port
12          self.resp_status = None
```

```python
13            self.resp_headers = None
14
15      def start(self):
16          server_socket = socket(AF_INET, SOCK_STREAM)
17          server_socket.setsockopt(SOL_SOCKET, SO_REUSEPORT, 1)
18          print(f"启动服务器,http://{self.host}:{self.port}")
19          server_socket.bind((self.host, self.port))
20          server_socket.listen(10)
21          while True:                                         # 服务循环
22              conn, addr = server_socket.accept()
23              try:
24                  conn.settimeout(60)
25                  print(f"客户端: {addr}")
26                  threading.Thread(target=self.server_thread, # 服务线程
27                                   args=(conn,)).start()
28              except Exception:
29                  print('服务器发生错误!')
30
31      def start_response(self, status, headers):
32          self.resp_status, self.resp_headers = status, headers
33
34      def server_thread(self, conn):
35          parser = Parser()
36          while True:                                         # 通信循环
37              parser.append(conn.recv(1024))
38              if parser.is_ok():
39                  break
40          env = self.make_env(parser)                         # 构造环境变量
41          app_contents = self.app(env, self.start_response)   # 调用WSGI应用
42          resp_text = self.make_head(self.resp_status, self.resp_headers)
43          response = resp_text.encode('utf-8')
44          response += b' '.join(app_contents)
45          conn.send(response)                                 # HTTP响应
46          conn.close()
47
48      def make_head(self, status, headers):                   # 构造响应头
49          head = f'HTTP/1.1 {status}\r\n'
50          for k, v in headers:
51              head += f'{k}: {v}\r\n'
52          head += '\r\n'
53          return head
54
55      def make_env(self, parser):                             # 环境变量字典
56          return {
57              'wsgi.version': (1, 0),
```

```
58              'wsgi.url_scheme': 'http',
59              'wsgi.input': io.BytesIO(parser.body),
60              'wsgi.errors': sys.stderr,
61              'wsgi.multithread': True,
62              'wsgi.multiprocess': False,
63              'wsgi.run_once': False,
64              'REQUEST_METHOD': parser.req_method,
65              'SCRIPT_NAME': '',
66              'PATH_INFO': parser.req_url,
67              'CONTENT_TYPE': parser.content_type,
68              'CONTENT_LENGTH': parser.content_length,
69              'SERVER_NAME': self.host,
70              'SERVER_PORT': self.port,
71              'QUERY_STRING': parser.query_string,
72              'SERVER_PROTOCOL': 'HTTP 1.1',
73              'HTTP_COOKIE': parser.head_dict.get('cookie', ''),
74              'params': parser.req_params()
75          }
76
77  if __name__ == '__main__':
78      from wsgi_apps import first_wsgi_app
79      server = WSGIServer(first_wsgi_app)
80      server.start()
```

例 12-6 中的 WSGI 服务器仅实现了最基本的功能，真正的 WSGI 服务器要复杂得多，需要处理一系列复杂的任务。不过，Web 开发者通常不需要实现自己的 WSGI 服务器，而是选择第三方实现的高效 WSGI 服务器。常用的 WSGI 服务器有 uWSGI[1]、Waitress[2]、Gunicorn[3]、CherryPy[4]、Tornado[5] 等。

Python 标准库中内置了一个 WSGI 参考服务器，可以在开发中作为测试服务器使用，如例 12-7 所示，运行效果与例 12-6 完全相同。

【例 12-7】WSGI 参考服务器。

```
1  from wsgiref.simple_server import make_server
2  from wsgi_apps import first_wsgi_app
3
4  host = '127.0.0.1'
5  port = 9000
6  print(f"启动服务器，http://{host}:{port}\n")
7  server = make_server(host, port, first_wsgi_app)
8  server.serve_forever()
```

---

[1] https://uwsgi-docs.readthedocs.io/en/latest/
[2] https://docs.pylonsproject.org/projects/waitress/en/stable
[3] https://gunicorn.org/
[4] https://cherrypy.org/
[5] https://www.tornadoweb.org/en/stable/

12.2.4 示例

例12-8中利用WSGI实现了与例12-4相同的功能，能够利用Cookie保存客户端前一次提交的内容，并在下一次提交时显示出来。

【例12-8】WSGI应用示例。

```python
from urllib.parse import parse_qs
import http.cookies

def wsgi_app(env, start_response):
    method = env['REQUEST_METHOD']                                  # 请求方法
    query = env['QUERY_STRING']                                     # 请求参数
    if not query and method == 'POST':
        content_len = int(env['CONTENT_LENGTH'])
        query = env['wsgi.input'].read(content_len).decode('utf-8')

    with open('index.html') as f:                                   # 读取HTML文档
        content = f.read()

    headers = [('Content-Type', 'text/html')]                       # 响应头
    info = ''
    if method == 'POST':                                            # 响应POST请求
        # 处理请求参数
        params = parse_qs(query)
        username = params.get('usertag')
        code = params.get('code', '')
        if username:
            username = username[0]
        if code:
            code = code[0]

        # 从Cookie中读取上次提交的code，并将本次提交的code写入Cookie
        cookie_str = env.get('HTTP_COOKIE', '')
        sc = http.cookies.SimpleCookie()
        sc.load(cookie_str)
        old_code = sc['code'].value if sc.get('code') else ''
        info = f'{username}提交成功!<br>{code}'
        if old_code:
            info = info+f'<br>上次提交的代码为:<br>{old_code}'
        headers.append(('Set-Cookie', f'code={code}'))              # 写入Cookie

    content = content.replace('<span id="info"/>', info).encode('utf-8')
    headers.append(('Content-Length', str(len(content))))  # 请求正文长度
    start_response('200 OK', headers)
    return [content]
```

由于遵循 WSGI 规范，例 12-8 中的应用 wsgi_app 能够运行在所有 WSGI 服务器之上。下面代码中的三种方法分别将其运行于例 12-6 所示的 WSGI 服务器、Python 标准库中的 WSGI 参考服务器及 Waitress 之上。

```
1   # 1.-- WSGIServer
2   from wsgi_server import WSGIServer
3   server = WSGIServer(wsgi_app)
4   server.start()
5
6   # 2.-- simple_server
7   from wsgiref.simple_server import make_server
8   print("启动服务器, http://127.0.0.1:9000")
9   server = make_server('127.0.0.1', 9000, wsgi_app)
10  server.serve_forever()
11
12  # 3.-- Waitress
13  import waitress
14  waitress.serve(wsgi_app, listen='127.0.0.1:9000'
```

12.3 异步服务器网关接口*

尽管 WSGI 很好地解决了 Web 服务器的性能问题和 Web 应用的标准化问题。但是，随着 Web 开发技术的发展，它对于一些新出现的技术逐渐变得力不从心。主要有两点：一方面，WSGI 难以支持异步编程技术；另一方面，WSGI 仅支持 HTTP 的请求/响应式 Web 应用，无法支持诸如 WebSocket 这样较新的协议或标准。

异步服务器网关接口（Asynchronous Server Gateway Interface，ASGI）是 WSGI 的"精神继承者"[①]，它延续了 WSGI 的思路和诸多特征，提供了对异步编程的支持并为新型协议或标准提供了扩展的可能性，同时还能够在一定程度上兼容 WSGI。

12.3.1 ASGI 应用

ASGI 应用是一个使用 async 定义的生成器函数，在函数中可以使用 await 语句发送或接收异步消息。一个典型的 ASGI 应用如下所示：

```
1   async def application(scope, receive, send):
2       receive_event = await receive()
3       ...
4       await send(send_event)
```

ASGI 应用的三个参数分别为：

- scope：是一个字典，其中包含了服务器与客户端之间连接的详细信息（键和取值的格式在子协议中规定），其作用与 WSGI 应用中的环境变量参数 env 相似。

---

① https://asgi.readthedocs.io/en/latest/

- receive：是一个异步可等待对象，用于接收来自客户端的消息，用 await 语句异步运行后返回一个事件（Event），其中包含了客户端的消息内容。
- send：也是一个异步可等待对象，用于向客户端发送消息，用 await 语句异步运行时以一个事件作为参数，其中包含了需要发送至客户端的消息内容。

事件是一个字典，其键和取值由不同的子协议确定。例如，如果 ASGI 应用作为 HTTP 服务器端，则事件的格式由 HTTP 子协议规定；如果 ASGI 应用作为 WebSocket 服务器端，则事件的格式由 WebSocket 子协议规定。由于事件最终还需要通过 TCP 协议在网络上传输，因此事件字典的取值仅允许包含如下数据类型：字节串、Unicode 字符串、整数、浮点数、列表（元组也应当被转换为列表）、字典（键必须为 Unicode 字符串）、None、True 和 False。

在一个 ASGI 应用中，receive 和 send 都可以被多次执行。因此，ASGI 不仅仅能够支持 HTTP 的请求/响应模式，还能够支持 WebSocekt 这样的客户端和服务器端在一次连接过程中发生多次交互的情形。

12.3.2　HTTP 子协议

子协议是 ASGI 所支持的具体应用协议的规范，规定了 scope 字典和事件字典的键和取值。目前 ASGI 规范中包含了 HTTP 子协议、WebSocket 子协议和 Lifespan 子协议[1]。

在 scope 字典和事件字典中，使用"type"键来指定子协议类型。scope 字典中 "type" 的取值可以是"http"或"websocket"等。在事件字典中，"type"的取值由两部分组成，形如"protocol.message_type"。其中，protocol 部分与 scope 字典中"type"的取值一致，message_type 指消息类型，由子协议规定。例如"http.request"和"websocket.send"分别是 HTTP 子协议和 WebSocket 子协议中事件字典 type 的合法取值。

本小节介绍 HTTP 子协议中 scope 字典和几种事件字典的格式。

1. scope 字典

HTTP 子协议中，scope 字典中常用的键和取值如下：

- type："http"。
- asgi["version"]：ASGI 协议版本，当前最新版本为"3.0"。
- asgi["spec_version"]：HTTP 子协议版本，取值为"2.0"或"2.1"，默认为"2.0"。
- http_version："1.0"、"1.1"或 "2"。
- method：HTTP 请求方法（大写形式）。
- scheme：协议名，取值为 "http"或"https"。
- path：HTTP 请求路径字符串（不包括查询串部分）。
- raw_path：HTTP 请求头部路径部分的原始字节串，默认取值为 None。
- query_string：查询字符串。
- root_path：ASGI 应用的根路径，与 WSGI 中 SCRIPT_NAME 的含义相同，默认取值为空字符串。
- headers：HTTP 请求头，取值为形如 [[header_name, header_value]] 的可迭代对象，header_name 和 header_value 都是字节串，请求头的顺序与其在 HTTP 请求中的

---

[1] https://asgi.readthedocs.io/en/latest/specs/lifespan.html

出现顺序一致。
- client：客户端地址，取值为 [host, port]，默认为 None。
- server：服务器地址，取值为 [host, port] 或者 [sock, None]（sock 为套接字对象），默认为 None。

2. 请求事件

请求事件是 receive 对象的异步调用返回结果，在 ASGI 应用中，主要用于获取 HTTP 请求正文，常用的键和取值包括：
- type：取值为"http.request"。
- body：HTTP 请求正文字节串，默认取值为 b" "，当请求正文较大时可以分块处理。
- more_body：取值为 True 或 False，当取值为 True 时表示请求正文分块传输，并且还存在后续数据块，WSGI 应用应当等待所有数据块接收完毕后合并处理。

3. 响应开始事件

响应开始事件的作用与 WSGI 应用中的 start_response 相似，表示开始构建 HTTP 响应。它也是一个字典，其中包含了响应状态信息和响应头：
- type：取值为"http.response.start"。
- status：HTTP 响应状态码（整数）。
- headers：HTTP 响应头，取值为形如 [[header_name, header_value]] 的可迭代对象，"header_name"和"header_value"都是字节串，响应头的顺序与在 HTTP 响应中的出现顺序一致。

4. 响应正文事件

响应正文事件也是一个字典，包含了 HTTP 响应正文信息：
- type：取值为"http.response.body"。
- body：HTTP 响应正文字节串，默认取值为 b" "，响应正文也可以分块处理。
- more_body：取值为 True 或 False，当取值为 True 时表示还存在后续块。

12.3.3 ASGI 服务器

ASGI 服务器根据客户端的连接请求构造 scope、receive 和 send 三个参数，然后调用 ASGI 应用。在 ASGI 应用的执行过程中，ASGI 服务器还负责将接收到的客户端消息封装为事件字典，通过 receive 异步传递至 ASGI 应用之中，并且还要将 send 发送的事件字典转换成满足子协议（例如 HTTP 或 WebSocket）要求的消息发送至客户端。

例 12-9 是一个简易的 ASGI 服务器，其中 __asgi__server 方法中使用异步队列 asyncio.Queue 作为 HTTP 请求事件和响应事件的消息队列（第 14、22 行），将两个消息队列的 get 和 put 方法作为 ASGI 应用的 receive 和 send 参数（第 23 行）。ASGI 服务器在接收完毕客户端请求信息后，将其封装为 scope 字典和请求事件字典交给 ASGI 应用，并且根据 ASGI 应用的响应事件构造 HTTP 响应。该过程使用异步编程技术实现。

【例 12-9】简易 ASGI 服务器。

```
1  # 文件 asgi_server.py
2  import asyncio
```

```python
3   from httplib import Parser
4
5   class ASGIServer:
6       def __init__(self, app, host='127.0.0.1', port=9000):
7           self.app = app
8           self.host = host
9           self.port = port
10
11      async def __asgi_server(self, reader, writer):
12          print(writer.get_extra_info('peername'))
13          parser = Parser()
14          msgs_receive = asyncio.Queue()            # HTTP请求事件消息队列
15          while True:                                # 接收客户端HTTP请求
16              data_recv = await reader.read(1024)
17              parser.append(data_recv)
18              if parser.is_ok(): break
19          msg = self.make_msg(parser)                # 构造请求事件消息
20          await msgs_receive.put(msg)
21          scope = self.make_scope(parser)
22          msgs_send = asyncio.Queue()                # HTTP响应事件消息队列
23          await self.app(scope, msgs_receive.get,   # 异步调用ASGI应用
24                         msgs_send.put)
25          while True:                                # 处理HTTP响应事件
26              msg = await msgs_send.get()
27              if not self.send_msg(msg, writer): break
28          await writer.drain()
29          writer.close()
30
31      def make_msg(self, parser):                    # 构造请求事件字典
32          return { "type": "http.request",
33                   "body": parser.body,
34                   "more_body": False}
35
36      def make_scope(self, parser):                  # 构造scope字典
37          headers = [[name.encode('utf-8'), value.encode('utf-8')]
38                     for name, value in parser.head_dict.items()]
39          return { "type": "http",
40                   "method": parser.req_method,
41                   "scheme": "http",
42                   "raw_path": parser.req_url.encode(),
43                   "query_string": parser.query_string,
44                   "path": parser.path,
45                   "headers": headers}
46
47      def send_msg(self, msg, writer):
```

```
48          if msg["type"] == "http.response.start":   # 处理响应开始事件
49              writer.write(b"HTTP/1.1 %d\r\n" % msg["status"])
50              for header in msg["headers"]:
51                  writer.write(b"%s: %s\r\n" % (header))
52              writer.write(b"\r\n")
53          if msg["type"] == "http.response.body":    # 处理响应正文事件
54              writer.write(msg["body"])
55              return msg.get("more_body", False)
56          return True
57
58      def start(self):
59          print(f"启动服务器,http://{self.host}:{self.port}")
60          async def main():
61              server = await asyncio.start_server(self.__asgi_server,
62                                                   self.host, self.port)
63              await server.serve_forever()
64          asyncio.run(main())
```

Web 开发者通常也不需要实现自己的 ASGI 服务器,而是选择第三方实现的高效 ASGI 服务器。常用的 ASGI 服务器有 Uvicorn[①]、Daphne[②]、Hypercorn[③]等。

12.3.4 示例

例 12-10 利用 ASGI 重新实现了例 12-8。

【例 12-10】ASGI 应用示例。

```
1   from urllib.parse import parse_qs
2   from http import cookies
3
4   async def asgi_app(scope, receive, send):
5       method = scope['method']                         # 请求方法
6       code = ''
7       info = ''
8       if method == 'POST':
9           event = await receive()                      # 接收请求事件
10          # 处理请求参数
11          query = event['body'].decode('utf-8')
12          params = parse_qs(query)
13          username = params.get('usertag')
14          code = params.get('code', '')
15          if username:
16              username = username[0]
```

---

① https://www.uvicorn.org
② http://github.com/django/daphne
③ https://pgjones.gitlab.io/hypercorn

```
17          if code:
18              code = code[0]
19      # 从Cookie中读取上次提交的code，并将本次提交的code写入Cookie
20      cookie_str = dict(scope["headers"]).get('cookie', '')
21      sc = cookies.SimpleCookie()
22      sc.load(cookie_str)
23      old_code = sc['code'].value if sc.get('code') else ''
24      info = f'{username}提交成功!<br>{code}'
25      if old_code:
26          info = info+f'<br>上次提交的代码为:<br>{old_code}'
27
28      with open('./index.html') as f:
29          body = f.read()
30      body = body.replace('<span id="info"/>', info).encode('utf-8')
31      await send({                                    # 发送响应开始事件
32          "type": "http.response.start",
33          "status": 200,
34          "headers": [
35              (b"Content-Length", b"%d" % len(body)),
36              (b"Content-Type", b"text/html"),
37              (b"Set-Cookie", f'code={code}'.encode('utf-8')),
38          ],
39      })
40      await send({                                    # 发送响应正文事件
41          "type": "http.response.body",
42          "body": body,
43      })
```

由于遵循 ASGI 规范，例 12-10 中的应用 asgi_app 能够运行在所有 ASGI 服务器上。下面代码中的两种方法分别在例 12-9 所示的 ASGI 服务器和 Uvicorn 之上运行 asgi_app。

```
1  # 1. -- ASGIServer
2  from asgi_server import ASGIServer
3  server = ASGIServer(asgi_app)
4  server.start()
5
6  # 2. -- Uvicorn
7  import uvicorn
8  uvicorn.run(asgi_app, host="127.0.0.1", port=9000)
```

12.4　Web 应用框架

Web 应用框架简称为 Web 框架，是一种特殊的 Web 应用程序。Web 框架对一般 Web 应用程序开发过程中的通用部分进行了抽象和封装，并且提供标准化的方式开发 Web 应用，使得 Web 应用程序开发者不必关心底层的实现细节，大大降低了开发的难度和成本[①]。Python 中的 Web 框架本质上就是实现了这些功能的 WSGI 应用或 ASGI 应用。本节首先介绍 Web 框架的基本概念，然后分别以两个简易的 WSGI 框架和 ASGI 框架为例，介绍 Web 框架的实现原理。

12.4.1 Web 框架的基本概念

在前文的 Web 编程学习中，我们将完整的 Web 应用程序划分为职责不同的几个部分，包括 Web 服务器、应用服务器和 Web 应用。其中，应用服务器和 Web 应用之间通过 WSGI 协议或者 ASGI 协议实现通信和交互，从而将 Web 应用程序的开发从复杂的底层细节中独立出来。套接字层面的通信过程对 Web 开发者来说已经是完全透明的，仅需了解少量 HTTP 协议的基础知识就能轻松实现 Web 应用。

不过，在实际的 Web 软件项目中几乎不会直接在 Web 应用的层面进行开发（即将 Web 项目实现为 WSGI 应用或 ASGI 应用），而是要基于高效的 Web 框架进行开发。原因在于，Web 应用需要在满足 WSGI 协议或 ASGI 协议要求的条件下实现复杂的功能，通信代码和业务逻辑代码混杂在一块最终会使 Web 应用不但开发难度大而且可扩展性差、维护难度大。

不同的 Web 应用程序大都存在着一些通用的部分，除了都需要遵循 WSGI 协议或 ASGI 协议之外，还包括 URL 路由、Cookie 的使用、会话管理、数据库访问等功能。Web 框架就是将这些通用的部分抽取出来，并按照某种有效的设计模式进行开发和组织，尽可能屏蔽底层的实现细节，使得 Web 项目的开发者从复杂的通信协议和重复的功能实现中解脱出来，仅需要关注项目业务逻辑的实现。

尽管不同的 Web 框架在设计思路和使用方法上都可能存在着较大的差异，但是总的来说所有的 Web 框架都需要解决（或部分解决）如下问题：

- 安全问题：常见的 Web 安全问题有 SQL 注入、跨站脚本攻击、跨站请求伪造、越权访问等。
- URL 路由：为每个 URL 请求唯一地确定一个可调用的处理程序（例如函数）生成响应信息，需要实现 URL 映射与匹配、参数解析、命名空间管理等功能。
- Cookie 使用：对 Cookie 的解析和设置功能进行封装，以简化使用、屏蔽 HTTP 协议的细节。
- 会话管理：HTTP 协议是一种无状态的协议，Web 应用需要依赖其他信息（如 Cookie）来判断用户的身份和权限。
- 模板引擎：将 Web 应用的界面（HTML 页面）与业务数据相分离、前端开发和服务器端开发相分离，从而更加高效地实现动态页面的开发和维护。
- 数据库访问：Web 应用通常需要维护一个或一组公共的数据库连接，以避免频繁创建和销毁数据库连接带来的巨大开销，很多 Web 框架还支持对象关系映射（ORM）。

此外，有一些 Web 框架还提供了表单验证、Ajax（Asynchronous JavaScript and XML）、内容管理系统（CMS）等功能，进一步提高 Web 应用程序的开发效率。

[①] 一般而言，Web 框架包括前端开发框架（对 HTML、CSS 和 JavaScript 进行了封装）和服务器端开发框架，本节介绍的内容属于后者。

在引入 Web 框架之后，Web 应用程序运行的主要流程如图 12-6 所示（不包含客户端）。Web 软件项目开发的主要任务是根据业务流程为每个 URL 编写处理程序，Web 框架根据客户端请求中的 URL 路径来调用对应的处理程序生成响应信息。

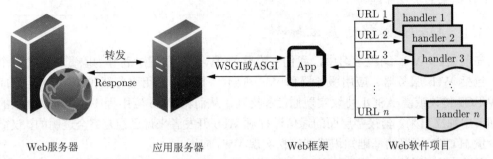

图 12-6　基于 Web 框架的 Web 应用程序运行的主要流程

Python 语言中有很多 Web 框架。常见的 WSGI 框架有 Flask[①]、Django[②]、Tornado[③]、Bottle[④]等，ASGI 框架有 FastAPI[⑤]、Django Channels[⑥]、Starlette[⑦]等。

12.4.2　WSGI 框架

本小节中实现了一个具有基本的 URL 路由、Cookie 管理、静态文件处理等功能的简易 WSGI 框架。其中，URL 路由功能通过一个函数装饰器实现，如例 12-11中的函数 router 所示。它将被装饰函数注册至 handlers 字典之中，以实现请求方法和 URL 处理程序之间的映射。函数 load_static 的作用是加载指定目录（static_path）中的静态文件，在 Web 应用运行过程中重复使用，避免不必要的文件读取操作，提高程序的运行效率。page404 是用于响应页面不存在错误（404）的 HTML 页面。

【例 12-11】Web 框架工具。

```
1   # 文件 framwork_utils.py
2   from pathlib import Path
3
4   def router(path, method, handlers):              # URL路由装饰器
5       def decorator(handler):
6           handlers[method][path] = handler
7           return handler
8       return decorator
9
10  def load_static(static_path):                    # 加载静态文件
```

---

① https://flask.palletsprojects.com/
② https://www.djangoproject.com/
③ https://www.tornadoweb.org/
④ https://bottlepy.org
⑤ https://fastapi.tiangolo.com/
⑥ https://channels.readthedocs.io
⑦ https://www.starlette.io

```
11      statci_dict = dict()
12      for f_type in ['html', 'js', 'css']:
13          for file in Path(static_path).glob(f'*.{f_type}'):
14              with open(file) as f:
15                  statci_dict[file.name] = f.read()
16      return statci_dict
17
18  page404 = '''<html><head><title>404</title></head><body>
19          <center><br><h1>404: page note found</h1></center>
20          </body></html>'''
```

基于上述工具，例 12-12 实现了一个简易的 WSGI 框架（WSGIFramework 类）。它实现了 __call__ 方法，其实例是可调用对象。并且，__call__ 方法实现了 WSGI 协议，因而 WSGIFramework 本质上是一个 WSGI 应用。WSGIFramework 有 handlers 和 statics 两个属性（见 __init__ 方法）。handlers 属性是用于 URL 映射的字典，它的两个元素 'GET' 和 'POST' 分别用于保存 GET 请求和 POST 请求的 URL 处理程序。statics 属性是用于保存静态文件的字典。route 方法返回例 12-11 中定义的 URL 路由装饰器。

在 __call__ 方法中，根据客户端请求方法和 URL 获取 handlers 中的 URL 处理程序，在调用时将参数和 Cookie 包装成为一个请求对象作为参数传入（第 35 行）。handlers 允许返回一个参数（响应正文）或两个参数（响应正文和 Cookie 字典）。Cookie 字典的键为 Cookie 项的名称，值为 Cookie 项的取值。当 URL 返回 Cookie 字典时，需要在响应头中增加 Set-Cookie 项（第 41~43 行）。

【例 12-12】简易 WSGI Web 框架。

```
1   # 文件 wsgi_framework.py
2   from urllib.parse import parse_qs
3   from http.cookies import SimpleCookie
4   from framwork_utils import *
5
6   class WSGIFramework:
7       def __init__(self, static='.'):
8           self.handlers = {'GET': dict(), 'POST': dict()}
9           self.statics = load_static(static)
10
11      def route(self, path, method):                          # URL路由装饰器
12          assert method in ['GET', 'POST'], '方法必须是GET或POST'
13          return router(path, method, self.handlers)
14
15      def __call__(self, env, start_response):                # WSGI应用
16          method = env['REQUEST_METHOD']                      # 请求方法
17          path = env['PATH_INFO']                             # 请求路径
18          cookie_str = env['HTTP_COOKIE']                     # Cookie
19          query = env['QUERY_STRING']
20          req_obj = None
```

```
21          if method == 'POST':
22              size = int(env.get('CONTENT_LENGTH', 0))
23              query = env['wsgi.input'].read(size).decode('utf-8')
24              req_obj = parse_qs(query)                    # 处理请求参数
25              sc = SimpleCookie()
26              sc.load(cookie_str)                          # 处理Cookie
27              req_obj['cookies'] = {k:m.value for k, m in sc.items()}
28          handler = self.handlers[method].get(path, False)# 获取handler
29          ck_dict = None
30          if not handler:
31              status = '404 Not Found'
32              content = page404.encode('utf-8')
33          else:
34              status = '200 OK'
35              content = handler(req_obj)                   # 执行handler
36              if isinstance(content, tuple):
37                  content, ck_dict = content
38              content = content.encode('utf-8')
39          headers = [('Content-Type', 'text/html'),
40                     ('Content-Length', str(len(content)))]
41          if ck_dict:
42              set_ck = ';'.join([f'{k}={v}' for k, v in ck_dict.items()])
43              headers.append(('Set-Cookie', set_ck))
44          start_response(status, headers)
45          return [content]
```

有了 Web 框架，在开发 Web 应用程序时仅需要编写 URL 处理程序即可。例 12-13 定义了两个 URL 处理程序 index_get 和 index_post，分别用于处理路径'/'的 GET 请求和 POST 请求。由于 Web 框架 WSGIFramework 遵循 WSGI 规范，因此它能够运行于所有 WSGI 服务器之上。

【例 12-13】WSGI Web 框架的应用。

```
1  from wsgi_framework import WSGIFramework
2  app = WSGIFramework()
3
4  @app.route('/', 'GET')
5  def index_get(_):
6      content = app.statics['index.html']
7      return content
8
9  @app.route('/', 'POST')
10 def index_post(request):
11     content = app.statics['index.html']
12     username = request.get('usertag')
13     code = request.get('code')
```

```
14        old_code = request.get('cookies').get('code', '')
15        if username:
16            username = username[0]
17        if code:
18            code = code[0]
19        info = f'{username}提交成功!<br>{code}'
20        if old_code:
21            info = info+f'<br>上次提交的代码为:<br>{old_code}'
22        content = content.replace(r'<span id="info"/>', info)
23        return content, {'code':code}
24
25 if __name__ == '__main__':
26     # 1. -- WSGIServer
27     from wsgi_server import WSGIServer
28     server = WSGIServer(app)
29     server.start()
30
31     # 2. -- Waitress
32     import waitress
33     waitress.serve(app, listen='127.0.0.1:9000')
```

12.4.3　ASGI 框架*

本小节实现了一个简易的 ASGI 框架。如例 12-14 所示，其实现思路与例 12-12 完全相同，只不过它遵循 ASGI 规范。

【例 12-14】简易 ASGI Web 框架。

```
1  # 文件asgi_framework.py
2  from urllib.parse import parse_qs
3  from http.cookies import SimpleCookie
4  from framwork_utils import *
5
6  class ASGIFramework:
7      def __init__(self, static='.'):
8          self.handlers = {'GET': dict(), 'POST': dict()}
9          self.statics = load_static(static)
10
11     def route(self, path, method):                              # URL路由装饰器
12         assert method in ['GET', 'POST'], '方法必须是GET或POST'
13         return router(path, method, self.handlers)
14
15     async def __call__(self, scope, receive, send):             # ASGI应用
16         method = scope['method']                                # 请求方法
17         path = scope['raw_path'].decode('utf-8')                # 请求路径
18         cookie_str = dict(scope["headers"]).get(b'cookie', '') # Cookie
```

```
19          req_obj = None
20          if method == 'POST':
21              event = await receive()                          # 接收请求事件
22              query = event['body'].decode('utf-8')
23              req_obj = parse_qs(query)                        # 处理请求参数
24              sc = SimpleCookie()
25              sc.load(cookie_str.decode('utf-8'))              # 处理Cookie
26              req_obj['cookies'] = {k: m.value for k, m in sc.items()}
27          handler = self.handlers[method].get(path, False)# 获取handler
28          ck_dict = None
29          if not handler:
30              status = 404
31              content = page404.encode('utf-8')
32          else:
33              status = 200
34              content = await handler(req_obj)                 # 执行handler
35              if isinstance(content, tuple):
36                  content, ck_dict = content
37              content = content.encode('utf-8')
38          headers = [
39              (b"Content-Length", b"%d" % len(content)),
40              (b"Content-Type", b"text/html"),
41          ]
42          if ck_dict:
43              set_ck = ';'.join([f'{k}={v}' for k, v in ck_dict.items()])
44              headers.append((b'Set-Cookie', set_ck.encode('utf-8')))
45          await send({                                         # 发送响应开始事件
46              "type": "http.response.start",
47              "status": status,
48              "headers": headers
49          })
50          await send({                                         # 发送响应正文事件
51              "type": "http.response.body",
52              "body": content,
53          })
```

在使用 ASGI 框架 ASGIFramework 时，URL 处理程序需要使用 async 关键字定义协程函数（如例12-15所示），因而能够支持异步编程（参见第 10.5 节）。由于 ASGIFramework 框架遵循 ASGI 规范，因而能够在所有的 ASGI 服务器之上运行。

【例 12-15】ASGI Web 框架的应用。

```
1  from asgi_framework import ASGIFramework
2  app = ASGIFramework()
3
4  @app.route('/', 'GET')
```

```python
 5  async def index_get(_):
 6      content = app.statics['index.html']
 7      return content
 8
 9  @app.route('/', 'POST')
10  async def index_post(request):
11      content = app.statics['index.html']
12      username = request.get('usertag')
13      code = request.get('code')
14      old_code = request.get('cookies').get('code', '')
15      if username:
16          username = username[0]
17      if code:
18          code = code[0]
19      info = f'{username}提交成功!<br>{code}'
20      if old_code:
21          info = info+f'<br>上次提交的代码为:<br>{old_code}'
22      content = content.replace(r'<span id="info"/>', info)
23      return content, {'code':code}
24
25  if __name__ == '__main__':
26      # 1. -- ASGIServer
27      from asgi_server import ASGIServer
28      server = ASGIServer(app)
29      server.start()
30
31      # 2. -- Uvicorn
32      import uvicorn
33      uvicorn.run(app, host="127.0.0.1", port=9000)
```

12.5 Web 开发中的设计模式

大型的 Web 项目往往包含大量的 URL 和复杂的业务逻辑，并且要有良好的用户界面。业务、数据、交互界面等功能交织在一起，如果没有清晰的设计模式就很容易带来高昂的开发和维护成本。本节介绍 Web 项目开发中常用的设计模式——MVC 模式，及其发展而来的几种常见变种。

12.5.1 MVC 模式

MVC（model-view-controller）是一种使用非常广泛的软件架构设计模式，其思想是将复杂软件项目中的三种核心职责相互解耦，从而使得软件的结构更加直观、清晰，在便于开发、扩展和维护的同时提高代码的复用度。

MVC 模式将软件划分为模型、视图和控制器三个基本组成部分：

- 模型（model）：负责业务逻辑及相关的数据访问，它的功能不依赖于视图或控制器，或者说它仅关注如何获取数据，完全不必关心数据是如何呈现的。
- 视图（view）：用户的交互界面，负责将业务逻辑数据呈现给用户，与业务逻辑无关。一般情况下，要求视图能够及时根据模型数据的变化来刷新界面。
- 控制器（controller）：负责组织模型和视图、控制程序的运行流程，在获取用户和视图之间的交互数据后，交给相应的模型进行处理。

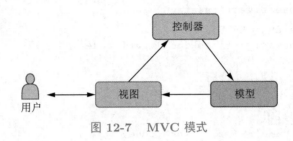

图 12-7　MVC 模式

模型、视图和控制器三者的关系如图 12-7 所示。用户与视图进行交互，控制器在获取用户请求数据之后调用模型完成业务逻辑。模型在完成业务逻辑之后改变状态，而视图则根据模型的状态变化来刷新数据呈现。MVC 模型的优势在于：

- 开发效率高：视图和业务相分离使得前端开发人员和后端开发人员能够互不干扰各司其职，利于实现团队合作，从而使得项目开发效率大大提高。
- 可维护性好：各组成部分之间的低耦合性使得其中一部分代码的变动不会影响到其他部分，降低了项目的维护成本。
- 代码复用度高：一个模型可绑定多个视图，业务逻辑和数据处理的代码具有高度可复用性。
- 便于设计：各部分之间职责明确、结构清晰，便于与其他设计模式相结合完成复杂软件项目的设计。
- 利于实现工具化和自动化：同一部分中不同模块之间具有一定的相似之性和通用性，便于利用自动化工具提高软件开发的效率。

MVC 模型最初被设计用于桌面应用程序的开发，模型、视图、控制器三部分往往运行在同一台计算机之上。Web 软件项目虽然也可以明确地划分为相同的三个部分，但视图部分运行在客户端，HTTP 协议的请求/响应访问模式使得模型不能主动向视图发送消息。因此，图 12-7 所示的经典 MVC 模型无法直接用于 Web 项目的开发之中，需要对 MVC 的运行流程进行改进以适应 Web 应用程序的需要，如图 12-8 所示。

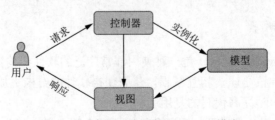

图 12-8　Web 开发中的 MVC 模式

MVC 模式并没有明确的定义，广义上来说，只要将项目分为模型、视图和控制三部分的软件设计模式都可以被称为 MVC 模式，实际上不同的软件项目对 MVC 的解释和设计并不完全相同。

12.5.2 MVC 模式的变种

MVC 模式除了有多种不同的解释之外，还有多个变种。它们不再将项目划分为模型、视图和控制器三个部分，而是有新的称呼或者新的划分方法。本小节介绍其中最为常见的几种类型。

1. MTV

MTV（model-template-view）模式将 Web 项目划分为模型、模板和视图三个部分，最初由 Django 项目提出并应用。它本质上还是 MVC 模型，但各部分的职责划分和称呼有所不同：

- 模型：也称为数据存取层，负责数据库的访问与数据验证等。
- 模板：也称为表现层，负责页面和数据的显示。
- 视图：也称为业务逻辑层，根据业务逻辑调用模型获取业务逻辑数据，然后将业务逻辑数据与模板结合生成响应信息。

MTV 模式中三个部分之间的关系如图 12-9 所示。

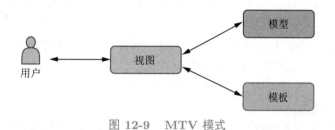

图 12-9　MTV 模式

第 12.4 节介绍的两个 Web 框架 WSGIFramework 和 ASGIFramework 接近于 MTV 模式。在基于这两个框架的 Web 项目中，URL 处理程序是视图，静态 HTML 文档是模板的雏形。由于不涉及数据库访问，因此缺少模型部分，但很容易使用第三方 ORM 来承担模型的职责。

2. MVP

MVP（model-view-Presenter）模式将项目划分为模型、视图和 Presenter。各部分之间的职责划分与 MVC 模式较为相似，其中 Presenter 相当于 MVC 模式中的控制器，不过它主要负责业务逻辑处理。

MVP 模式和 MVC 模式最大的区别在于运行流程不同。模型和视图之间完全解耦，两部分之间只能通过 Presenter 进行通信。视图仅负责呈现交互界面，不包含业务逻辑。模型仅负责数据库访问，也不包含业务逻辑。视图和 Presenter 之间以及 Presenter 和模型之间都是双向通信。ASP.net 中基于 Web 窗体的 Web 应用开发属于 MVP 模式。

MVP 模式如图 12-10 所示。

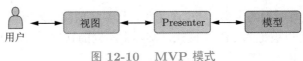

图 12-10　MVP 模式

3. MVVM

MVVM（model-view-ViewModel）的结构与 MVP 非常相似，只不过 Presenter 被 ViewModel 所取代。视图和 ViewModel 之间以及 ViewModel 和模型之间也是双向通信。ViewModel 负责维护视图的状态，并根据视图的事件调用模型对视图状态进行更新。

MVVM 最重要的特征是视图与 ViewModel 之间的数据绑定，也就是说 ViewModel 状态的变化会自动传递至视图之中，视图会随之发生改变。一些前端框架，如 AngularJS[①]和 Ember[②]，使用了 MVVM 模式。

MVVM 模式如图 12-11 所示。

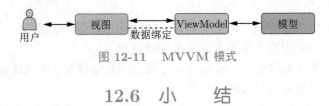

图 12-11　MVVM 模式

12.6　小　结

本章介绍了动态 Web 应用开发的几项重要技术的基本原理，包括 CGI、WSGI 和 ASGI。CGI 是早期的一种动态页面开发技术。针对用户的每次 HTTP 请求，服务器都会执行外部程序创建一个新的进程生成响应信息。服务器和 CGI 进程之间通过操作系统的环境变量进行通信，因此 CGI 技术不依赖编程语言，具有标准输入输出功能的语言都能用于 CGI 编程。由于采用进程的方式对用户请求提供服务，CGI 程序的执行效率较低，难以处理大规模的并发请求。

WSGI 采用了外部进程的方式来处理并发问题，Web 程序被独立出来成为 WSGI 服务器，WSGI 应用运行于 WSGI 服务之中，二者之间依赖 WSGI 协议进行通信。客户端请求可以使用线程、线程池等方式实现，因而执行效率大大提高，能够应对较大规模的并发请求。WSGI 是 Python Web 编程的一种标准接口，得到了非常广泛的使用，绝大多数 Python Web 编程框架都提供了对 WSGI 协议的支持。不过，WSGI 是针对 HTTP 协议设计的，不能支持一些新型的协议，如 WebSocket。另外，近年来新兴的更加高效的异步编程技术也难以使用 WSGI 协议实现。ASGI 协议针对 WSGI 进行了改进，对未来的新型协议提供了扩展的可能性，并且在支持异步编程技术的同时对 WSGI 协议提供了一定程度的兼容性，在 Web 开发领域得到了较多的关注。不过，ASGI 暂时还没有成为 Python 技术标准。

在实际的 Web 开发中，利用 Web 框架能够极大地提高开发效率、降低开发的难度和成本。因此，本章还介绍了 Web 框架的实现原理，并分别基于 WSGI 协议和 ASGI 协

---

① https://angularjs.org/
② https://emberjs.com

实现了两个简易的 Web 框架。本章没有介绍常用的 Web 框架，因为相关的学习资源非常丰富，而且在理解了其运行原理后要掌握任意一种 Web 框架都非常容易。

12.7　思考与练习

1. CGI 编程的原理是什么？它有什么优缺点？
2. WSGI 的原理与 CGI 编程有什么不同之处？它主要解决了什么问题？
3. 一个合法的 WSGI 应用需要满足哪些条件？
4. 尝试实现一个自己的 WSGI 服务器。
*5. ASGI 与 WSGI 相比优势是什么？
*6. 如何实现 ASGI 与 WSGI 相兼容？
*7. 尝试实现一个自己的 ASGI 服务器，能够支持 HTTP 协议和 WebSocket 协议。
8. 什么是 Web 框架？基于 Web 框架进行 Web 开发有什么优势？
9. 学习使用 Flask 框架，并模仿实现一个自己的 Web 框架。
*10. 什么是 MVC 模式？该模式下 Web 应用被划分为哪些组成部分？这样划分有什么优势？

参考文献

[1] Eric A. Brewer. Towards Robust Distributed Systems[C]. Proceedings of the 19th Annual ACM Symposium on Principles of Distributed Computing, 2000.

[2] Seth Gilbert, Nancy Lynch. Brewer's Conjeture and the Feasibility of Consistent, Available, Partition-Tolerant Web[J]. ACM SIGACT News, 2002, 33(2) : 51-59.

[3] Dan Pritchett. In partitioned databases, trading some consistency for availability can lead to dramatic improvements in scalability[J]. ACM Queue, 2008, 6(3):48-55.

[4] Erich Gamma, Richard Helm, Ralph Johnson, et al. 设计模式：可复用面向对象软件的基础 [M]. 李英军, 马晓星, 蔡敏, 等译. 北京: 机械工业出版社, 2019.

[5] Eric Freeman. Head First: Design Patterns[M]. O'Reilly, 2004.

[6] 程杰. 大话设计模式 [M]. 北京: 清华大学出版社, 2014.

[7] Jon Bentley. 编程珠玑 [M]. 黄倩, 钱丽艳, 译. 北京: 人民邮电出版社, 2008.

[8] Giancarlo Zaccone. Python parallel programming cookbook[M]. Packet Publishing, 2015.

[9] David Beazley, Brian K. Jones. Python Cookbook[M]. O'Reilly, 2013.

[10] Frederick P. Brooks, Jr 著. 人月神话 [M]. UMLChina 翻译组, 汪颖, 译. 北京: 清华大学出版社, 2015.

[11] Magnus Lie Hetland. Python 基础教程 [M]. 袁国忠, 译. 北京: 人民邮电出版社, 2018.

[12] Wesley Chun. Python 核心编程 [M]. 孙波翔, 李斌, 李晗, 译. 北京: 人民邮电出版社, 2016.

[13] Brett Slatkin. Effective Python 59 Specific Ways to Write Better Python[M]. Addison-Wesley, 2015.

[14] Luciano Ramalho. 流畅的 Python[M]. 安道, 吴珂, 译. 北京: 人民邮电出版社, 2017.

[15] Micha Gorelick, Ian Ozsvald. High Performance Python[M]. O'Reilly, 2014.